W9-AEB-823

H. G. GARNIR · M. DE WILDE · J. SCHMETS

ANALYSE FONCTIONNELLE

TOME II

MATHEMATISCHE REIHE
BAND 37

LEHRBÜCHER UND MONOGRAPHIEN
AUS DEM GEBIETE DER EXAKTEN WISSENSCHAFTEN

ANALYSE FONCTIONNELLE

TOME II

MESURE ET INTÉGRATION
DANS L'ESPACE EUCLIDIEN E_n

par

H. G. GARNIR

M. DE WILDE et J. SCHMETS

Institut de Mathématique
de l'Université de Liège (Belgique)

1972

BIRKHÄUSER VERLAG BASEL
UND STUTTGART

ISBN 3-7643-0545-2

INTRODUCTION

Ce livre expose la théorie de la mesure et de l'intégration dans un ouvert de l'espace euclidien E_n. Avec le tome I, il sert de base à l'étude monographique des espaces de suites, de fonctions, de distributions, ..., qui fait l'objet du tome III.

Les chapitres I à V sont consacrés aux mesures scalaires. Ils sont indépendants du tome I et ne requièrent que des connaissances élémentaires d'analyse. Le point de vue constructif adopté dans l'ensemble des trois tomes ne s'y fait pas sentir. Les deux derniers chapitres abordent l'étude des fonctions et des mesures à valeurs dans un espace linéaire à semi-normes.

En nous limitant au cas particulier exceptionnellement important de l'espace euclidien, nous avons pu préserver le caractère intuitif de la notion de mesure, aborder sans détour les faits fondamentaux et réunir un maximum d'informations sous une forme aisément accessible et relativement condensée. Le degré de généralité ainsi atteint nous paraît suffire à la plupart des utilisateurs et constitue une introduction utile pour ceux qui veulent aborder la théorie de la mesure dans ses développements les plus abstraits.

Les mesures sont définies a priori sur les semi-intervalles d'adhérence compacte dans l'ouvert considéré et sont d'emblée à valeurs complexes. Partant des fonctions étagées sur les semi-intervalles, on définit les fonctions intégrables et on démontre leurs propriétés essentielles par la méthode des suites de Cauchy. La théorie de l'intégration par rapport à une seule mesure en découle alors aisément. Cette méthode se généralise d'ailleurs aux mesures définies sur un semi-anneau d'un espace quelconque. Bien entendu, les particularités de E_n et des semi-intervalles apportent ici des simplifications appréciables.

On passe ensuite à un traitement systématique des fonctions et des ensembles boréliens et on examine les relations entre les mesures considérées ici et celles définies à partir des ensembles boréliens. Les questions où interviennent simultanément plusieurs mesures sont groupées dans le chapitre V, où on les étudie essentiellement au moyen du théorème de Radon et des fonctions boréliennes.

Trois points importants, le théorème de Riesz, l'existence des mesures de Haar et l'étude des modes de convergence associés aux espaces de fonctions continues, trouvent leur place naturelle dans le tome III, où nous les avons reportés.

Un certain nombre de questions complémentaires ou sortant du cadre de l'ouvrage sont traitées sous forme d'exercices.

Signalons que le premier tome est désigné dans les références par I.

TABLE DES MATIÈRES

LIVRE IV

MESURE ET INTÉGRATION DANS L'ESPACE EUCLIDIEN E_n

I. *Mesure*

II. *Intégration*

III. *Fonctions et ensembles boréliens*

IV. *Produit de mesures*

V. *Relations entre mesures*

LIVRE IV

MESURE ET INTÉGRATION DANS L'ESPACE EUCLIDIEN E_n

I. MESURE

Semi-intervalles et réseaux dans un ouvert de E_n

1. — Désignons par E_n l'espace euclidien réel de dimension n.
Soient

$$a = (a_1, \ldots, a_n) \quad \text{et} \quad b = (b_1, \ldots, b_n)$$

deux points de E_n. Pour alléger les notations, convenons d'écrire

$$a \begin{Bmatrix} < \\ \leqq \end{Bmatrix} b \quad \text{ou} \quad b \begin{Bmatrix} > \\ \geqq \end{Bmatrix} a$$

pour

$$a_i \begin{Bmatrix} < \\ \leqq \end{Bmatrix} b_i, \qquad (i = 1, \ldots, n).$$

Attention! Si $n > 1$, il convient de remarquer que $a < b$ n'équivaut pas à $a \leqq b$ et $a \neq b$.

Si $a < b$, posons

$$]a, b[\; = \{x : a < x < b\},$$

$$[a, b] = \{x : a \leqq x \leqq b\},$$

$$]a, b] = \{x : a < x \leqq b\},$$

$$[a, b[\; = \{x : a \leqq x < b\}.$$

Ces ensembles sont appelés *intervalles* d'*extrémités* a et b.

Un point $a \in E_n$ est *rationnel* si ses composantes sont rationnelles. Un intervalle

$$]a, b[, \quad [a, b], \quad]a, b] \quad \text{ou} \quad [a, b[$$

est *rationnel* si ses extrémités sont rationnelles.

Notons que *l'ensemble des intervalles rationnels est dénombrable.*

Nous réservons le nom de *semi-intervalle* de E_n aux intervalles de la forme

$$I =]a, b] =]a_1, b_1] \times \cdots \times]a_n, b_n],$$

qui jouent un rôle essentiel dans la suite.

Lorsque

$$b_i - a_i = c, \qquad (i=1, \ldots, n),$$

le semi-intervalle considéré porte le nom de *semi-cube*.

Notons que *l'intersection d'un nombre fini de semi-intervalles est un semi-intervalle si elle n'est pas vide.*

Attention! Si l'intersection ne porte pas sur un nombre fini de semi-intervalles et si elle n'est pas vide, elle peut ne pas être un semi-intervalle.

Ainsi, dans E_1,

$$\bigcap_{m=1}^{\infty} \left]1 - \frac{1}{m}, 1\right] = \{1\}.$$

2. — Soit I un semi-intervalle.

Dans ce chapitre, on désigne par $\mathscr{P}(I)$ une *partition de I en semi-intervalles.*

Si $\{I_1, I_2\}$ *est une partition de* $]a, b]$, *les semi-intervalles* I_1 *et* I_2 *sont de la forme*

$$]a_1, b_1] \times \cdots \times]a_k, c_k] \times \cdots \times]a_n, b_n]$$

et

$$]a_1, b_1] \times \cdots \times]c_k, b_k] \times \cdots \times]a_n, b_n],$$

où $c_k \in]a_k, b_k[$.

Soient $I_1 =]a, c]$ et $I_2 =]d, b]$.

Comme $I_2 \neq]a, b]$, il existe k tel que $d_k > a_k$. Pour tout $i \neq k$, on a alors $c_i = b_i$. En effet, si $c_i < b_i$, $(i \neq k)$, le point $(b_1, \ldots, d_k, \ldots, b_n)$ n'appartient ni à I_1 ni à I_2. Donc I_1 a la forme annoncée, de même que I_2.

Une partition de I est *finie* ou *dénombrable* selon qu'elle contient un nombre fini ou une infinité dénombrable de semi-intervalles.

Ainsi, dans E_1, si la suite c_m est strictement décroissante vers a,

$$\{]c_{m+1}, c_m] : m = 1, 2, \ldots\}$$

constitue une partition dénombrable de $]a, c_1]$.

Toute partition $\mathscr{P}(I)$ *est finie ou dénombrable.*

On sait que E_n est séparable; soient x_i, $(i=1, 2, \ldots)$, les points d'un ensemble dénombrable dense dans E_n.

Tout semi-intervalle J appartenant à $\mathscr{P}(I)$ est d'intérieur non vide, donc contient au moins un des x_i.

A tout $J \in \mathscr{P}(I)$, associons le plus petit indice i tel que $x_i \in J$. On établit ainsi une correspondance biunivoque [rappelons que les ensembles $J \in \mathscr{P}(I)$ sont disjoints deux à deux] entre $\mathscr{P}(I)$ et un sous-ensemble de l'ensemble des nombres entiers positifs; dès lors, $\mathscr{P}(I)$ est dénombrable au plus.

Une partition $\mathscr{P}(I)$ est *plus fine* qu'une autre $\mathscr{P}'(I)$ si tout semi-intervalle appartenant à $\mathscr{P}'(I)$ se partitionne en semi-intervalles appartenant à $\mathscr{P}(I)$.

3. — Examinons les propriétés des partitions $\mathscr{P}(I)$; la plupart sont immédiates.

a) Partition induite

Quels que soient la partition

$$\mathscr{P}(I)=\{J_i : i=1, 2, \dots\}$$

et le semi-intervalle I_0 contenu dans I,

$$\{I_0 \cap J_i \neq \varnothing : i=1, 2, \dots\}$$

est une partition de I_0.

b) Partition composée

Quelles que soient les partitions

$$\mathscr{P}(I) = \{J_i : i=1, 2, \dots\},$$

et

$$\mathscr{P}_i(J_i) = \{J_{i,k} : k=1, 2, \dots\}, \qquad (i=1, 2, \dots),$$

$$\{J_{i,k} : i, k=1, 2, \dots\}$$

est une partition de I.

c) Partition intersection

Quelles que soient les partitions

$$\mathscr{P}_1(I) = \{J_k^{(1)} : k=1, 2, \dots\}, \dots, \mathscr{P}_N(I) = \{J_k^{(N)} : k=1, 2, \dots\},$$

$$\mathscr{P}(I) = \{J_{k_1}^{(1)} \cap \dots \cap J_{k_N}^{(N)} \neq \varnothing : k_1, \dots, k_N=1,2, \dots\}$$

est une partition de I, plus fine que chacune d'elles.

d) Partition produit

Soient I' et I'' des semi-intervalles de $E_{n'}$ et $E_{n''}$ respectivement.

Quelles que soient les partitions $\mathscr{P}'(I')$ et $\mathscr{P}''(I'')$,

$$\{J' \times J'' : J' \in \mathscr{P}'(I'), \quad J'' \in \mathscr{P}''(I'')\}$$

est une partition de $I' \times I''$.

En particulier, *si $I=]a, b]$, quelles que soient les partitions $\mathscr{P}_i(]a_i, b_i])$,*

$$\{J_1 \times \dots \times J_n : J_i \in \mathscr{P}_i(]a_i, b_i]), \quad (i=1, \dots, n)\}$$

est une partition de I.

Une telle partition est appelée *réseau* de I et est notée $\mathcal{R}(I)$.

Un réseau est *fini* ou *dénombrable* suivant que la partition qu'il constitue est finie ou dénombrable.

e) *Quels que soient les semi-intervalles* $I_1, \ldots, I_N$, *en nombre fini et contenus dans* I, *il existe un réseau fini* $\mathcal{R}(I)$ *tel que chaque* I_k *se partitionne en semi-intervalles de* $\mathcal{R}(I)$.

De là,

— *pour toute partition finie* $\mathcal{P}(I)$, *il existe un réseau fini* $\mathcal{R}(I)$ *plus fin que* $\mathcal{P}(I)$.

— *si* $I_1, \ldots, I_N \subset I$ *sont deux à deux disjoints, il existe une partition finie* $\mathcal{P}(I)$ *qui les contient.*

— *quels que soient* $I, I_1, \ldots, I_N$, *si* $I \setminus \bigcup_{k=1}^{N} I_k$ *n'est pas vide, il est union finie de semi-intervalles.*

Posons $I = I_0$ et soient

$$I_k =]a^{(k)}, b^{(k)}], \qquad (k=0, 1, \ldots, N).$$

Pour chaque $i=1, \ldots, N$, soient $c_{i,j}$, $(j=1, \ldots, N_i)$, les $a_i^{(k)}$ et $b_i^{(k)}$ différents, classés par valeurs croissantes.

Dès lors,

$$\{]c_{i,j}, c_{i,j+1}] : j=1, \ldots, N_{i-1}\}$$

est une partition de $]a_i^{(0)}, b_i^{(0)}]$. On obtient le réseau $\mathcal{R}(I)$ par d).

Si $\mathcal{P}(I) = \{I_1, \ldots, I_N\}$, le réseau $\mathcal{R}(I)$ obtenu de la sorte est visiblement fini et plus fin que $\mathcal{P}(I)$.

Si $I_1, \ldots, I_N$ sont disjoints deux à deux,

$$\{J : J \in \mathcal{R}(I), \quad J \cap I_i = \emptyset, \quad (i=1, \ldots, N)\} \cup \{I_1, \ldots, I_N\}$$

est une partition finie de I qui contient les I_i.

Enfin, le dernier cas est immédiat, vu ce qui précède, car

$$I \setminus \bigcup_{k=1}^{N} I_k = I \setminus \bigcup_{k=1}^{N} (I_k \cap I).$$

EXERCICE

Montrer par un contre-exemple que dans e), il est nécessaire que les semi-intervalles I_i soient en nombre fini pour qu'ils se partitionnent en semi-intervalles d'un réseau.

Suggestion. Dans E_1, considérons les semi-intervalles I d'extrémités rationnelles contenus dans $]0, 1]$. Si $\mathcal{P}(]0, 1])$ est tel que tout I se partitionne en semi-intervalles de $\mathcal{P}(]0, 1])$, tout $J \in \mathcal{P}(]0, 1])$ ne peut rencontrer un I sans lui appartenir. Or J rencontre des I de diamètre aussi petit qu'on veut, donc son diamètre est nul, ce qui est absurde.

4. — Soient I et I_m, $(m=1, 2, \ldots)$, des semi-intervalles de E_n.
On dit que I_m *tend vers* I et on note $I_m \to I$ si

$$\delta_{I_m}(x) \to \delta_I(x)$$

pour tout $x \in E_n$.

De même, on dit que I_m *croît* (resp. *décroît*) *vers* I et on note $I_m \uparrow I$ (resp. $I_m \downarrow I$) si $I_m \to I$ et si $I_{m+1} \supset I_m$ (resp. $I_{m+1} \subset I_m$) pour tout m.

On ne peut avoir $I_m \to I$ (resp. $I_m \uparrow I$, $I_m \downarrow I$) que sous des conditions très particulières que nous allons préciser.

Soient a et $a^{(m)}$, $(m=1, 2, \ldots)$, des points de E_n.

Posons

$$a^{(m)} \to a \pm$$

si $a^{(m)} \to a$ avec $a^{(m)} \begin{Bmatrix} \geqq \\ \leqq \end{Bmatrix} a$ pour m assez grand.

De même, posons

$$a^{(m)} \uparrow a \qquad [\text{resp. } a^{(m)} \downarrow a]$$

si $a^{(m)} \to a$ et

$$a^{(m)} \leqq a^{(m+1)} \qquad [\text{resp. } a^{(m)} \geqq a^{(m+1)}]$$

pour tout m.

Si $I =]a, b]$ *et* $I_m =]a^{(m)}, b^{(m)}]$, $(m=1, 2, \ldots)$, *la condition nécessaire et suffisante pour que* $I_m \to I$ *est que*

$$a^{(m)} \to a+ \quad \text{et} \quad b^{(m)} \to b+.$$

La condition est nécessaire. Si $I_m \to I$, on a évidemment $a_m \to a$ et $b_m \to b$. De plus, pour m assez grand, on a

$$|\delta_{I_m}(b) - \delta_I(b)| \leqq \frac{1}{2}$$

et, comme $b \in I$, on a $\delta_I(b) = 1$, d'où $\delta_{I_m}(b) = 1$ et $b \in I_m$. De même, pour m assez grand, si on pose

$$c_i = (b_1, \ldots, b_{i-1}, a_i, b_{i+1}, \ldots, b_n), \qquad (i=1, \ldots, n),$$

on a

$$|\delta_{I_m}(c_i) - \delta_I(c_i)| \leqq \frac{1}{2}, \qquad (i=1, \ldots, n).$$

Comme $c_i \notin I$ quel que soit i, par un raisonnement analogue, on obtient

$c_i \notin I_m$ quel que soit i. Dès lors, puisque $a_i < b_i \leqq b_i^{(m)}$, on a $a_i \leqq a_i^{(m)}$ pour tout i et $a \leqq a^{(m)}$.

La condition suffisante est triviale.

De même, la condition nécessaire et suffisante pour que

$$]a^{(m)}, b^{(m)}] \downarrow]a, b] \qquad (\text{resp. }]a^{(m)}, b^{(m)}] \uparrow]a, b])$$

*est que $a^{(m)} \uparrow a$ avec $a^{(m)} = a$ pour m assez grand et que $b^{(m)} \downarrow b$ (*resp. *$b^{(m)} \uparrow b$ avec $b^{(m)} = b$ pour m assez grand et que $a^{(m)} \downarrow a$).*

5. — Soit Ω un ouvert de E_n.

Un semi-intervalle est *dans* Ω si son adhérence est contenue dans Ω.

Si $I =]a, b]$ est un semi-intervalle dans Ω,

— tout semi-intervalle contenu dans I est un semi-intervalle dans Ω.

En particulier, toute intersection finie non vide de semi-intervalles dans Ω est un semi-intervalle dans Ω et, pour toute partition $\mathscr{P}(I)$, tout $J \in \mathscr{P}(I)$ est un semi-intervalle dans Ω.

— pour tout $h \in E_n$ tel que $\sqrt{n}|h| < d([a, b], \complement\Omega)$, $]a-h, b+h]$ est un semi-intervalle dans Ω.

— si les semi-intervalles I_m tendent vers I, les I_m sont des semi-intervalles dans Ω dès que m est assez grand.

Il suffit de noter que, pour m assez grand, $I_m =]a^{(m)}, b^{(m)}]$ est dans Ω puisque

$$|a^{(m)} - a|, \; |b^{(m)} - b| < \frac{1}{\sqrt{n}} d([a, b], \complement\Omega).$$

L'expression $I_m \to (\text{resp. } \uparrow, \downarrow) I$ *dans* Ω signifie que I et les I_m, $(m = 1, 2, \ldots)$, sont des semi-intervalles dans Ω et que $I_m \to (\text{resp. } \uparrow, \downarrow) I$.

Tout ouvert $\Omega \subset E_n$ est union dénombrable de semi-cubes dans Ω, deux à deux disjoints.

Pour tout entier m, désignons par $\mathscr{P}_m(E_n)$ l'ensemble des semi-cubes $]a, b]$ dont les composantes a_k, b_k des extrémités sont des multiples successifs de 10^{-m}.

Appelons $I_{1,i}$ les semi-cubes de $\mathscr{P}_1(E_n)$ qui sont dans Ω, $I_{2,i}$ les semi-cubes de $\mathscr{P}_2(E_n)$ disjoints des $I_{1,i}$ et qui sont dans Ω et ainsi de suite.

Les semi-cubes $I_{m,i}$, $(i, m = 1, 2, \ldots)$, ainsi retenus sont dénombrables et deux à deux disjoints.

Leur union est Ω. Si $x \in \Omega$, pour m assez grand, le semi-cube de $\mathscr{P}_m(E_n)$ qui contient x est un semi-intervalle dans Ω. Donc x appartient à ce semi-cube ou à un de ceux qu'on a retenus avant lui.

EXERCICE

Etablir que tout semi-intervalle se partitionne en semi-cubes.

Suggestion. Soit $I =]a, b]$. Procéder comme dans la démonstration précédente en partant de semi-intervalles de la forme

$$\left]b_1 - \frac{k_1}{10^m}, b_1 - \frac{k_1 - 1}{10^m}\right] \times \cdots \times \left]b_n - \frac{k_n}{10^m}, b_n - \frac{k_n - 1}{10^m}\right].$$

Mesures

6. — Soit Ω un ouvert de E_n.

On appelle *mesure dans* Ω une loi μ qui, à tout I dans Ω, associe un nombre complexe, noté $\mu(I)$ et appelé *μ-mesure* de I, qui possède les propriétés suivantes:

a) pour tout I dans Ω et toute partition finie $\mathscr{P}(I)$,

$$\mu(I) = \sum_{J \in \mathscr{P}(I)} \mu(J),$$

(on dit que la loi μ est *additive* dans Ω).

b) pour tout I dans Ω, il existe une constante $C(I) \geqq 0$ telle que, pour toute partition finie $\mathscr{P}(I)$,

$$\sum_{J \in \mathscr{P}(I)} |\mu(J)| \leqq C(I),$$

(on dit que la loi μ est *à variation finie* dans Ω).

c) si $I_m \to I$ dans Ω,

$$\mu(I_m) \to \mu(I),$$

(on dit que la loi μ est *continue* dans Ω).

La condition c) est évidemment équivalente à la suivante.

c′) Pour tout $I =]a, b]$, semi-intervalle dans Ω, et tout $\varepsilon > 0$, il existe $\eta > 0$ tel que

$$\left.\begin{array}{l} a \leqq a', \ |a - a'| \leqq \eta \\ b \leqq b', \ |b - b'| \leqq \eta \end{array}\right\} \Rightarrow |\mu(]a', b']) - \mu(]a, b])| \leqq \varepsilon.$$

Une mesure μ dans Ω est *réelle* (resp. *positive, négative*) si $\mu(I)$ est réel (resp. positif, négatif) pour tout I dans Ω.

Si μ est une mesure positive dans Ω, pour tous I, J dans Ω tels que $J \subset I$, on a $\mu(J) \leqq \mu(I)$.

En effet, $I \setminus J$ se partitionne en un nombre fini de semi-intervalles $I_1, \ldots, I_k$. Il vient alors

$$\mu(I) = \mu(J) + \sum_{i=1}^{k} \mu(I_i) \geqq \mu(J).$$

7. — Soit μ une mesure dans Ω.

On appelle *variation* de μ la loi $V\mu$ qui, à tout I dans Ω, associe le nombre

$$V\mu(I) = \sup_{\mathscr{P}(I)} \sum_{J \in \mathscr{P}(I)} |\mu(J)|$$

où $\mathscr{P}(I)$ parcourt l'ensemble des partitions finies de I.

Par définition, pour tout $\varepsilon > 0$, il existe donc $\mathscr{P}(I)$ fini tel que

$$\sum_{J \in \mathscr{P}(I)} |\mu(J)| \leqq V\mu(I) \leqq \sum_{J \in \mathscr{P}(I)} |\mu(J)| + \varepsilon.$$

Etudions les propriétés de la variation d'une mesure.

Si μ est une mesure dans Ω, $V\mu$ est une mesure dans Ω.

A) *Si μ est une mesure dans Ω, $V\mu$ est additif dans Ω.*

Soient I dans Ω et une partition finie

$$\mathscr{P}(I) = \{I_1, \ldots, I_N\}.$$

D'une part,

$$\sum_{i=1}^{N} V\mu(I_i) \leqq V\mu(I).$$

De fait, quelles que soient les partitions finies $\mathscr{P}_1(I_1), \ldots, \mathscr{P}_N(I_N)$, vu b), p. 11,

$$\bigcup_{i=1}^{N} \mathscr{P}_i(I_i)$$

est une partition finie de I et on a

$$\sum_{J \in \mathscr{P}_1(I_1)} |\mu(J)| + \cdots + \sum_{J \in \mathscr{P}_N(I_N)} |\mu(J)| \leqq V\mu(I).$$

D'autre part, pour tout $\varepsilon > 0$, il existe une partition finie $\mathscr{P}'(I)$ telle que

$$V\mu(I) \leqq \sum_{J \in \mathscr{P}'(I)} |\mu(J)| + \varepsilon.$$

Vu c), p. 11, il existe alors une partition finie $\mathscr{P}''(I)$ plus fine que $\mathscr{P}(I)$ et $\mathscr{P}'(I)$. Dès lors,

$$V\mu(I) \leqq \sum_{J \in \mathscr{P}'(I)} |\mu(J)| + \varepsilon \leqq \sum_{J \in \mathscr{P}''(I)} |\mu(J)| + \varepsilon$$

$$\leqq \sum_{i=1}^{N} \sum_{\substack{J \subset I_i \\ J \in \mathscr{P}''(I)}} |\mu(J)| + \varepsilon \leqq \sum_{i=1}^{N} V\mu(I_i) + \varepsilon.$$

Comme $\varepsilon > 0$ est arbitraire, on a donc

$$V\mu(I) \leqq \sum_{i=1}^{N} V\mu(I_i).$$

Donc, au total,

$$V\mu(I) = \sum_{i=1}^{N} V\mu(I_i).$$

B) *Si μ est une mesure dans Ω, $V\mu$ est à variation finie dans Ω.*

A tout semi-intervalle dans Ω, $V\mu$ associe un nombre positif.

Dès lors, pour toute partition finie $\mathscr{P}(I)$ de I dans Ω, on a

$$\sum_{J \in \mathscr{P}(I)} |V\mu(J)| = \sum_{J \in \mathscr{P}(I)} V\mu(J) = V\mu(I),$$

vu l'additivité de $V\mu$ dans Ω.

C) *Si μ est une mesure dans Ω, $V\mu$ est continu dans Ω.*

Cette propriété est établie au paragraphe 9, C, p. 22, qu'on peut déjà lire maintenant.

Si μ est une mesure dans Ω,

$$|\mu(I)| \leqq V\mu(I)$$

pour tout I dans Ω.

Cela résulte trivialement de la définition de $V\mu$.

Si μ et ν sont des mesures dans Ω telles que

$$|\mu(I)| \leqq \nu(I)$$

pour tout I dans Ω, alors

$$V\mu(I) \leqq \nu(I)$$

pour tout I dans Ω.

De fait, pour tout I dans Ω et tout $\mathscr{P}(I)$ fini,

$$\sum_{J \in \mathscr{P}(I)} |\mu(J)| \leqq \sum_{J \in \mathscr{P}(I)} \nu(J) = \nu(I)$$

et, dès lors,

$$V\mu(I) \leqq \nu(I).$$

Voici enfin une remarque utile qui résulte de l'additivité de $V\mu$.

Soient I dans Ω et $\mathscr{P}(I)$ fini tels que

$$V\mu(I) \leqq \sum_{J \in \mathscr{P}(I)} |\mu(J)| + \varepsilon.$$

Pour tout semi-intervalle $I_0 \subset I$, la même majoration a lieu pour la partition induite par $\mathscr{P}(I)$ dans I_0:

$$V\mu(I_0) \leqq \sum_{\substack{J \in \mathscr{P}(I) \\ J \cap I_0 \neq \varnothing}} |\mu(J \cap I_0)| + \varepsilon.$$

De fait, si $I \setminus I_0$ se partitionne en les semi-intervalles $I_1, \dots, I_N$, il vient

$$\begin{aligned} V\mu(I_0)+\sum_{i=1}^{N} V\mu(I_i) = V\mu(I) &\leq \sum_{J\in\mathcal{P}(I)} |\mu(J)|+\varepsilon \\ &\leq \sum_{\substack{J\in\mathcal{P}(I)\\ J\cap I_0\neq\emptyset}} |\mu(J\cap I_0)|+\sum_{i=1}^{N}\sum_{\substack{J\in\mathcal{P}(I)\\ J\cap I_i\neq\emptyset}} |\mu(J\cap I_i)|+\varepsilon \\ &\leq \sum_{\substack{J\in\mathcal{P}(I)\\ J\cap I_0\neq\emptyset}} |\mu(J\cap I_0)|+\sum_{i=1}^{N} V\mu(I_i)+\varepsilon, \end{aligned}$$

d'où la conclusion.

EXERCICES

1. — Si μ est une mesure dans Ω et si $\mu(I)=V\mu(I)$ pour un semi-intervalle I dans Ω, alors $\mu(J)=V\mu(J)$ pour tout semi-intervalle $J\subset I$.

Suggestion. Pour toute partition finie $\mathcal{P}(I)$, on a

$$\sum_{J\in\mathcal{P}(I)} \mu(J) = \mu(I) = V\mu(I) = \sum_{J\in\mathcal{P}(I)} V\mu(J).$$

Dès lors, $\mathcal{R}\mu(J)=V\mu(J)$ pour tout $J\in\mathcal{P}(I)$, car on sait que

$$\mathcal{R}\mu(I')\leq V\mu(I')$$

pour tout I' dans Ω et s'il existe $J_0\in\mathcal{P}(I)$ tel que $\mathcal{R}\mu(J_0)<V\mu(J_0)$, on a la contradiction

$$\sum_{J\in\mathcal{P}(I)} \mu(J) = \sum_{J\in\mathcal{P}(I)} \mathcal{R}\mu(J) < \sum_{J\in\mathcal{P}(I)} V\mu(J).$$

Mais alors, $\mu(J)=V\mu(J)$ pour tout $J\in\mathcal{P}(I)$ car $|\mu(I')|\leq V\mu(I')$ pour tout I' dans Ω.

Pour conclure, il suffit de noter que, pour tout semi-intervalle $J\subset I$, il existe une partition finie $\mathcal{P}(I)$ contenant J.

2. — Pour tout I dans Ω, il existe une suite de partitions finies $\mathcal{P}_m(I)$ telles que, pour toute mesure μ dans Ω,

$$V\mu(I) = \lim_m \sum_{J\in\mathcal{P}_m(I)} |\mu(J)|.$$

Suggestion. Si $I=]a, b]$, il suffit de prendre pour $\mathcal{P}_m(I)$ le produit des partitions

$$\left\{\left]a_i+\frac{k}{m}(b_i-a_i), a_i+\frac{k+1}{m}(b_i-a_i)\right] : k = 0, 1, \dots, m-1\right\}, \qquad (i = 1, \dots, n).$$

D'une part, on a évidemment

$$V\mu(I) \geq \sum_{J\in\mathcal{P}_m(I)} |\mu(J)|, \ \forall m.$$

D'autre part, pour tout $\varepsilon>0$, il existe une partition finie $\{I_1, \dots, I_N\}$ de I telle que

$$V\mu(I) \leq \sum_{i=1}^{N} |\mu(I_i)|+\frac{\varepsilon}{2}.$$

A chaque $I_i =]a^{(i)}, b^{(i)}]$, associons l'union I_i' des semi-intervalles $]a', b'] \in \mathscr{P}_m(I)$ tels que $a^{(i)} \leq a' < b^{(i)}$. Chaque I_i' est un semi-intervalle et, vu la continuité de μ,

$$|\mu(I_i)| - \mu(I_i')| \leq \frac{\varepsilon}{2N}$$

pour m assez grand.

Dès lors, il vient

$$V\mu(I) \leq \sum_{i=1}^{N} |\mu(I_i)| + \frac{\varepsilon}{2}$$

$$\leq \sum_{i=1}^{N} |\mu(I_i')| + \varepsilon \leq \sum_{J \in \mathscr{P}_m(I)} |\mu(J)| + \varepsilon,$$

d'où la conclusion.

8. — Soient Ω un ouvert de E_n et μ une loi qui, à tout I dans Ω, associe un nombre complexe noté $\mu(I)$.

Voici quelques critères pour qu'elle vérifie les conditions a), b), c) de la définition d'une mesure.

A. Examinons d'abord la condition a).

La loi μ est additive dans Ω si et seulement si, pour tout I dans Ω,

$$\mu(I) = \mu(I_1) + \mu(I_2)$$

chaque fois que I_1 et I_2 partitionnent I.

La condition est évidemment nécessaire.

Elle est aussi suffisante.

Soit $I =]a, b]$ un semi-intervalle dans Ω.

Pour tout réseau fini $\mathscr{R}(I)$, on a

$$\mu(I) = \sum_{J \in \mathscr{R}(I)} \mu(J)$$

car $\mathscr{R}(I)$ s'obtient par un nombre fini de partitions en deux semi-intervalles.

Pour toute partition finie $\mathscr{P}(I)$, vu e), p. 12, il existe un réseau fini $\mathscr{R}(I)$ plus fin que $\mathscr{P}(I)$. Il suffit alors de noter que

$$\mu(I) = \sum_{J' \in \mathscr{R}(I)} \mu(J') = \sum_{J \in \mathscr{P}(I)} \sum_{\substack{J' \subset J \\ J' \in \mathscr{R}(I)}} \mu(J') = \sum_{J \in \mathscr{P}(I)} \mu(J).$$

EXERCICE

Soit μ une loi qui, à tout I dans E_n, associe $\mu(I) \in \mathbf{C}$.

Si μ est additif dans E_n, on a

$$\mu(]a, b]) = \mu(I_{x_0, x})]_{x_{v_1} = a_{v_1}}^{b_{v_1}} \ldots]_{x_{v_n} = a_{v_n}}^{b_{v_n}} = \sum_{c} (-1)^{\pi(c)} \mu(I_{x_0, c})$$

quel que soit $x_0 \in E_n$.

Dans le second membre, on désigne par $I_{x_0, x}$ le semi-intervalle d'extrémités x_0 et x et on pose $\mu(\varnothing)=0$ et

$$f(\ldots, x_i, \ldots)]_{x_i=a_i}^{b_i} = f(\ldots, b_i, \ldots) - f(\ldots, a_i, \ldots).$$

Dans le troisième membre, c parcourt les sommets de $]a, b]$ et $\pi(c)$ désigne le nombre de composantes a_i de c.

B. Passons à la vérification de la condition b).

a) *Si la loi* μ *est additive dans* Ω *et si* $\mu(I)\left\{\begin{matrix}\geqq\\ \leqq\end{matrix}\right\}0$ *pour tout* I *dans* Ω, *alors* μ *est à variation finie dans* Ω *et*

$$V\mu(I) = \pm\mu(I)$$

pour tout I *dans* Ω.

De fait,

$$\sum_{J \in \mathscr{P}(I)} |\mu(J)| = \pm \sum_{J \in \mathscr{P}(I)} \mu(J) = \pm\mu(I)$$

pour toute partition finie $\mathscr{P}(I)$.

b)[1] *Si la loi* μ *est additive dans* Ω, *elle est à variation finie dans* Ω *si et seulement si, pour tout* I *dans* Ω *et toute suite* I_i *de semi-intervalles deux à deux disjoints contenus dans* I, *on a*

$$\sum_{i=1}^{\infty} |\mu(I_i)| < \infty.$$

On a alors

$$\sum_{i=1}^{\infty} |\mu(I_i)| \leqq V\mu(I).$$

La condition est nécessaire.

De fait, comme $I_1, \ldots, I_N$ sont deux à deux disjoints, il existe une partition finie $\mathscr{P}(I)$ qui les contient. Dès lors

$$\sum_{i=1}^{N} |\mu(I_i)| \leqq \sum_{J \in \mathscr{P}(I)} |\mu(J)| \leqq V\mu(I),$$

d'où, comme N est arbitraire,

$$\sum_{i=1}^{\infty} |\mu(I_i)| \leqq V\mu(I).$$

La condition est suffisante.

Soit I un semi-intervalle dans Ω.

---

[1] Ce point et le D, p. 26, auquel il conduit, n'interviennent qu'au chapitre III, paragraphe 10, p. 126.

Notons d'abord que, si $V\mu(I)$ n'existe pas, toute partition finie $\mathscr{P}(I)$ contient un I_0 tel que $V\mu(I_0)$ n'existe pas.

En effet, si ce n'était pas le cas, on aurait, pour toute partition $\mathscr{P}'(I)$,

$$\sum_{J' \in \mathscr{P}'(I)} |\mu(J')| \leqq \sum_{J \in \mathscr{P}(I)} \sum_{\substack{J' \in \mathscr{P}'(I) \\ J' \cap J \neq \varnothing}} |\mu(J \cap J')| \leqq \sum_{J \in \mathscr{P}(I)} V\mu(J)$$

et $V\mu(I)$ existerait.

Notons d'autre part que si $\mathscr{P}(I)$ est fini et tel que

$$\sum_{J \in \mathscr{P}(I)} |\mu(J)| \geqq |\mu(I)| + 2,$$

quel que soit $I_0 \in \mathscr{P}(I)$, on a

$$\sum_{\substack{J \in \mathscr{P}(I) \\ J \neq I_0}} |\mu(J)| \geqq 1.$$

En effet,

$$\mu(I_0) = \mu(I) - \sum_{\substack{J \in \mathscr{P}(I) \\ J \neq I_0}} \mu(J)$$

entraîne

$$|\mu(I_0)| \leqq |\mu(I)| + \sum_{\substack{J \in \mathscr{P}(I) \\ J \neq I_0}} |\mu(J)|$$

et, dès lors,

$$|\mu(I)| + 2 \leqq \sum_{\substack{J \in \mathscr{P}(I) \\ J \neq I_0}} |\mu(J)| + |\mu(I_0)| \leqq 2 \sum_{\substack{J \in \mathscr{P}(I) \\ J \neq I_0}} |\mu(J)| + |\mu(I)|,$$

d'où le résultat.

Cela étant, passons à la démonstration de la condition suffisante.

Si $V\mu(I)$ n'existe pas, il existe $\mathscr{P}(I)$ fini tel que

$$\sum_{J \in \mathscr{P}(I)} |\mu(J)| \geqq |\mu(I)| + 2.$$

Il existe alors $I_1 \in \mathscr{P}(I)$ tel que $V\mu(I_1)$ n'existe pas.

Il existe ensuite $\mathscr{P}(I_1)$ fini et $I_2 \in \mathscr{P}(I_1)$ tels que

$$\sum_{J \in \mathscr{P}(I_1)} |\mu(J)| \geqq |\mu(I_1)| + 2$$

et que $V\mu(I_2)$ n'existe pas. Et ainsi de suite.

Considérons alors la série

$$\sum_{n=1}^{\infty} \sum_{\substack{J \in \mathscr{P}(I_n) \\ J \neq I_{n+1}}} |\mu(J)|.$$

Elle converge par hypothèse, car les semi-intervalles qui y interviennent sont deux à deux disjoints et contenus dans I.

C'est absurde, car

$$\sum_{\substack{J \in \mathscr{P}(I_n) \\ J \neq I_{n+1}}} |\mu(J)| \geqq 1, \quad \forall n.$$

C. Passons enfin à la condition c).

Si la loi μ est additive et à variation finie dans Ω, les conditions suivantes sont équivalentes.

(a) *Si I_m tend vers I dans Ω,*

$$\mu(I_m) \to \mu(I)$$

(*$=\mu$ est continu dans Ω*).

(a′) *Si I_m tend vers I dans Ω,*

$$V\mu(I_m) \to V\mu(I)$$

(*$=V\mu$ est continu dans Ω*).

(b) *Pour $k=1, \ldots, n$, si $b_k^{(m)} \downarrow a_k$ et si les semi-intervalles considérés sont dans Ω,*

$$\mu(]a_1, b_1] \times \cdots \times]a_k, b_k^{(m)}] \times \cdots \times]a_n, b_n]) \to 0.$$

(b′) *Pour $k=1, \ldots, n$, si $b_k^{(m)} \downarrow a_k$ et si les semi-intervalles considérés sont dans Ω,*

$$V\mu(]a_1, b_1] \times \cdots \times]a_k, b_k^{(m)}] \times \cdots \times]a_n, b_n]) \to 0.$$

(c) *Pour tout I dans Ω et toute partition dénombrable $\mathscr{P}(I)$,*

$$\mu(I) = \sum_{J \in \mathscr{P}(I)} \mu(J)$$

(*$=\mu$ est dénombrablement additif dans Ω*).

(c′) *Pour tout I dans Ω et toute partition dénombrable $\mathscr{P}(I)$,*

$$V\mu(I) = \sum_{J \in \mathscr{P}(I)} V\mu(J)$$

(*$=V\mu$ est dénombrablement additif dans Ω*).

Démontrons que

$$\text{(a)} \Rightarrow \text{(b)} \Rightarrow \text{(b′)} \Rightarrow \text{(a′)} \Rightarrow \text{(a)}$$

et que

$$\text{(a′)} \Rightarrow \text{(c′)} \Rightarrow \text{(c)} \Rightarrow \text{(b)}.$$

La proposition sera ainsi établie.

(a)⇒(b)

On sait qu'il existe $\varepsilon > 0$ tel que

$$]a_1, b_1] \times \cdots \times]a_k - \varepsilon, b_k^{(1)}] \times \cdots \times]a_n, b_n]$$

soit un semi-intervalle dans Ω.

Comme $b_k^{(m)}\downarrow a_k$, pour tout m , les ensembles

$$]a_1, b_1]\times\cdots\times]a_k-\varepsilon, b_k^{(m)}]\times\cdots\times]a_n, b_n]$$

sont des semi-intervalles dans Ω et on a

$$\begin{aligned}\mu(]a_1, b_1]\times\cdots\times]a_k, b_k^{(m)}]\times\cdots\times]a_n, b_n])\\ = \mu(]a_1, b_1]\times\cdots\times]a_k-\varepsilon, b_k^{(m)}]\times\cdots\times]a_n, b_n])\\ -\mu(]a_1, b_1]\times\cdots\times]a_k-\varepsilon, a_k]\times\cdots\times]a_n, b_n]).\end{aligned}$$

D'où la conclusion car le second membre tend vers 0.

(b)⇒(b′)

Posons

$$b^{(m)} = (b_1, \ldots, b_k^{(m)}, \ldots, b_n).$$

Pour tout $\varepsilon>0$, il existe une partition finie

$$\mathscr{P}(]a, b^{(1)}]) = \{I_1, \ldots, I_N\}$$

telle que

$$V\mu(]a, b^{(1)}]) \leqq \sum_{i=1}^{N} |\mu(I_i)|+\frac{\varepsilon}{2}.$$

Vu la remarque p. 17, on a aussi

$$V\mu(]a, b^{(m)}]) \leqq \sum_{i=1}^{N} |\mu(I_i\cap]a, b^{(m)}])|+\frac{\varepsilon}{2}, \quad \forall m,$$

à condition de poser $\mu(\varnothing)=0$.

Or, pour m assez grand, $I_i\cap]a, b^{(m)}]$ est vide ou tel que

$$|\mu(I_i\cap]a, b^{(m)}])| \leqq \varepsilon/(2N),$$

par application de (b).

Il vient alors

$$V\mu(]a, b^{(m)}]) \leqq \varepsilon,$$

d'où la conclusion.

(b′)⇒(a′)

Remarquons tout d'abord que la condition (b′) est équivalente à la suivante: si $]a, b]$ est un semi-intervalle dans Ω, pour tout $\varepsilon>0$, il existe η tel que

$$0 \leqq h \leqq \eta \Rightarrow V\mu(]a, b+he_k]) - V\mu(]a, b]) \leqq \varepsilon, \qquad (k = 1, \ldots, n),$$

où

$$e_k = (\underbrace{0, \ldots, 1}_{k}, \ldots, 0).$$

De plus, il existe $H>0$ tel que $[a, b+H]\subset\Omega$.

Cela étant, pour tout $\varepsilon > 0$, il existe $h, h' \in E_n$ tels que

$$a < a+h \leqq b < b+h' \leqq b+H$$

et que

$$V\mu(]a, b+h']) - V\mu(]a+h, b]) \leqq \varepsilon.$$

En effet, on peut écrire

$$V\mu(]a, b+h']) - V\mu(]a+h, b])$$

$$\leqq \left\{V\mu\left(\left]a, b+\sum_{k=1}^{n} h'_k e_k\right]\right) - V\mu\left(\left]a, b+\sum_{k=1}^{n-1} h'_k e_k\right]\right)\right\} + \dots$$

$$+ \{V\mu(]a, b+h'_1 e_1]) - V\mu(]a, b])\} + \{V\mu(]a, b]) - V\mu(]a+h_1 e_1, b])\} + \dots$$

$$+ \left\{V\mu\left(\left]a+\sum_{k=1}^{n-1} h_k e_k, b\right]\right) - V\mu\left(\left]a+\sum_{k=1}^{n} h_k e_k, b\right]\right)\right\}.$$

Il suffit de choisir de proche en proche $h'_1, \dots, h'_n, h_1, \dots, h_n > 0$ assez petits pour que

$$a < a+h \leqq b < b+h' \leqq b+H$$

et que chacun des termes entre accolades du deuxième membre soit majoré par $\varepsilon/(2n)$, ce qui est possible, vu la remarque préliminaire.

Ceci posé, soient

$$I_m =]a^{(m)}, b^{(m)}] \to I =]a, b] \quad \text{dans } \Omega.$$

Pour m assez grand, on a

$$a \leqq a^{(m)} \leqq a+h \leqq b \leqq b^{(m)} \leqq b+h'.$$

Dès lors, il vient

$$|V\mu(]a^{(m)}, b^{(m)}]) - V\mu(]a, b])| \leqq V\mu(]a, b+h']) - V\mu(]a+h, b]) \leqq \varepsilon,$$

en exprimant les deux membres de la première inégalité au moyen des

$$V\mu(J), \; J \in \mathscr{P}(]a, b+h']),$$

$\mathscr{P}(]a, b+h'])$ désignant une partition finie telle que $]a, b]$, $]a+h, b]$ et $]a^{(m)}, b^{(m)}]$ soient union finie de semi-intervalles appartenant à $\mathscr{P}(]a, b+h'])$.

(a')$\Rightarrow$(a)

Soient $I =]a, b]$ un semi-intervalle dans Ω et $H > 0$ tels que $[a, b+H] \subset \Omega$.

Si $I_m =]a^{(m)}, b^{(m)}] \to]a, b]$ dans Ω, pour m assez grand, on a

$$a \leqq a^{(m)} \leqq b \leqq b^{(m)} \leqq b+H,$$

d'où

$$|\mu(]a^{(m)}, b^{(m)}]) - \mu(]a, b])| \leqq V\mu(]a, b^{(m)}]) - V\mu(]a^{(m)}, b]),$$

en procédant comme au cas précédent.

D'où la conclusion, puisque la majorante tend vers 0.

(a′)⇒(c′)

Soit I dans Ω et soit $\{I_i: i=1, 2, \ldots\}$ une partition dénombrable de I. D'une part, on a

$$V\mu(I) \geqq \sum_{i=1}^{\infty} V\mu(I_i).$$

En effet, quel que soit N,

$$I \setminus \bigcup_{i=1}^{N} I_i$$

est union finie de semi-intervalles deux à deux disjoints, d'où

$$\sum_{i=1}^{N} V\mu(I_i) \leqq V\mu(I)$$

et, de là,

$$\sum_{i=1}^{\infty} V\mu(I_i) \leqq V\mu(I).$$

D'autre part, on a

$$V\mu(I) \leqq \sum_{i=1}^{\infty} V\mu(I_i).$$

Pour le voir, il suffit de montrer que, pour $\varepsilon > 0$, on a

$$V\mu(I) \leqq \sum_{i=1}^{\infty} V\mu(I_i) + \varepsilon.$$

Vu (a′), à I, on peut associer I' tel que $\bar{I}' \subset I$ et que

$$V\mu(I) - V\mu(I') \leqq \varepsilon/2.$$

De même, à chaque I_i, on peut associer I_i' tel que

$$\bar{I}_i \subset \mathring{I}_i' \subset \bar{I}_i' \subset \Omega$$

et que

$$V\mu(I_i') - V\mu(I_i) \leqq \varepsilon/2^{i+1}.$$

Dès lors,

$$\bar{I}' \subset \bigcup_{i=1}^{\infty} \mathring{I}_i'$$

et un nombre fini des I_i' recouvre $\bar{I}'$. Si N est tel que

$$I' \subset \bigcup_{i=1}^{N} I_i',$$

on a

$$V\mu(I) \leqq V\mu(I') + \frac{\varepsilon}{2} \leqq \sum_{i=1}^{N} V\mu(I'_i) + \frac{\varepsilon}{2} \leqq \sum_{i=1}^{N} V\mu(I_i) + \varepsilon,$$

d'où la thèse.

(c′)⇒(c)

Soit $\{I_i: i=1, 2, \ldots\}$ une partition dénombrable de I.

Pour tout N, $I \setminus \bigcup_{i=1}^{N} I_i$ se partitionne en un nombre fini de semi-intervalles disjoints deux à deux, $J_1, \ldots, J_k$. Il vient alors

$$\left| \mu(I) - \sum_{i=1}^{N} \mu(I_i) \right| = \left| \sum_{i=1}^{k} \mu(J_i) \right| \leqq \sum_{i=1}^{k} V\mu(J_i) = V\mu(I) - \sum_{i=1}^{N} V\mu(I_i).$$

Il s'ensuit que

$$V\mu(I) = \sum_{i=1}^{\infty} V\mu(I_i)$$

entraîne

$$\mu(I) = \sum_{i=1}^{\infty} \mu(I_i).$$

(c)⇒(b)

Posons

$$I_m =]a_1, b_1] \times \cdots \times]a_k, b_k^{(m)}] \times \cdots \times]a_n, b_n].$$

Comme

$$\{I_m \setminus I_{m+1}:\ m = 1, 2, \ldots\}$$

est une partition dénombrable de I_1, la série

$$\sum_{m=1}^{\infty} \mu(I_m \setminus I_{m+1})$$

converge. De là,

$$\mu(I_M) = \sum_{m=M}^{\infty} \mu(I_m \setminus I_{m+1}) \to 0$$

si $M \to \infty$.

D. Voici enfin une condition globale pour que μ soit une mesure.

Si, pour tout I dans Ω et toute suite de semi-intervalles I_i disjoints deux à deux et contenus dans I, la série

$$\sum_{i=1}^{\infty} \mu(I_i)$$

converge et est telle que

$$\sum_{i=1}^{\infty} \mu(I_i) = \mu(I)$$

chaque fois que $\bigcup_{i=1}^{\infty} I_i = I$, alors μ est une mesure dans Ω.

Visiblement, μ est additif dans Ω.

Vu b), p. 20, μ est à variation finie dans Ω. De fait, si les I_i sont des semi-intervalles contenus dans I et disjoints deux à deux, la série $\sum_{i=1}^{\infty}\mu(I_i)$ converge, donc converge absolument car l'ordre des $\mu(I_i)$ n'importe pas.

Enfin, μ est dénombrablement additif dans Ω, donc continu dans Ω vu C et ce qui précède.

9. — La continuité de μ est essentielle pour la suite, où elle intervient par le biais de la propriété suivante.

Soit μ une mesure dans Ω.

Soient $I_1, I_2, \ldots$ des semi-intervalles dans Ω deux à deux disjoints et $J_1, J_2, \ldots$ des semi-intervalles dans Ω tels que

$$\sum_{k=1}^{\infty} V\mu(J_k) < \infty.$$

Si

$$\bigcup_{k=1}^{\infty} I_k \subset \bigcup_{k=1}^{\infty} J_k,$$

on a

$$\sum_{k=1}^{\infty} V\mu(I_k) \leqq \sum_{k=1}^{\infty} V\mu(J_k).$$

Pour établir cette propriété, disjoignons les J_k de proche en proche sans changer leur union, en leur substituant des J'_k deux à deux disjoints en lesquels se partitionnent finiment les

$$J_1, J_2 \setminus J_1, \ldots, J_m \setminus \bigcup_{k=1}^{m-1} J_k, \ldots.$$

Il est immédiat que

$$\sum_{k=1}^{\infty} V\mu(J'_k) \leqq \sum_{k=1}^{\infty} V\mu(J_k).$$

Pour tout i, $\{J'_k \cap I_i \neq \emptyset : k=1, 2, \ldots\}$ est une partition dénombrable de I_i, d'où

$$V\mu(I_i) = \sum_{k=1}^{\infty} V\mu(I_i \cap J'_k).$$

Il vient encore

$$\sum_{i=1}^{N} V\mu(I_i) = \sum_{k=1}^{\infty}\sum_{i=1}^{N} V\mu(I_i \cap J'_k) \leqq \sum_{k=1}^{\infty} V\mu(J'_k),$$

pour tout N, d'où

$$\sum_{i=1}^{\infty} V\mu(I_i) \leqq \sum_{k=1}^{\infty} V\mu(J'_k) \leqq \sum_{k=1}^{\infty} V\mu(J_k).$$

EXERCICES

1. — Montrer que les conditions a), b) et c) de la définition d'une mesure sont indépendantes.

Suggestion. a) Si $f(x)=\delta_{]1,+\infty[}(x)$,

$$\mu(]a,b]) = f(b)-f(a)$$

est additif et à variation finie mais n'est pas continu dans E_1. Ainsi,

$$\mu\left(\left]0, \frac{m+1}{m}\right]\right) = 1 + \mu(]0,1]) = 0.$$

b) Si $f(x)$ est continu dans E_1 et tel que

$$f\left(\frac{1}{2m-1}\right) = \frac{1}{m} \quad \text{et} \quad f\left(\frac{1}{2m}\right) = 0, \qquad (m = 1, 2, \ldots),$$

la loi

$$\mu(]a,b]) = f(b)-f(a)$$

est additive et continue mais n'est pas à variation finie dans E_1. De fait,

$$|\mu(]0,1/(2p+1)])| + \sum_{k=1}^{2p} |\mu(]1/(k+1), 1/k])| = 1+2\sum_{k=1}^{p} \frac{1}{k+1}$$

dépasse N arbitraire pour p assez grand.

c) Dans E_1, la loi

$$\mu(]a,b]) = \begin{cases} b-a & \text{si } b<0, \\ 2(b-a) & \text{si } 0 \leqq b, \end{cases}$$

est continue et à variation finie, mais elle n'est pas additive:

$$\mu(]-1,1]) = 4 \neq \mu(]-1,0])+\mu(]0,1]) = 3.$$

2. — La loi $\mu(I)$ peut être dénombrablement additive sans être à variation finie.

Suggestion. Soit

$$\mu(]a,b]) = f(b)-f(a),$$

où $f(x) = \sum_{m=1}^{\infty} m\delta_{\left]-\frac{1}{m}, -\frac{1}{m+1}\right]}(x)$.

Quel que soit m,

$$\left|\mu\left(\left]-1, -\frac{1}{m}\right]\right)\right| + \left|\mu\left(\left]-\frac{1}{m}, 0\right]\right)\right| = 2m-2,$$

d'où $V\mu$ n'existe pas.

Considérons d'autre part une partition arbitraire $\{I_1, I_2, \ldots\}$ de $]a,b]$.

Si $0 \notin]a,b]$, dès que k est assez grand, $I_1 \cup \ldots \cup I_k$ contient tous les points de la forme $-\frac{1}{m}$ de $]a,b]$. Alors

$$\mu(I) = \sum_{i=1}^{N} \mu(I_i), \quad \forall N \geqq k.$$

Si $0 \in]a, b]$, un des I_k, soit I_{k_0}, contient 0 donc tous les $-\frac{1}{m}$ assez voisins de 0. Pour k assez grand, $I_1 \cup \ldots \cup I_k$ contient donc de nouveau tous les points $-\frac{1}{m}$ de $]a, b]$ et on a encore

$$\mu(I) = \sum_{i=1}^{N} \mu(I_i), \quad \forall N \geqq k.$$

Exemples de mesures

10. — Voici d'importants exemples de mesures dans E_n.

A. On appelle *mesure de P. Dirac* associée au point x_0 la mesure

$$\delta_{x_0}(I) = \begin{Bmatrix} 1 & \text{si} & x_0 \in I \\ 0 & \text{sinon} & \end{Bmatrix} = \delta_I(x_0).$$

Vérifions que c'est une mesure dans E_n.

a) Si $I = I_1 \cup I_2$ avec $I_1 \cap I_2 = \emptyset$,

$$\delta_{x_0}(I) = \delta_I(x_0) = \delta_{I_1}(x_0) + \delta_{I_2}(x_0) = \delta_{x_0}(I_1) + \delta_{x_0}(I_2).$$

b) Comme $\delta_{x_0}(I)$ est positif pour tout I, $V\delta_{x_0}(I)$ existe et est égal à $\delta_{x_0}(I)$.

c) Si $I_m \to I$, alors $\delta_{I_m}(x_0) \to \delta_I(x_0)$ et $\delta_{x_0}(I_m) \to \delta_{x_0}(I)$.

B. On appelle *mesure de H. Lebesgue* dans E_n la mesure

$$l(]a, b]) = \prod_{i=1}^{n} (b_i - a_i).$$

Vérifions que c'est une mesure.

a) Si

$$]a, b] = (]a_1, b_1] \times \cdots \times]a_k, c_k] \times \cdots \times]a_n, b_n])$$
$$\cup (]a_1, b_1] \times \cdots \times]c_k, b_k] \times \cdots \times]a_n, b_n]),$$

avec $a_k < c_k < b_k$ et si on désigne par I, I_1, I_2, respectivement $]a, b]$ et les deux semi-intervalles du second membre, on a

$$l(I_1) + l(I_2) = [(c_k - a_k) + (b_k - c_k)] \prod_{i \neq k} (b_i - a_i) = l(I).$$

b) Comme $l(I)$ est positif pour tout I, $Vl(I)$ existe et est égal à $l(I)$.

c) Enfin, si $]a^{(m)}, b^{(m)}] \to]a, b]$, on a $a^{(m)} \to a+$ et $b^{(m)} \to b+$, d'où

$$l(]a^{(m)}, b^{(m)}]) \to l(]a, b]).$$

C. Soient $f_1(x), \ldots, f_n(x)$ des fonctions réelles, monotones et continues à droite dans E_1 [c'est-à-dire telles que $f_i(x_m) \to f_i(x)$ si $x_m \to x+$].

On appelle *mesure de T. Stieltjes* associée à $f_1, \ldots, f_n$ la mesure définie par

$$s(]a, b]) = \prod_{i=1}^{n} [f_i(b_i) - f_i(a_i)].$$

Attention! La mesure s dépend de l'ordre dans lequel on prend $f_1, \ldots, f_n$.

C'est une mesure dans E_n.

La démonstration est la même que pour la mesure de Lebesgue, qui est d'ailleurs la mesure de Stieltjes associée à $x_1, \ldots, x_n$.

* *Si* $f_1(x), \ldots, f_n(x) \in C_1(E_1)$,

$$s(]a, b]) = \prod_{i=1}^{n} [f_i(b_i) - f_i(a_i)]$$

est une mesure.

Cela résulte du paragraphe 1, p. 141, si on note que

$$s(]a, b]) = \int_{]a,b]} D_{x_1} f_1(x_1) \ldots D_{x_n} f_n(x_n) \, dl.$$

On a alors

$$Vs(]a, b]) = \int_{]a,b]} |D_{x_1} f_1(x_1) \ldots D_{x_n} f_n(x_n)| \, dl.$$

* D. Soit $f(x)$ une fonction définie dans E_n.

Posons

$$f(\ldots, x_k, \ldots)]_{x_k=a_k}^{b_k} = f(\ldots, b_k, \ldots) - f(\ldots, a_k, \ldots).$$

Si $f(x) \in C_n(E_n)$,

$$v(]a, b]) = f(x)]_{x_{\nu_1}=a_{\nu_1}}^{b_{\nu_1}} \cdots]_{x_{\nu_n}=a_{\nu_n}}^{b_{\nu_n}}$$

est une mesure, indépendante de la permutation $\nu_1, \ldots, \nu_n$ *de* $1, \ldots, n$.

On l'appelle *mesure engendrée par f.*

Cela résulte encore du paragraphe 1, p. 141, si on note que

$$v(]a, b]) = \int_{]a,b]} D_{x_1} \ldots D_{x_n} f(x) \, dl.$$

II. INTÉGRATION

Dans ce chapitre, Ω désigne un ouvert de E_n et μ une mesure dans cet ouvert.

Les ensembles considérés sont des sous-ensembles de Ω. Les fonctions ne sont définies que dans Ω ou ses sous-ensembles.

Fonctions étagées et leur intégrale

1. — On appelle *fonction étagée* toute combinaison linéaire de fonctions caractéristiques de semi-intervalles dans Ω:

$$\alpha(x) = \sum_{i=1}^{N} c_i \delta_{I_i}(x).$$

Etant donné un nombre fini $\alpha_1, \ldots, \alpha_N$ *de fonctions étagées, il existe un nombre fini de semi-intervalles dans* Ω, *deux à deux disjoints et tels que tout* α_i, $(i=1, \ldots, N)$, *soit combinaison linéaire de leurs fonctions caractéristiques.*

En particulier, toute fonction étagée est combinaison linéaire de fonctions caractéristiques de semi-intervalles dans Ω, *deux à deux disjoints.*

Chaque α_i est combinaison linéaire de $\delta_{I_{i,j}}$. Il existe un semi-intervalle de E_n qui contient tous les $I_{i,j}$, donc, vu e), p. 12, il existe $J_1, \ldots, J_m$ deux à deux disjoints tels que chaque $I_{i,j}$ soit union de certains de ces J_k. Chaque α_i est alors combinaison linéaire des δ_{J_k} correspondants.

On appelle *ensemble étagé* tout ensemble dont la fonction caractéristique est étagée. Un tel ensemble sera généralement noté Q.

Du théorème précédent, il découle immédiatement qu'*un ensemble est étagé si et seulement si il est union d'un nombre fini de semi-intervalles dans* Ω.

2. — Signalons les principales propriétés des fonctions étagées.

Si $\alpha, \alpha_1, \ldots, \alpha_N$ *sont étagés, les fonctions suivantes sont étagées:*

a) $\sum_{i=1}^{N} c_i \alpha_i$, *quels que soient* $c_1, \ldots, c_N \in \mathbf{C}$.

b) $\prod_{i=1}^{N} \alpha_i$.

c) $\bar{\alpha}$ *et, en particulier,* $\mathscr{R}\alpha$ *et* $\mathscr{I}\alpha$.

d) $|\alpha|$ *et, en particulier,* α_+ *et* α_- *si* α *est réel, et*

$$\begin{Bmatrix} \sup \\ \inf \end{Bmatrix} (\alpha_1, \ldots, \alpha_N)$$

si $\alpha_1, \ldots, \alpha_N$ *sont réels.*

De plus, si $I_1, \ldots, I_m$ sont deux à deux disjoints et si

$$\alpha = \sum_{j=1}^{m} c_j \delta_{I_j}, \quad \alpha_i = \sum_{j=1}^{m} c_{i,j} \delta_{I_j}, \tag{*}$$

les fonctions obtenues par les opérations considérées s'écrivent

$$\sum_{j=1}^{m} c'_j \delta_{I_j},$$

où les c'_j se déduisent de $c_j, c_{1,j}, \ldots, c_{N,j}$ par les opérations correspondantes.

Ainsi, on a la formule suivante, très utile plus loin:

$$|\alpha| = \sum_{j=1}^{m} |c_j| \delta_{I_j}.$$

Les trois premiers points sont immédiats à partir de la définition.

Les autres le sont aussi quand on prend $\alpha, \alpha_1, \ldots, \alpha_N$ sous la forme donnée en (*).

3. — Si

$$\alpha = \sum_{i=1}^{N} c_i \delta_{I_i}$$

est une fonction étagée, on appelle *μ-intégrale* de α et on note

$$\int \alpha \, d\mu$$

le nombre

$$\sum_{i=1}^{N} c_i \mu(I_i).$$

Cette définition a un sens car *le nombre* $\sum_{i=1}^{N} c_i \mu(I_i)$ *ne dépend pas de la représentation* $\sum_{i=1}^{N} c_i \delta_{I_i}$ *de* α.

En effet, soit

$$\sum_{i=1}^{N} c_i \delta_{I_i} = \sum_{i=1}^{N'} c'_i \delta_{I'_i}.$$

Il existe $J_1, \ldots, J_m$ deux à deux disjoints tels que les I_i et les I'_i se partitionnent en certains des J_j. On a alors

$$\alpha = \sum_{j=1}^{m} d_j \delta_{J_j},$$

où

$$d_j = \sum_{J_j \subset I_i} c_i = \sum_{J_j \subset I'_i} c'_i,$$

et

$$\sum_{i=1}^{N} c_i \mu(I_i) = \sum_{i=1}^{N} c_i \sum_{J_j \subset I_i} \mu(J_j)$$

$$= \sum_{j=1}^{m} d_j \mu(J_j)$$

$$= \sum_{i=1}^{N'} c_i' \sum_{J_j \subset I_i'} \mu(J_j) = \sum_{i=1}^{N'} c_i' \mu(I_i').$$

Si Q est étagé, on appelle *μ-mesure* de Q la μ-intégrale de δ_Q, notée $\mu(Q)$.

4. — La μ-intégrale des fonctions étagées possède de nombreuses propriétés qui résultent immédiatement de sa définition.

Voici celles qui sont essentielles dans la théorie de l'intégration par rapport à μ.

Les autres seront signalées là où on en fera usage.

Soient $\alpha, \beta, \alpha_1, \ldots, \alpha_N$ des fonctions étagées.

a) *Si $c_1, \ldots, c_N \in \mathbf{C}$, on a*

$$\int \left(\sum_{i=1}^{N} c_i \alpha_i \right) d\mu = \sum_{i=1}^{N} c_i \int \alpha_i \, d\mu.$$

b) *Si α et μ sont réels,*

$$\int \alpha \, d\mu$$

est réel.

De là, *si μ est réel,*

$$\overline{\int \alpha \, d\mu} = \int \bar{\alpha} \, d\mu$$

et

$$\begin{Bmatrix} \mathscr{R} \\ \mathscr{I} \end{Bmatrix} \int \alpha \, d\mu = \int \begin{Bmatrix} \mathscr{R} \\ \mathscr{I} \end{Bmatrix} \alpha \, d\mu.$$

c) *Si α et μ sont positifs,*

$$\int \alpha \, d\mu$$

est positif.

De là, *si μ est positif et si α et β sont réels et tels que $\alpha \leqq \beta$,*

$$\int \alpha \, d\mu \leqq \int \beta \, d\mu.$$

d) *Quels que soient α et μ, on a*

$$\left| \int \alpha \, d\mu \right| \leqq \int |\alpha| \, dV\mu.$$

Les démonstrations de a), b) et c) sont immédiates.

Pour d), on note que, si $\alpha = \sum_{i=1}^{N} c_i \delta_{I_i}$, où les I_i sont deux à deux disjoints, on a

$$\left|\int \alpha \, d\mu\right| = \left|\sum_{i=1}^{N} c_i \mu(I_i)\right| \leqq \sum_{i=1}^{N} |c_i| V\mu(I_i) = \int |\alpha| \, dV\mu.$$

Ensembles négligeables

5. — Un ensemble e est *μ-négligeable* si on peut le recouvrir par une infinité dénombrable de semi-intervalles I_i dans Ω dont la somme des $V\mu$-mesures est arbitrairement petite.

Ainsi, *tout point de E_n est l-négligeable.*

De fait, quel que soit $x \in E_n$, on a $x \in]x-h, x]$ si $h = (h_1, \ldots, h_n) > 0$ et $l(]x-h, x]) = h_1 \ldots h_n$ est arbitrairement petit.

L'ensemble $\complement x_0$ est δ_{x_0}-négligeable.

En effet, il existe une union dénombrable de semi-intervalles I_i dans l'ouvert $\complement x_0$, dont l'union est $\complement x_0$. Pour ces I_i, $V\delta_{x_0}(I_i) = 0$, d'où

$$\sum_{i=1}^{\infty} V\delta_{x_0}(I_i) = 0.$$

Dans cette définition, *on peut supposer les I_i deux à deux disjoints.*

En effet, les ensembles

$$I_1, I_2 \setminus I_1, \ldots, I_m \setminus \left(\bigcup_{i=1}^{m-1} I_i\right), \ldots$$

sont deux à deux disjoints. En partitionnant chacun d'eux en un nombre fini de semi-intervalles, on obtient une suite J_j de semi-intervalles dans Ω, deux à deux disjoints et tels que

$$\bigcup_{j=1}^{\infty} J_j = \bigcup_{i=1}^{\infty} I_i \supset e.$$

La proposition résulte alors d'un théorème précédent (cf. p. 27).

6. — Examinons les propriétés des ensembles μ-négligeables.

a) *Un ensemble est μ-négligeable si et seulement si il est $V\mu$-négligeable.*

b) *Tout sous-ensemble d'un ensemble μ-négligeable est μ-négligeable.*

De là, *un ensemble n'est pas μ-négligeable si un de ses sous-ensembles ne l'est pas.*

c) *Toute union dénombrable d'ensembles μ-négligeables est μ-négligeable.*

Soient e_m des ensembles μ-négligeables et $\varepsilon > 0$.

Pour tout m, il existe une infinité dénombrable de semi-intervalles $I_{i,m}$ dans Ω dont l'union contient e_m et dont la somme des $V\mu$-mesures est inférieure à $\varepsilon/2^m$.

Au total, les $I_{i,m}$ sont des semi-intervalles dans Ω, dénombrables, dont l'union contient $\bigcup_{m=1}^{\infty} e_m$ et dont la somme des $V\mu$-mesures est inférieure à ε.

Cette construction est valable quel que soit $\varepsilon > 0$, d'où $\bigcup_{m=1}^{\infty} e_m$ est μ-négligeable.

En particulier,

— *si* $\bigcup_{m=1}^{\infty} e_m \supset e$, *$e$ est μ-négligeable si et seulement si $e \cap e_m$ est μ-négligeable quel que soit m.*

Si, en outre, ω est ouvert,

— *$e \subset \omega$ est μ-négligeable si et seulement si $e \cap K$ est μ-négligeable pour tout compact $K \subset \omega$.*

— *$e \subset \omega$ est μ-négligeable si et seulement si, quel que soit $x \in \omega$, il existe une boule b de centre x telle que $e \cap b$ soit μ-négligeable.*

Les conditions sont nécessaires, vu b).

Démontrons qu'elles sont suffisantes.

Pour la première, on note que

$$e = \bigcup_{m=1}^{\infty} (e \cap e_m).$$

Pour la deuxième, les ensembles

$$K_m = \{x\colon |x| \leqq m,\ d(x, \complement\omega) \geqq 1/m\}, \qquad (m = 1, 2, \ldots),$$

sont des compacts contenus dans ω et tels que

$$e = \bigcup_{m=1}^{\infty} (e \cap K_m).$$

Enfin, pour la dernière, il suffit de noter que, pour tout m, $K_m \subset \omega$ est compact, donc recouvert par un nombre fini de boules b telles que $b \cap e$ soit μ-négligeable. Donc $e \cap K_m$ est μ-négligeable quel que soit m et e est μ-négligeable.

d) *Un semi-intervalle I dans Ω est μ-négligeable si et seulement si*

$$V\mu(I) = 0$$

ou encore si et seulement si

$$\mu(J) = 0, \quad \forall J \subset I.$$

Les deux conditions proposées sont équivalentes vu la définition de $V\mu(I)$.

Si $V\mu(I)=0$, par définition, I est μ-négligeable.

Inversement, si I est μ-négligeable, pour tout $\varepsilon>0$, il existe des I_i dans Ω dont l'union contient I et dont la somme des $V\mu$-mesures est inférieure à ε. De là, vu un théorème précédent (cf. p. 27),

$$V\mu(I) \leqq \sum_{i=1}^{\infty} V\mu(I_i) \leqq \varepsilon,$$

ce qui exige $V\mu(I)=0$.

e) *Un ouvert $\omega\subset\Omega$ est μ-négligeable si et seulement si $\mu(I)=0$ pour tout I dans ω.*

Un tel ouvert est dit *d'annulation pour μ.*

Si $e\supset I$ avec $\mu(I)\neq 0$, I n'est pas μ-négligeable donc e n'est pas μ-négligeable.

C'est notamment vrai pour $e=\omega$, ce qui donne la condition nécessaire. Pour la condition suffisante, on note que tout I dans ω est μ-négligeable et que ω est union dénombrable de tels I.

f) *Si $V\mu(I)\neq 0$ pour tout I dans Ω, tout ensemble μ-négligeable est d'intérieur vide.*

En effet, si $V\mu(I)\neq 0$ pour tout I dans Ω, aucun ouvert ω n'est μ-négligeable.

7. — Soit $A\subset\Omega$. Introduisons deux locutions utiles équivalentes:

— „*μ-presque partout dans A*", en abrégé μ-pp *dans A*,

— „*pour μ-presque tout point de A*".

Elles signifient „sauf dans un certain sous-ensemble μ-négligeable de A".

Sans autre spécification, „μ-pp" signifie „μ-pp dans Ω".

a) Ainsi, une fonction est *définie* μ-pp *dans A* si le sous-ensemble de A où elle n'est pas définie est μ-négligeable.

En vertu des propriétés des ensembles μ-négligeables, on obtient:

— *si l'ensemble des zéros des diviseurs éventuels est μ-négligeable, toute opération algébrique portant sur un nombre fini de fonctions définies* μ-pp *dans A donne un résultat défini* μ-pp *dans A.*

— *des opérations algébriques dénombrables portant sur des fonctions définies* μ-pp *dans A donnent un résultat défini* μ-pp *dans A pour autant que le processus converge* μ-pp *dans A.*

En particulier, *les séries et produits infinis de fonctions définies* μ-pp *dans A et convergeant* μ-pp *dans A ont pour limite* μ-pp *dans A une fonction définie* μ-pp *dans A.*

En effet, dans chaque cas, la fonction obtenue cesse d'être définie aux points où le processus diverge et aux points où les fonctions auxquelles on l'applique ne sont pas toutes définies, mais l'ensemble de tous ces points est un sous-ensemble μ-négligeable de A.

b) Deux fonctions définies μ-pp dans $A \subset \Omega$ sont *égales* μ-pp *dans* A si l'ensemble des points de A où l'une ou l'autre des fonctions n'est pas définie ou bien où elles sont définies toutes deux, mais inégales, est μ-négligeable.

Voici une proposition qui permet de déduire l'égalité de deux fonctions de leur égalité μ-pp.

Si ω est un ouvert tel que $V\mu(I) \neq 0$ pour tout I dans ω, deux fonctions continues dans ω et égales μ-pp dans ω sont égales dans ω.

Soient f et f' les deux fonctions. On sait donc qu'il existe un ensemble μ-négligeable $e \subset \omega$ tel que $f(x) = f'(x)$ pour tout $x \in \omega \setminus e$. Vu l'hypothèse sur ω, on a $\overset{\circ}{e} = \emptyset$.

Soit alors $x \in e$. Il existe donc une suite $x_m \in \omega \setminus e$ telle que $x_m \to x$. Comme $f(x_m) = f'(x_m)$ pour tout m, il vient

$$f(x) = \lim_m f(x_m) = \lim_m f'(x_m) = f'(x).$$

c) Une fonction possède une propriété μ-pp dans A si elle possède cette propriété en tout point de $A \setminus e$, où e est μ-négligeable.

Ainsi, une fonction est *continue* μ-pp *dans* A si elle est continue dans A en μ-presque tout point de A ou encore si les points où elle n'est pas continue dans A forment un ensemble μ-négligeable.

Attention! Le fait qu'une fonction soit continue μ-pp dans A n'est pas équivalent au fait qu'elle soit égale μ-pp dans A à une fonction continue dans A.

Ainsi,

— $\delta_{[0,+\infty[}(x)$ est continu l-pp dans E_1 mais n'est pas égal l-pp à une fonction continue.

— δ_e, où e est l'ensemble des irrationnels de E_1, est égal l-pp à δ_{E_1}, fonction continue dans E_1, mais n'est continu en aucun point de E_1.

8. — Un ensemble e est un *porteur* de μ si $\Omega \setminus e$ est μ-négligeable. On dit encore que μ est *porté par e*.

Il résulte immédiatement des propriétés des ensembles μ-négligeables que

— *tout porteur de μ est un porteur de $V\mu$ et inversement.*

— *si e est un porteur de μ et si $e' \supset e$, e' est un porteur de μ.*

— *toute intersection dénombrable de porteurs de μ est un porteur de μ.*

— *toute intersection de porteurs de μ fermés dans Ω est un porteur de μ fermé dans Ω.*

Soient P ces porteurs et P_0 leur intersection. Ce sont les restrictions à Ω de fermés F de E_n. Si $x \in \Omega \setminus P_0$, il existe une boule fermée b de centre x, contenue dans $\Omega \setminus P_0$. Comme b est compact, il existe alors un nombre fini de F dont l'intersection ne rencontre pas b. De là, b est μ-négligeable et, par un des cas particuliers de c), p. 34, $\Omega \setminus P_0$ est μ-négligeable.

On appelle *support* de μ et on note $[\mu]$ l'intersection de tous les porteurs de μ fermés dans Ω.

Vu la propriété précédente, c'est le „plus petit" porteur de μ fermé dans Ω.

Il est immédiat que

— $[\mu]=[V\mu]$.

— *l'adhérence de tout porteur de μ contenu dans $[\mu]$ est égale à $[\mu]$.*

— *ω est un ouvert d'annulation pour μ si et seulement si $\Omega\setminus\omega$ est un porteur de μ fermé dans Ω.*

Vu cette dernière propriété, on voit que *l'union de tous les ouverts d'annulation pour μ est un ouvert d'annulation pour μ dont le complémentaire dans Ω est $[\mu]$.*

Cet ouvert est appelé le „plus grand" ouvert d'annulation pour μ.

Un point $x\in\Omega$ appartient à $[\mu]$ si et seulement si toute boule de centre x contient un semi-intervalle I dans Ω tel que $\mu(I)\neq 0$.

Si $x\notin[\mu]$, il existe une boule b de centre x telle que b soit un sous-ouvert d'annulation de μ, d'où $\mu(I)=0$ pour tout semi-intervalle I dans Ω tel que $\bar{I}\subset b\cap\Omega$.

Réciproquement, si $x\in[\mu]$, aucune boule de centre x n'est un sous-ouvert d'annulation de μ, donc chacune contient un semi-intervalle I dans Ω tel que $\mu(I)\neq 0$.

Un point $x\in\Omega$ appartient à $\Omega\setminus[\mu]$ si et seulement si il existe I dans Ω tel que $x\in\mathring{I}$ et que $V\mu(I)=0$.

De fait, vu e), p. 36, si $V\mu(I)=0$, $\mathring{I}$ est un ouvert d'annulation pour μ. La réciproque est triviale.

9. — Soit f une fonction définie μ-pp dans Ω. Un ensemble e est un *μ-porteur* de f si $f=0$ μ-pp dans $\Omega\setminus e$.

Les propriétés suivantes sont immédiates ou se démontrent comme les propriétés correspondantes des porteurs de μ.

— *Tout μ-porteur de f est un $V\mu$-porteur de f et inversement.*

— *Tout porteur de μ est un μ-porteur de f quel que soit f.*

— *Si e est un μ-porteur de f et si $e'\supset e$, e' est un μ-porteur de f.*

— *Toute intersection dénombrable de μ-porteurs de f est un μ-porteur de f.*

— *Toute intersection de μ-porteurs de f fermés dans Ω est un μ-porteur de f fermé dans Ω.*

On appelle *μ-support* de f et on note $[f]_\mu$ l'intersection des μ-porteurs de f fermés dans Ω.

Vu la propriété précédente, c'est „le plus petit" μ-porteur de f fermé dans Ω.

Signalons quelques propriétés utiles de $[f]_\mu$.

— *$[f]_\mu$ est l'ensemble des x tels que f ne soit égal* μ-pp *à* 0 *dans aucun voisinage de x.*

C'est immédiat.

— *On a* $[f]_\mu \subset [\mu]$ *et* $[1]_\mu = [\mu]$.

De fait, $\Omega \setminus [\mu]$ est μ-négligeable et f y est donc égal μ-pp à 0.

— *Si* f *est défini partout dans* Ω, $[f]_\mu \subset [f]$.

De fait, $f=0$ dans $\Omega \setminus [f]$.

Attention! Même si f est continu dans Ω, on peut avoir

$$[f]_\mu \neq [f] \cap [\mu].$$

Ainsi, pour $f=x$ et $\mu=\delta_0$ dans E_1, $[f]_\mu = \varnothing$ et $[f] \cap [\mu] = \{0\}$.

10. — Une fonction $f(x)$, définie et réelle μ-pp dans $A \subset \Omega$, est *bornée* $\left\{\begin{matrix}\textit{supérieurement}\\ \textit{inférieurement}\end{matrix}\right\}$ μ-pp *dans* A s'il existe C tel que

$$f(x) \left\{\begin{matrix}\leqq\\ \geqq\end{matrix}\right\} C \quad \mu\text{-pp dans } A.$$

Dans ce cas, on définit la *meilleure borne* $\left\{\begin{matrix}\textit{supérieure}\\ \textit{inférieure}\end{matrix}\right\}$ *de* f μ-pp *dans* A, notée

$$\sup_{\substack{\mu\text{-pp}\\ x\in A}} f(x) \; [\text{resp. } \inf_{\substack{\mu\text{-pp}\\ x\in A}} f(x)],$$

comme étant une borne $\left\{\begin{matrix}\text{supérieure}\\ \text{inférieure}\end{matrix}\right\}$ de f μ-pp dans A qui $\left\{\begin{matrix}\text{minore}\\ \text{majore}\end{matrix}\right\}$ toute borne $\left\{\begin{matrix}\text{supérieure}\\ \text{inférieure}\end{matrix}\right\}$ de f μ-pp dans A.

a) Voici d'abord le théorème d'existence des meilleures bornes μ-pp.

Si $A \subset \Omega$ *n'est pas* μ*-négligeable, toute fonction* $f(x)$*, définie, réelle et bornée* $\left\{\begin{matrix}\textit{supérieurement}\\ \textit{inférieurement}\end{matrix}\right\}$ μ-pp *dans* A *admet une meilleure borne* $\left\{\begin{matrix}\textit{supérieure}\\ \textit{inférieure}\end{matrix}\right\}$ μ-pp *dans* A.

Supposons, par exemple, f borné supérieurement μ-pp dans A.

L'ensemble des bornes supérieures de f μ-pp dans A est borné inférieurement. En effet, si ce n'est pas le cas,

$$\{x \in A : f(x) > -m\}$$

est μ-négligeable pour tout m et

$$\bigcup_{m=1}^{\infty} \{x \in A : f(x) > -m\}$$

est μ-négligeable. Or cet ensemble est égal μ-pp à A, d'où une contradiction.

Soit

$$C = \inf \{C' : f(x) \leqq C' \; \mu\text{-pp dans } A\}.$$

Pour tout m, il existe C'_m tel que $C'_m \leqq C+1/m$ et e_m μ-négligeable tels que

$$f(x) \leqq C'_m \leqq C+1/m, \ \forall x \in A \setminus e_m.$$

L'ensemble $e = \bigcup_{m=1}^{\infty} e_m$ est μ-négligeable et

$$f(x) \leqq C, \ \forall x \in A \setminus e,$$

d'où C est une borne supérieure de f μ-pp dans A et est, par conséquent, la meilleure.

b) Voici à présent un théorème de réalisation des meilleures bornes μ-pp.

Si f est défini, réel et borné $\left\{\begin{matrix}\textit{supérieurement}\\ \textit{inférieurement}\end{matrix}\right\}$ μ-pp *dans A, l'ensemble e_f des x où f n'est pas défini ou* $\left\{\begin{matrix}\textit{majoré}\\ \textit{minoré}\end{matrix}\right\}$ *par sa meilleure borne* $\left\{\begin{matrix}\textit{supérieure}\\ \textit{inférieure}\end{matrix}\right\}$ μ-pp *dans A est μ-négligeable et, pour tout ensemble e μ-négligeable contenant e_f, on a*

$$\sup_{\substack{\mu\text{-pp}\\ x\in A}} f(x) = \sup_{x\in A\setminus e} f(x) \left[\text{resp. } \inf_{\substack{\mu\text{-pp}\\ x\in A}} f(x) = \inf_{x\in A\setminus e} f(x)\right].$$

De là, si les f_m, $(m=1, 2, \ldots)$, sont définis, réels et bornés $\left\{\begin{matrix}\textit{supérieurement}\\ \textit{inférieurement}\end{matrix}\right\}$ μ-pp *dans A, il existe $e \subset A$ μ-négligeable tel que*

$$\sup_{\substack{\mu\text{-pp}\\ x\in A}} f_m(x) = \sup_{x\in A\setminus e} f_m(x) \left[\text{resp. } \inf_{\substack{\mu\text{-pp}\\ x\in A}} f_m(x) = \inf_{x\in A\setminus e} f_m(x)\right]$$

pour tout m.

Traitons le cas d'une fonction bornée supérieurement.

L'ensemble e_f est μ-négligeable, vu a). Pour tout ensemble μ-négligeable $e \supset e_f$ on a

$$\sup_{\substack{\mu\text{-pp}\\ x\in A}} f(x) \leqq \sup_{x\in A\setminus e} f(x).$$

Or, si $e \supset e_f$,

$$\sup_{x\in A\setminus e} f(x) \leqq \sup_{\substack{\mu\text{-pp}\\ x\in A}} f(x),$$

d'où la conclusion.

Pour le cas particulier, on note que l'union des e_{f_m} est μ-négligeable, donc répond à la question.

c) Les propriétés des bornes supérieure et inférieure μ-pp dans A se déduisent immédiatement de celles des bornes supérieure et inférieure ordinaires et de b) ci-dessus, pour autant qu'elles ne fassent intervenir qu'un nombre fini ou une infinité dénombrable de fonctions.

11. — Une fonction $f(x)$, définie μ-pp dans $A \subset \Omega$, est *bornée* μ-pp *dans* A s'il existe $C \geqq 0$ tel que

$$|f(x)| \leqq C \ \mu\text{-pp dans } A.$$

Vu le paragraphe précédent, l'expression

$$\sup_{\substack{\mu\text{-pp} \\ x \in A}} |f(x)|$$

est alors définie.

On obtient ses propriétés en procédant comme en c) ci-dessus.

EXERCICES

1. — Soit $f(x)$ réel et défini μ-pp dans $A \subset \Omega$. S'il n'est pas borné supérieurement (resp. inférieurement) par C μ-pp dans A, il existe $\varepsilon > 0$ et $e \subset A$ non μ-négligeable, tels que

$$f(x) \geqq C + \varepsilon \quad (\text{resp. } \leqq C - \varepsilon), \ \forall x \in e.$$

Suggestion. Si $e_m = \{x \in A : f(x) \geqq C + 1/m\}$ est μ-négligeable pour tout m, $e = \bigcup_{m=1}^{\infty} e_m$ est μ-négligeable. Or $f(x) \leqq C$ μ-pp dans $A \setminus e$.

2. — Si $f(x)$ est défini et diffère de 0 μ-pp dans $A \subset \Omega$, il existe $\varepsilon > 0$ et $e \subset A$ non μ-négligeable tels que

$$|f(x)| \geqq \varepsilon, \ \forall x \in e.$$

Suggestion. Si $e_m = \{x \in A : |f(x)| \geqq 1/m\}$ est μ-négligeable pour tout m, $e = \bigcup_{m=1}^{\infty} e_m$ est μ-négligeable et $f(x) = 0$ μ-pp dans $A \setminus e$.

12. — Soient f_m et f des fonctions définies μ-pp dans $A \subset \Omega$.

La suite f_m *converge uniformément vers* f μ-pp *dans* A si

$$\sup_{\substack{\mu\text{-pp} \\ x \in A}} |f_m(x) - f(x)| \to 0$$

quand $m \to \infty$. On dit encore que f est *limite uniforme des* f_m, μ-pp *dans* A.

Vu c), p. 40, les propriétés de la convergence uniforme μ-pp dans A se déduisent immédiatement de celles de la convergence uniforme dans un ensemble.

Si $f(x)$ *est défini* μ-pp *dans* Ω, $f(x)$ *est limite uniforme* μ-pp *dans* Ω *des séries*

$$\sum_k c_k^{(m)} \delta_{\{x : f(x) \in I_k^{(m)}\}},$$

où $\{I_k^{(m)} : k = 1, 2, \ldots\}$ *sont des partitions de* **C** (resp. *de* **R** *si* f *est réel) en semi-intervalles de diamètre inférieur à* ε_m, *avec* $\varepsilon_m \to 0$, *et où* $c_k^{(m)} \in I_k^{(m)}$ *pour tous* m, k.

Si f *est borné* μ-pp, *les séries peuvent se réduire à des sommes finies.*

Dans le cas général, on peut substituer aux séries des sommes finies à condition de remplacer la convergence uniforme μ-pp par la convergence μ-pp.

L'énoncé général est trivial puisque, en tout x où $f(x)$ est défini, donc μ-pp,

$$|f(x) - \sum_k c_k^{(m)} \delta_{\{x: f(x) \in I_k^{(m)}\}}(x)| \leqq \sum_k |f(x) - c_k^{(m)}| \delta_{\{x: f(x) \in I_k^{(m)}\}} \leqq \varepsilon_m,$$

vu que

$$\sum_k \delta_{\{x: f(x) \in I_k^{(m)}\}} = \delta_\Omega \quad \mu\text{-pp}.$$

Si $f(x)$ est borné μ-pp par C, il suffit de prendre pour $\{I_k^{(m)}: k=1, 2, \ldots\}$ des partitions finies de $]-C-1, C]\times]-C-1, C]$ en semi-intervalles de diamètre inférieur à ε_m.

En ce qui concerne la convergence μ-pp, il suffit de prendre pour $\{I_k^{(m)}: k=1, 2, \ldots\}$ des partitions finies de $]-m, m]\times]-m, m]$ en semi-intervalles de diamètre inférieur à ε_m.

Remarquons finalement que, dans l'énoncé précédent,

— *si D est un ensemble dense dans E_1, on peut prendre les $I_k^{(m)}$ de la forme*

$$]a, b]\times]c, d], \text{ avec } a, b, c, d \in D.$$

— *si $\mathscr{D}$ est dense dans* **C**, *on peut prendre les $c_k^{(m)}$ dans $\mathscr{D}$.*

13. — Etablissons le théorème de relèvement. [1]

Soit E un ensemble de fonctions définies et bornées μ-pp dans A.

On appelle *polynôme* d'éléments de E toute combinaison linéaire de produits finis d'éléments de E et de la constante 1.

On dit que E est *séparable* s'il existe un sous-ensemble dénombrable D de E tel que tout élément de E soit limite uniforme μ-pp dans A d'une suite d'éléments de D.

A. Voici d'abord une remarque utile.

Si E_0 est un ensemble séparable de fonctions définies et bornées μ-pp dans A, il existe un ensemble séparable E de fonctions définies et bornées μ-pp dans A, contenant

— E_0,

— *les polynômes de ses éléments,*

— *les conjugués de ses éléments et, en particulier, les parties réelle et imaginaire de ses éléments,*

— *les modules de ses éléments et, en particulier, les parties positive et négative de ses éléments réels et les enveloppes supérieure et inférieure d'un nombre fini quelconque de ses éléments réels.*

---

[1] Ce théorème n'est pas utilisé avant le chapitre V, p. 182.

— *les limites uniformes* μ-pp *dans* A *de ses éléments.*

Soit D un sous-ensemble dénombrable de E_0 tel que tout élément de E_0 soit limite uniforme μ-pp dans A d'éléments de D.

Désignons par $P(D)$ l'ensemble des polynômes à coefficients rationnels d'éléments de D et de conjugués d'éléments de D et par E l'ensemble des limites uniformes μ-pp dans A des suites d'éléments de $P(D)$.

Les éléments de E sont définis et bornés μ-pp dans A.

En effet, si $f_m \in P(D)$ converge uniformément vers f μ-pp dans A, on a

$$|f(x)| \leqq |f_m(x)| + \sup_{\substack{\mu\text{-pp} \\ x \in A}} |f(x) - f_m(x)|$$

μ-pp dans A.

Il est trivial que E contient E_0 et qu'il contient les polynômes et les conjugués de ses éléments.

Il est séparable puisque $P(D)$ est un ensemble dénombrable.

Il contient les limites uniformes μ-pp dans A de ses éléments. En effet, soit f tel que

$$\sup_{\substack{\mu\text{-pp} \\ x \in A}} |f(x) - f_m(x)| \to 0$$

si $m \to \infty$, où $f_m \in E$ pour tout m. Soit $g_m \in P(D)$ tel que

$$\sup_{\substack{\mu\text{-pp} \\ x \in A}} |f_m(x) - g_m(x)| \leqq 1/m.$$

On a alors

$$\sup_{\substack{\mu\text{-pp} \\ x \in A}} |f(x) - g_m(x)| \leqq \sup_{\substack{\mu\text{-pp} \\ x \in A}} |f(x) - f_m(x)| + \sup_{\substack{\mu\text{-pp} \\ x \in A}} |f_m(x) - g_m(x)| \to 0$$

si $m \to \infty$, donc $f \in E$.

Enfin, E contient le module de ses éléments. Il suffit de noter que, si $f \in E$, $|f|$ est limite uniforme μ-pp dans A de polynômes de f et $\bar{f}$ car

$$|f| = 2 \sup_{\substack{\mu\text{-pp} \\ x \in A}} |f(x)| \sqrt{g},$$

si on pose

$$g = \frac{f\bar{f}}{4 \sup^2_{\substack{\mu\text{-pp} \\ x \in A}} |f(x)|}$$

et, comme $0 \leqq g \leqq \theta < 1$ μ-pp,

$$\sqrt{g} = \sqrt{1-(1-g)} = \sum_{m=1}^{\infty} C_{1/2}^m (g-1)^m,$$

la série convergeant uniformément μ-pp dans A.

B. Théorème de relèvement

Soit E un ensemble séparable de fonctions définies et bornées μ-pp dans A, qui contient

— *les polynômes de ses éléments,*

— *les conjugués et les modules de ses éléments.*

A tout $f \in E$, on peut associer f' défini dans A et tel que

a) $f = f'$ μ-pp *dans* A,

b) $\sup\limits_{\substack{\mu\text{-pp}\\ x \in A}} |f(x)| = \sup\limits_{x \in A} |f'(x)|$,

c) $(f')' = f'$,

d) *pour tout polynôme* p, $[p(f_1, \ldots, f_N)]' = p(f_1', \ldots, f_N')$ *et, pour toute constante* c, $c' = c$,

e) $(\bar{f})' = \bar{f}'$, *d'où* $\left(\begin{Bmatrix}\mathscr{R}\\ \mathscr{I}\end{Bmatrix} f\right)' = \begin{Bmatrix}\mathscr{R}\\ \mathscr{I}\end{Bmatrix}(f')$,

f) $(|f|)' = |f'|$. *De là,*

— *si f est réel,* $(f_\pm)' = (f')_\pm$,

— *si $f_1, \ldots, f_N$ sont réels,*

$$\left[\begin{Bmatrix}\sup\\ \inf\end{Bmatrix}(f_1, \ldots, f_N)\right]' = \begin{Bmatrix}\sup\\ \inf\end{Bmatrix}(f_1', \ldots, f_N'),$$

— *si f et g sont réels et si* $f \begin{Bmatrix}\leqq\\ \geqq\end{Bmatrix} g$ μ-pp, *on a* $f' \begin{Bmatrix}\leqq\\ \geqq\end{Bmatrix} g'$,

g) *si f est réel,*

$$\begin{Bmatrix}\sup\\ \inf\end{Bmatrix}_{\substack{\mu\text{-pp}\\ x \in A}} f(x) = \begin{Bmatrix}\sup\\ \inf\end{Bmatrix}_{x \in A} f'(x),$$

h) *si $\delta_e \in E$, il existe un sous-ensemble e' de A tel que* $(\delta_e)' = \delta_{e'}$. *De plus, si δ_e et $\delta_{e_i} \in E$, on a*

$$(A \setminus e)' = A \setminus e'; \quad \Big(\bigcup_{(i)} e_i\Big)' = \bigcup_{(i)} e_i'; \quad \Big(\bigcap_{(i)} e_i\Big)' = \bigcap_{(i)} e_i'.$$

Soit D un sous-ensemble dénombrable de E tel que tout élément de E soit limite uniforme μ-pp dans A d'éléments de D.

Considérons l'ensemble $P(D)$ des polynômes à coefficients rationnels d'éléments de D et de conjugués d'éléments de D. L'ensemble $P(D)$ est encore dénombrable.

Définissons d'abord f' pour tout $f \in P(D)$. Désignons par e_f l'ensemble des x où f n'est pas défini ou bien est tel que

$$|f(x)| > \sup_{\substack{\mu\text{-pp} \\ x \in A}} |f(x)|.$$

Chaque e_f est μ-négligeable et

$$e = \bigcup_{f \in P(D)} e_f$$

est également μ-négligeable.

Fixons $x_0 \notin e$ et posons

$$f'(x) = \begin{cases} f(x) & \text{si} \quad x \in A \setminus e, \\ f(x_0) & \text{si} \quad x \in e. \end{cases}$$

Il est immédiat que $f = f'$ μ-pp. De plus, vu b), p. 40,

$$\sup_{\substack{\mu\text{-pp} \\ x \in A}} |f(x)| = \sup_{x \in A \setminus e} |f(x)| = \sup_{x \in A} |f'(x)|, \ \forall f \in P(D).$$

Définissons à présent f' pour un élément quelconque f de E. Il existe une suite $f_m \in P(D)$ telle que

$$\sup_{\substack{\mu\text{-pp} \\ x \in A}} |f_m(x) - f(x)| \to 0.$$

On a alors

$$\sup_{x \in A} |f'_r(x) - f'_s(x)| = \sup_{\substack{\mu\text{-pp} \\ x \in A}} |f_r(x) - f_s(x)| \to 0$$

si $\inf(r, s) \to \infty$, donc f'_m est une suite uniformément de Cauchy dans A. On voit aisément que sa limite f' ne dépend pas du choix des f_m mais seulement de f.

Il est trivial que $f = f'$ μ-pp et que

$$\sup_{\substack{\mu\text{-pp} \\ x \in A}} |f(x)| = \lim_m \sup_{\substack{\mu\text{-pp} \\ x \in A}} |f_m(x)| = \lim_m \sup_{x \in A} |f'_m(x)| = \sup_{x \in A} |f'(x)|,$$

d'où a) et b).

Le point c) est trivial pour les éléments de $P(D)$ et s'étend immédiatement aux éléments de E.

Démontrons d). Soit $p(f_1, \dots, f_N)$ un polynôme à coefficients c_i. Soient $f_{i,m} \in D$ convergeant vers f_i uniformément μ-pp dans A et soient $r_{i,m}$ des nombres rationnels tendant vers c_i. Les polynômes p_m obtenus en remplacant les c_i par $r_{i,m}$ et les f_i par $f'_{i,m}$ sont des éléments de $P(D)$ et convergent vers $p(f_1, \dots, f_N)$ uniformément μ-pp dans A. Or leur limite est égale à $p(f'_1, \dots, f'_N)$, donc

$$[p(f_1, \dots, f_N)]' = p(f'_1, \dots, f'_N).$$

Le cas des constantes est immédiat.

Le point e) est trivial.

Pour f), on note que $|f|$ est limite uniforme μ-pp dans A de polynômes de f et $\bar{f}$ et que, si f_m converge vers f uniformément μ-pp dans A, f'_m converge vers f' uniformément dans A puisque

$$\sup_{x\in A} |f'_m(x)-f'(x)| = \sup_{\substack{\mu\text{-pp}\\ x\in A}} |f_m(x)-f(x)|.$$

Les corollaires de f) sont alors immédiats. Pour le dernier, on note que $f\left\{\substack{\leqq\\ \geqq}\right\}g$ μ-pp si et seulement si $(f-g)_\pm=0$ μ-pp et que $0'=0$.

On ramène g) à b). Par exemple, si

$$\sup_{\substack{\mu\text{-pp}\\ x\in A}} f(x) = C,$$

il vient $C-f\geqq 0$ μ-pp et $C-f'\geqq 0$; dès lors,

$$\inf_{\substack{\mu\text{-pp}\\ x\in A}} f(x) = C-\sup_{\substack{\mu\text{-pp}\\ x\in A}} |C-f(x)| = C-\sup_{x\in A} |C-f'(x)| = \inf_{x\in A} f'(x).$$

Enfin, pour h), on note que $(\delta_e)'^2=(\delta_e)'$, puisque $(\delta_e)^2=\delta_e$ μ-pp. Donc $(\delta_e)'$ ne prend que les valeurs 0 et 1 et s'écrit $\delta_{e'}$. Les propriétés indiquées viennent alors des relations

$$\delta_{A\setminus e} = \delta_A-\delta_e; \quad \delta_{\bigcup\limits_{(i)} e_i} = \sup_{(i)} \delta_{e_i}; \quad \delta_{\bigcap\limits_{(i)} e_i} = \inf_{(i)} \delta_{e_i}.$$

Théorèmes de transition

14. — Une suite α_m de fonctions étagées est *μ-convenable* si les α_m sont des fonctions étagées et si

$$\int |\alpha_r-\alpha_s|\, dV\mu \to 0$$

quand $\inf(r, s)\to\infty$.

Une suite de fonctions étagées α_m est μ-convenable si et seulement si elle est $V\mu$-convenable.

C'est immédiat.

Si la suite de fonctions étagées α_m est μ-convenable, les suites

$$\int |\alpha_m|\, dV\mu \quad et \quad \int \alpha_m\, d\mu$$

convergent.

De fait, elles sont de Cauchy car

$$\left.\begin{array}{c} \left|\int |\alpha_r|\, dV\mu-\int |\alpha_s|\, dV\mu\right| \\ \left|\int \alpha_r\, d\mu-\int \alpha_s\, d\mu\right| \end{array}\right\} \leqq \int |\alpha_r-\alpha_s|\, dV\mu.$$

Une suite μ-convenable peut ne pas converger μ-pp.

Voici un exemple dans E_1. Posons $I_{m,i} =]i/m, (i+1)/m]$, $(i=0, ..., m-1)$; ces semi-intervalles constituent une partition de $]0, 1]$.

La suite des fonctions caractéristiques des semi-intervalles $I_{1,0}$, $I_{2,0}$, $I_{2,1}$, ..., $I_{m,0}$, ..., $I_{m,m-1}$, ... est visiblement l-convenable alors qu'elle ne converge en aucun point de l'ensemble $]0, 1]$, non l-négligeable.

15. — Voici à présent deux énoncés provisoires qui apparaîtront plus loin comme cas particuliers d'un théorème relatif aux fonctions μ-intégrables, (cf. p. 54). Sous leur forme actuelle, ils permettent de passer de la μ-intégrale des fonctions étagées à celle de fonctions plus générales, d'où leur nom de théorèmes de transition.

a) *De toute suite μ-convenable de fonctions étagées, on peut extraire une sous-suite qui converge μ-pp.*

On peut même imposer qu'elle converge uniformément dans $\Omega\setminus U_k$, où les U_k sont des unions dénombrables de semi-intervalles dans Ω dont la somme des $V\mu$-mesures tend vers 0 si $k\to\infty$.

De plus, si la suite converge μ-pp vers f, on peut choisir la sous-suite et les U_k de manière qu'elle converge uniformément vers f hors de chaque U_k.

Attention! La convergence uniforme d'une suite $f_m(x)$ hors d'ensembles U_k n'entraîne nullement la convergence uniforme de $f_m(x)$ dans $\Omega\setminus\bigcap_{k=1}^{\infty} U_k$.

Ainsi, la suite $f_m(x) = (m|x|)^{-1}\,\delta_{\complement 0}$ converge uniformément hors de tout ensemble $U_k =]-1/k, 1/k]$, mais ne converge pas uniformément dans $\complement 0$.

Soit α_m une suite μ-convenable.

Notons d'abord que, pour tout $C>0$,

$$V\mu(\{x\colon |\alpha_r(x)-\alpha_s(x)|\geqq C\})\to 0$$

si $\inf(r, s)\to\infty$. En effet, on a

$$C\delta_{\{x\colon |\alpha_r(x)-\alpha_s(x)|\geqq C\}} \leqq |\alpha_r-\alpha_s|,$$

où les deux membres sont des fonctions étagées et la conclusion résulte de l'inégalité

$$V\mu(\{x\colon |\alpha_r(x)-\alpha_s(x)| \geqq C\}) \leqq \frac{1}{C}\int |\alpha_r-\alpha_s|\, dV\mu.$$

Cela étant, il existe une sous-suite α_{m_k} de α_m telle que

$$V\mu(\{x\colon |\alpha_{m_k}(x)-\alpha_{m_{k+1}}(x)| \geqq 2^{-k}\}) \leqq 2^{-k}, \ \forall k.$$

De fait, il suffit de prendre pour m_1 le premier entier tel que

$$V\mu(\{x: |\alpha_r(x)-\alpha_s(x)| \geqq 2^{-1}\}) \leqq 2^{-1}, \ \forall r, s \geqq m_1,$$

puis pour m_2, le premier entier strictement supérieur à m_1 tel que

$$V\mu(\{x: |\alpha_r(x)-\alpha_s(x)| \geqq 2^{-2}\}) \leqq 2^{-2}, \ \forall r, s \geqq m_2,$$

et ainsi de suite.

Posons alors

$$U_k = \bigcup_{j=k}^{\infty} \{x: |\alpha_{m_j}(x)-\alpha_{m_{j+1}}(x)| \geqq 2^{-j}\}.$$

Ces U_k sont unions dénombrables de semi-intervalles dans Ω dont la somme des $V\mu$-mesures est inférieure à 2^{-k+1}.

De plus, si $x \notin U_k$, on a, pour $s > r \geqq k$,

$$|\alpha_{m_r}(x)-\alpha_{m_s}(x)| \leqq |\alpha_{m_r}(x)-\alpha_{m_{r+1}}(x)| + \cdots + |\alpha_{m_{s-1}}(x)-\alpha_{m_s}(x)| \leqq 2^{-r+1}.$$

Dès lors, la suite α_{m_k} converge uniformément dans $\Omega \setminus U_{k_0}$ pour tout k_0.

Elle converge également μ-pp dans Ω: en effet, elle converge dans $\Omega \setminus \bigcap_{k=1}^{\infty} U_k$, où $\bigcap_{k=1}^{\infty} U_k$ est μ-négligeable puisque contenu dans U_k quel que soit k.

Supposons à présent que α_m converge vers f μ-pp et soit e l'ensemble μ-négligeable où $\alpha_m \nrightarrow f$.

L'ensemble e est contenu dans des ensembles V_k, unions dénombrables de semi-intervalles dans Ω dont la somme des $V\mu$-mesures tend vers 0 si $k \to \infty$.

Cela étant, α_{m_k} tend vers f uniformément dans $\Omega \setminus (U_{k_0} \cup V_{k_0})$ quel que soit k_0, d'où la conclusion.

b) *Si la suite de fonctions étagées* α_m *est* μ*-convenable et tend vers* 0 μ-pp, *alors*

$$\int |\alpha_m| \, dV\mu \to 0$$

et, en particulier,

$$\int \alpha_m \, d\mu \to 0$$

si $m \to \infty$.

Comme la suite $\int |\alpha_m| dV\mu$ converge, pour établir la proposition, il suffit d'en extraire une sous-suite qui tend vers 0.

Soit α_{m_k} la sous-suite construite en a). Rebaptisons-la α_m. Elle converge vers 0 uniformément dans $\Omega \setminus U_k$, où les U_k sont unions dénombrables de semi-intervalles dont la somme des $V\mu$-mesures tend vers 0 si $k \to \infty$.

Si les α_m sont tous nuls à partir d'un certain rang, la conclusion est immédiate. Sinon, soit $\varepsilon > 0$ arbitraire. Fixons N assez grand pour que

— $Q = \{x : \alpha_N(x) \neq 0\} \neq \emptyset$,

— $\int |\alpha_m - \alpha_N| \, dV\mu \leqq \varepsilon/3, \ \forall m \geqq N$,

puis $M \geqq N$ assez grand pour que

$$|\alpha_m(x)| \leqq \varepsilon/[3V\mu(Q)+1], \ \forall m \geqq M,$$

dans $\Omega \setminus U$, où U est union dénombrable de semi-intervalles dont la somme des $V\mu$-mesures est inférieure à

$$\varepsilon/[3 \sup_{x \in \Omega} |\alpha_N(x)|].$$

Si on pose

$$Q_m = \{x : |\alpha_m(x)| > \varepsilon/[3V\mu(Q)+1]\},$$

Q_m est union finie de semi-intervalles dans Ω et, vu un théorème précédent (cf. p. 27),

$$V\mu(Q_m) \leqq \varepsilon/[3 \sup_{x \in \Omega} |\alpha_N(x)|], \ \forall m \geqq M,$$

car $Q_m \subset U$.

Il vient alors

$$\begin{aligned} |\alpha_m| &= |\alpha_m| \delta_{Q_m} + |\alpha_m| \delta_{\complement Q_m} \\ &\leqq |\alpha_m - \alpha_N| \delta_{Q_m} + |\alpha_N| \delta_{Q_m} + |\alpha_m| \delta_{(\complement Q_m) \cap Q} + |\alpha_m - \alpha_N| \delta_{(\complement Q_m) \cap \complement Q} \qquad (*) \\ &\leqq |\alpha_m - \alpha_N| + |\alpha_N| \delta_{Q_m} + |\alpha_m| \delta_{(\complement Q_m) \cap Q}, \end{aligned}$$

[en (*), noter que $\alpha_N = 0$ dans $\complement Q$] et, si $m \geqq M$,

$$\int |\alpha_m| \, dV\mu \leqq \int |\alpha_m - \alpha_N| \, dV\mu + \sup_{x \in \Omega} |\alpha_N(x)| V\mu(Q_m) + \sup_{x \notin Q_m} |\alpha_m(x)| V\mu(Q) \leqq \varepsilon,$$

d'où la conclusion.

Du théorème b) découle immédiatement le corollaire suivant.

Si deux suites μ-convenables α_m et β_m convergent μ-pp vers la même limite, alors

$$\int |\alpha_m - \beta_m| \, dV\mu \to 0$$

et, en particulier,

$$\int \alpha_m \, d\mu - \int \beta_m \, d\mu \to 0$$

si $m \to \infty$.

En effet, la suite $\alpha_m - \beta_m$ est μ-convenable et tend vers 0 μ-pp, d'où

$$\int |\alpha_m - \beta_m| \, dV\mu \to 0$$

si $m \to \infty$.

Fonctions μ-intégrables et leur μ-intégrale

16. — Une fonction f est *μ-intégrable* si elle est limite μ-pp d'une suite μ-convenable de fonctions étagées α_m.

On dit que la suite α_m *définit* f.

Les fonctions μ-intégrables ne sont donc définies que μ-pp.

On appelle *μ-intégrale* de f et on note

$$\int f \, d\mu$$

la limite de la suite $\int \alpha_m \, d\mu$.

Pour que cette définition ait un sens, il faut que

— la suite $\int \alpha_m \, d\mu$ converge.

C'est le cas puisque la suite α_m est μ-convenable.

— la limite des $\int \alpha_m \, d\mu$ ne dépende pas de la suite qui définit f.

Cela résulte du corollaire du théorème b) précédent.

— la définition soit compatible avec la notion de μ-intégrale définie pour les fonctions étagées.

C'est le cas puisque la suite $\alpha, \alpha, \ldots$ définit α.

Voici deux remarques utiles.

— *Toute fonction μ-intégrable est Vμ-intégrable.*

— *Si $f=g$ μ-pp, f et g sont simultanément μ-intégrables et ont la même μ-intégrale.*

Un ensemble e est *μ-intégrable* si sa fonction caractéristique est μ-intégrable. Dans ce cas, on appelle *μ-mesure* de e et note $\mu(e)$ la μ-intégrale de δ_e.

Si Ω est μ-intégrable, on dit que μ est *borné.*

17. — Passons aux propriétés des fonctions μ-intégrables.

Si $f, f_1, \ldots, f_N$ sont μ-intégrables et définis par $\alpha_m, \alpha_m^{(1)}, \ldots, \alpha_m^{(N)}$,

a) $\sum_{i=1}^{N} c_i f_i$ *est μ-intégrable et défini par* $\sum_{i=1}^{N} c_i \alpha_m^{(i)}$, *quels que soient* $c_1, \ldots, c_N \in \mathbf{C}$.

b) $\bar{f}$ *est μ-intégrable et défini par* $\bar{\alpha}_m$.

De là, $\left\{\begin{matrix}\mathscr{R}\\ \mathscr{I}\end{matrix}\right\} f$ *est μ-intégrable et défini par* $\left\{\begin{matrix}\mathscr{R}\\ \mathscr{I}\end{matrix}\right\} \alpha_m$.

c) $|f|$ *est μ-intégrable et défini par* $|\alpha_m|$.

De là, *si f est réel, $f_\pm$ est μ-intégrable et défini par* $(\alpha_m)_\pm$.

De même, *si* $f_1, \ldots, f_N$ *sont réels,*

$$\begin{Bmatrix}\sup\\ \inf\end{Bmatrix}(f_1, \ldots, f_N)$$

est μ*-intégrable et si les* $\alpha_m^{(i)}$ *sont réels, il est défini par*

$$\begin{Bmatrix}\sup\\ \inf\end{Bmatrix}(\alpha_m^{(1)}, \ldots, \alpha_m^{(N)}).$$

En particulier, toute union et toute intersection finies d'ensembles μ-intégrables sont μ-intégrables puisque

$$\delta_{\bigcup_{i=1}^N e_i} = \sup(\delta_{e_1}, \ldots, \delta_{e_N})$$

et

$$\delta_{\bigcap_{i=1}^N e_i} = \inf(\delta_{e_1}, \ldots, \delta_{e_N}).$$

Les démonstrations sont aisées.

Pour a), on note que

$$\sum_{i=1}^N c_i \alpha_m^{(i)} \to \sum_{i=1}^N c_i f_i \quad \mu\text{-pp}$$

et que

$$\int \left| \sum_{i=1}^N c_i \alpha_r^{(i)} - \sum_{i=1}^N c_i \alpha_s^{(i)} \right| dV\mu \leqq \sum_{i=1}^N |c_i| \int |\alpha_r^{(i)} - \alpha_s^{(i)}| \, dV\mu \to 0$$

si $\inf(r, s) \to \infty$.

Pour b),

$$\bar{\alpha}_m \to \bar{f} \quad \mu\text{-pp}$$

et

$$\int |\bar{\alpha}_r - \bar{\alpha}_s| \, dV\mu = \int |\alpha_r - \alpha_s| \, dV\mu \to 0$$

si $\inf(r, s) \to \infty$.

Pour c),

$$|\alpha_m| \to |f| \quad \mu\text{-pp}$$

et

$$\int \big||\alpha_r| - |\alpha_s|\big| \, dV\mu \leqq \int |\alpha_r - \alpha_s| \, dV\mu \to 0$$

si $\inf(r, s) \to \infty$.

Les cas particuliers sont alors immédiats.

18. — Voici maintenant les propriétés de la μ-intégrale des fonctions μ-intégrables.

Si $f, g, f_1, \ldots, f_N$ *sont* μ*-intégrables,*

a) *quels que soient* $c_1, \ldots, c_N \in \mathbf{C}$,

$$\int \left(\sum_{i=1}^N c_i f_i \right) d\mu = \sum_{i=1}^N c_i \int f_i \, d\mu.$$

b) *si f et μ sont réels,*

$$\int f\,d\mu$$

est réel.

De là, *si μ est réel,*

$$\overline{\int f\,d\mu} = \int \bar{f}\,d\mu$$

et

$$\begin{Bmatrix}\mathscr{R}\\ \mathscr{I}\end{Bmatrix}\int f\,d\mu = \int \begin{Bmatrix}\mathscr{R}\\ \mathscr{I}\end{Bmatrix} f\,d\mu.$$

c) *si f et μ sont positifs,*

$$\int f\,d\mu$$

est positif.

De là, *si μ est positif et f, g réels et tels que $f \leqq g$,*

$$\int f\,d\mu \leqq \int g\,d\mu.$$

d) *quels que soient f et μ,*

$$\left|\int f\,d\mu\right| \leqq \int |f|\,dV\mu.$$

Supposons que les suites $\alpha_m, \beta_m, \alpha_m^{(1)}, \ldots, \alpha_m^{(N)}$ définissent $f, g, f_1, \ldots, f_N$ respectivement. En vertu du paragraphe précédent et des propriétés de la μ-intégrale des fonctions étagées, on a

$$\text{a)}\quad \int\left(\sum_{i=1}^{N} c_i f_i\right)d\mu = \lim_m \int\left(\sum_{i=1}^{N} c_i \alpha_m^{(i)}\right)d\mu$$
$$= \sum_{i=1}^{N} c_i \lim_m \int \alpha_m^{(i)}\,d\mu = \sum_{i=1}^{N} c_i \int f_i\,d\mu.$$

$$\text{b)}\quad \int f\,d\mu = \int \mathscr{R} f\,d\mu = \lim_m \int \mathscr{R}\alpha_m\,d\mu$$

où le dernier terme est réel si μ est réel.

$$\text{c)}\quad \int f\,d\mu = \int (\mathscr{R} f)_+\,d\mu = \lim_m \int (\mathscr{R}\alpha_m)_+\,d\mu$$

où le dernier terme est positif si μ est positif.

$$\text{d)}\quad \left|\int f\,d\mu\right| = \lim_m \left|\int \alpha_m\,d\mu\right| \leqq \lim_m \int |\alpha_m|\,dV\mu = \int |f|\,dV\mu.$$

En particulier, *si $e, e', e_1, \ldots, e_N$ sont μ-intégrables et si μ est positif,*

— $\mu(e) \geqq 0$.

— $e' \subset e \Rightarrow \mu(e') \leqq \mu(e)$.

— $\mu\left(\bigcup_{i=1}^{N} e_i\right) \leqq \sum_{i=1}^{N} \mu(e_i)$, *l'égalité ayant lieu si les e_i sont deux à deux disjoints.*

EXERCICE

Si $e_1, \ldots, e_N$ sont μ-intégrables,

$$\mu\left(\bigcup_{i=1}^{N} e_i\right) = \sum_{i=1}^{N} \mu(e_i) - \sum_{\substack{cb\,(i,j)\,\mathrm{de} \\ 1,\ldots,N}} \mu(e_i \cap e_j) + \cdots + (-1)^{N-1}\mu(e_1 \cap \cdots \cap e_N)$$

et

$$\mu\left(\bigcap_{i=1}^{N} e_i\right) = \sum_{i=1}^{N} \mu(e_i) - \sum_{\substack{cb\,(i,j)\,\mathrm{de} \\ 1,\ldots,N}} \mu(e_i \cup e_j) + \cdots + (-1)^{N-1}\mu(e_1 \cup \cdots \cup e_N)$$

où cb signifie combinaison.

Suggestion. Partir des relations

$$\sup(\delta_{e_1}, \ldots, \delta_{e_N}) = \sum_{i=1}^{N} \delta_{e_i} - \sum_{\substack{cb\,(i,j)\,\mathrm{de} \\ 1,\ldots,N}} \inf(\delta_{e_i}, \delta_{e_j}) + \cdots + (-1)^{N-1} \inf(\delta_{e_1}, \ldots, \delta_{e_N})$$

et

$$\inf(\delta_{e_1}, \ldots, \delta_{e_N}) = \sum_{i=1}^{N} \delta_{e_i} - \sum_{\substack{cb\,(i,j)\,\mathrm{de} \\ 1,\ldots,N}} \sup(\delta_{e_i}, \delta_{e_j}) + \cdots + (-1)^{N-1} \sup(\delta_{e_1}, \ldots, \delta_{e_N}).$$

19. — Théorème d'approximation

a) *Si la suite α_m de fonctions étagées définit la fonction μ-intégrable f, on a*

$$\int |f - \alpha_m| \, dV\mu \to 0$$

quand $m \to \infty$.

De fait, pour m fixé, les fonctions $|\alpha_M - \alpha_m|$ sont étagées dans Ω et constituent une suite μ-convenable qui converge μ-pp vers $|f - \alpha_m|$.

Dès lors,

$$\int |f - \alpha_m| V\mu = \lim_{M \to \infty} \int |\alpha_M - \alpha_m| \, dV\mu$$

tend vers 0 si $m \to \infty$.

Dans le cas des ensembles μ-intégrables, on peut préciser ce théorème de la façon suivante.

b) *Si e est μ-intégrable, il existe une suite d'ensembles Q_m étagés dans Ω tels que*

$$\int |\delta_e - \delta_{Q_m}| \, dV\mu \to 0$$

si $m \to \infty$.

Soit α_m une suite qui définit δ_e. On peut supposer les α_m positifs. Posons

$$Q_m = \{x : \alpha_m(x) \geqq 1/2\}.$$

On a

$$|\delta_{Q_m} - \delta_e| \leqq 2|\alpha_m - \delta_e|.$$

En effet,

$$|\delta_{Q_m} - \delta_e| = \delta_{Q_m \setminus e} + \delta_{e \setminus Q_m}$$

et il est trivial que $|\alpha_m - \delta_e| \geqq 1/2$ dans $Q_m \setminus e$ et dans $e \setminus Q_m$.

D'où la conclusion.

Suites de fonctions μ-intégrables

20. — Une suite de fonctions μ-intégrables f_m est *de Cauchy pour* μ si

$$\int |f_r - f_s| \, dV\mu \to 0$$

quand $\inf(r, s) \to \infty$.

Quand les f_m sont des fonctions étagées, cela revient à dire que la suite est μ-convenable.

Voici un théorème essentiel, connu sous le nom de critère de A. Cauchy.

Si la suite f_m est de Cauchy pour μ, il existe une fonction μ-intégrable f telle que

$$\int |f - f_m| \, dV\mu \to 0$$

quand $m \to \infty$, d'où, en particulier,

$$\int f_m \, d\mu \to \int f \, d\mu.$$

*De plus, il existe une sous-suite f_{m_k} de f_m qui converge vers f μ-*pp *et même uniformément dans $\Omega \setminus U_i$, où les U_i sont des unions dénombrables de semi-intervalles dans Ω dont la somme des $V\mu$-mesures tend vers 0 si $i \to \infty$.*

*Enfin, si f_m tend vers g μ-*pp, *on peut supposer que $f = g$.*

Pour tout m, f_m est μ-intégrable et il existe une suite μ-convenable qui converge μ-pp vers f_m. En vertu du théorème d'approximation et du premier théorème de transition, il existe donc α_m étagé et U_m union dénombrable de semi-intervalles dans Ω dont la somme des $V\mu$-mesures est inférieure à 2^{-m}, tels que

$$|f_m(x) - \alpha_m(x)| \leqq 2^{-m}, \quad \forall x \in \Omega \setminus U_m, \tag{*}$$

et

$$\int |f_m - \alpha_m| \, dV\mu \leqq 1/m. \tag{**}$$

D'une part, de (*), on déduit que la suite $f_m - \alpha_m$ converge uniformément vers 0 dans $\Omega \setminus V_k$, où les

$$V_k = \bigcup_{i=k}^{\infty} U_i$$

sont des unions dénombrables de semi-intervalles dans Ω dont la somme des $V\mu$-mesures est majorée par 2^{-k+1}. De là, $f_m - \alpha_m$ converge μ-pp vers 0.

D'autre part, vu (**), la suite α_m est μ-convenable. De fait,

$$\int |\alpha_r - \alpha_s| \, dV\mu \leqq \int |\alpha_r - f_r| \, dV\mu + \int |f_r - f_s| \, dV\mu + \int |f_s - \alpha_s| \, dV\mu$$

$$\leqq \frac{1}{r} + \frac{1}{s} + \int |f_r - f_s| \, dV\mu \to 0$$

si $\inf(r, s) \to \infty$.

En vertu du premier théorème de transition, il existe une sous-suite α_{m_k} de α_m qui converge μ-pp et même uniformément dans $\Omega \setminus W_i$, où les W_i sont des unions dénombrables de semi-intervalles dans Ω dont la somme des $V\mu$-mesures tend vers 0 si $i \to \infty$. Soit f sa limite μ-pp.

La fonction f est μ-intégrable car la sous-suite α_{m_k} est μ-convenable et converge μ-pp vers f; de plus, on a

$$\int |f-\alpha_{m_k}|\, dV\mu \to 0.$$

De là,

$$\int |f-f_m|\, dV\mu \to 0$$

quand $m \to \infty$. En effet,

$$\int |f-f_m|\, dV\mu \leqq \int |f-\alpha_{m_k}|\, dV\mu + \int |\alpha_{m_k}-\alpha_m|\, dV\mu + \int |\alpha_m - f_m|\, dV\mu,$$

où, pour m et m_k assez grands, chaque terme du second membre est majoré par $\varepsilon/3$, $\varepsilon > 0$ étant fixé arbitrairement.

Enfin, $f_{m_k} \to f$ μ-pp et même uniformément dans $\Omega \setminus (V_i \cup W_i)$, où $V_i \cup W_i$ est une union dénombrable de semi-intervalles dont la somme des $V\mu$-mesures tend vers 0 si $i \to \infty$, puisque

$$f_{m_k} - f = (f_{m_k} - \alpha_{m_k}) + (\alpha_{m_k} - f).$$

Si on sait au départ que f_m tend μ-pp vers g, la suite α_m considérée tend μ-pp vers g et on peut substituer g à f dans ce qui précède.

Le critère de Cauchy généralise les deux théorèmes de transition.
Pour le premier, c'est trivial.
Pour le second, on note que si α_m est μ-convenable et tend μ-pp vers 0,

$$\int |\alpha_m|\, dV\mu = \int |\alpha_m - 0|\, dV\mu \to 0$$

quand $m \to \infty$.

Voici une remarque utile dans la suite.

Si la suite f_m est de Cauchy pour μ et si $\varepsilon_m \downarrow 0$, il existe une sous-suite f_{m_k} telle que

$$\int |f_{m_k} - f_{m_{k+1}}|\, dV\mu \leqq \varepsilon_k, \quad \forall k.$$

Il suffit de prendre pour m_1 le premier entier tel que

$$\int |f_r - f_s|\, dV\mu \leqq \varepsilon_1, \quad \forall r, s \geqq m_1,$$

puis, si $m_1, \ldots, m_k$ sont déterminés, de prendre pour m_{k+1} le premier entier tel que $m_{k+1} > m_k$ et que

$$\int |f_r - f_s|\, dV\mu \leqq \varepsilon_{k+1}, \quad \forall r, s \geqq m_{k+1}.$$

21. — a) Théorème de la convergence monotone, de B. Levi

Si la suite de fonctions f_m μ*-intégrables et réelles* $\begin{Bmatrix} \textit{croît} \\ \textit{décroît} \end{Bmatrix}$ μ-pp *et s'il existe* C *tel que*

$$\int f_m \, dV\mu \begin{Bmatrix} \leqq \\ \geqq \end{Bmatrix} C, \quad \forall m,$$

alors,

— la suite f_m *converge* μ-pp,

— sa limite μ-pp, *soit* f, *est* μ*-intégrable,*

— on a

$$\int |f - f_m| \, dV\mu \to 0$$

si $m \to \infty$, *d'où, en particulier,*

$$\int f_m \, d\mu \to \int f \, d\mu$$

si $m \to \infty$.

Ce théorème donne donc, à la fois, des conditions de convergence μ-pp, de μ-intégrabilité et de passage à la limite sous le signe d'intégration:

$$\lim_m \int f_m \, d\mu = \int \lim_m f_m \, d\mu.$$

La suite f_m est une suite de Cauchy pour μ car

$$\int |f_r - f_s| \, dV\mu = \pm \int (f_r - f_s) \, dV\mu = \pm \left(\int f_r \, dV\mu - \int f_s \, dV\mu \right)$$

$$= \left| \int f_r \, dV\mu - \int f_s \, dV\mu \right|,$$

où la suite numérique $\int f_m \, dV\mu$ est de Cauchy car $\begin{Bmatrix} \text{croissante} \\ \text{décroissante} \end{Bmatrix}$ et bornée $\begin{Bmatrix} \text{supérieurement} \\ \text{inférieurement} \end{Bmatrix}$ par C.

Dès lors, il existe une fonction μ-intégrable f telle que

$$\int |f - f_m| \, dV\mu \to 0,$$

f étant limite μ-pp d'une sous-suite de f_m.

On a aussi $f_m \to f$ μ-pp car tout f_m est compris μ-pp entre deux éléments consécutifs de cette sous-suite.

b) Dans le cas des séries, on utilise souvent le théorème de Levi sous la forme suivante.

Si les f_m *sont* μ*-intégrables et tels que*

$$\sum_{m=1}^{\infty} \int |f_m| \, dV\mu < \infty,$$

alors

— $\sum_{m=1}^{\infty} f_m$ *converge* μ-pp,

— $\sum_{m=1}^{\infty} f_m$ *est* μ*-intégrable,*

— $\sum_{m=1}^{\infty} \int f_m \, d\mu = \int \sum_{m=1}^{\infty} f_m \, d\mu.$

Le théorème de Levi appliqué à la suite $\sum_{m=1}^{N} |f_m(x)|$ montre qu'elle converge μ-pp et que

$$\lim_{N\to\infty} \sum_{m=N}^{\infty} \int |f_m| \, dV\mu = 0.$$

On en déduit immédiatement que $\sum_{m=1}^{N} f_m(x)$ converge μ-pp et est de Cauchy pour μ, vu la majoration

$$\left| \sum_{m=r}^{s} f_m \right| \leqq \sum_{m=r}^{s} |f_m|.$$

D'où la conclusion par le critère de Cauchy.

En particulier, si les ensembles e_m *sont* μ*-intégrables et tels que*

$$\sum_{m=1}^{\infty} V\mu(e_m) < \infty,$$

alors μ*-presque tout* $x \in \Omega$ *ne peut appartenir qu'à un nombre fini de* e_m.

De fait, la série

$$\sum_{m=1}^{\infty} \delta_{e_m}(x)$$

converge μ-pp, donc, pour μ-presque tout x, $\delta_{e_m}(x) = 0$ quand m est assez grand.

c) Voici enfin une forme plus générale du théorème de Levi, d'usage moins courant.

Soit $\mathscr{F}$ *un ensemble de fonctions réelles et* μ*-intégrables tel que*

— *quels que soient* $f, g \in \mathscr{F}$, *il existe* $h \in \mathscr{F}$ *tel que* $f, g \leqq h$ μ-pp,

— *il existe* $C > 0$ *tel que*

$$\int f \, dV\mu \leqq C, \quad \forall f \in \mathscr{F}.$$

Il existe alors une fonction μ*-intégrable* F *telle que*

— $f \leqq F$ μ-pp, $\forall f \in \mathscr{F}$,

— *si* F' *est tel que* $f \leqq F'$ μ-pp *pour tout* $f \in \mathscr{F}$, *on a* $F \leqq F'$ μ-pp,

— *quel que soit* ε, *il existe* $f_\varepsilon \in \mathscr{F}$ *tel que*

$$\int (F - f_\varepsilon)\, dV\mu \leqq \varepsilon.$$

Posons

$$M = \sup_{f \in \mathscr{F}} \int f\, dV\mu.$$

Il existe une suite $f_m \in \mathscr{F}$ telle que

$$\int f_m\, dV\mu \leqq M \leqq \int f_m\, dV\mu + 2^{-m}, \quad \forall m.$$

Posons

$$g_m = \sup_{i \leqq m} f_i.$$

En vertu de l'hypothèse sur $\mathscr{F}$, il existe, pour tout m, $f'_m \in \mathscr{F}$ tel que $g_m \leqq f'_m$, d'où

$$\int g_m\, dV\mu \leqq M \leqq \int g_m\, dV\mu + 2^{-m}.$$

La suite g_m vérifie les hypothèses du théorème de Levi. Il existe donc F μ-intégrable tel que $g_m \to F$ μ-pp et

$$\int F\, dV\mu = \lim_m \int g_m\, dV\mu = M.$$

C'est la fonction cherchée.

D'abord, pour tout $f \in \mathscr{F}$, on a $f \leqq F$ μ-pp.

Il suffit pour cela que $(f - F)_+$ soit nul μ-pp. Or c'est la limite de la suite $(f - g_m)_+$. Pour cette suite, on a

$$\int (f - g_m)_+\, dV\mu \leqq M - \int g_m\, dV\mu \leqq 2^{-m}.$$

Donc la série

$$\sum_{m=1}^{\infty} (f - g_m)_+$$

est croissante et sa $V\mu$-intégrale est majorée par 1. En vertu du théorème de Levi, elle converge μ-pp, donc son terme général $(f - g_m)_+$ tend vers 0 μ-pp et $(f - F)_+ = 0$ μ-pp.

Ensuite, si F' est tel que $f \leqq F'$ μ-pp pour tout $f \in \mathscr{F}$, on a

$$f_m \leqq F' \quad \mu\text{-pp}, \ \forall m,$$

d'où

$$g_m \leqq F' \quad \mu\text{-pp}, \ \forall m,$$

et

$$F \leqq F'$$

sauf aux points de l'ensemble des x où $g_m \not\to F$ ou bien où $g_m \not\leqq F'$, qui est μ-négligeable comme union dénombrable d'ensembles μ-négligeables.

Enfin, quel que soit $\varepsilon > 0$, il existe m tel que

$$\int (F - g_m)\, dV\mu \leqq \varepsilon.$$

Il existe en outre $f'_m \in \mathscr{F}$ tel que $g_m \leqq f'_m$. Comme on a aussi $f'_m \leqq F$ μ-pp, il vient

$$\int (F - f'_m)\, dV\mu \leqq \int (F - g_m)\, dV\mu \leqq \varepsilon,$$

d'où la conclusion.

EXERCICES

1. — Déduire le théorème de Levi des théorèmes b) ou c) ci-dessus.

Suggestion. a) Soit f_m une suite croissante de fonctions μ-intégrables, telle que

$$\int f_m\, dV\mu \leqq C, \quad \forall m.$$

Si on pose $g_1 = f_1$ et $g_m = f_m - f_{m-1}$, $m > 1$, on a

$$f_m = \sum_{i=1}^{m} g_i,$$

où les g_i sont μ-intégrables, positifs pour $m > 1$ et tels que

$$\sum_{i=1}^{m} \int g_i\, dV\mu = \int f_m\, dV\mu \leqq C, \quad \forall m.$$

Les conclusions du théorème b) fournissent alors celles du théorème de Levi.

b) Soient les f_m comme en a). L'ensemble $\mathscr{F} = \{f_m : m = 1, 2, \ldots\}$ satisfait aux hypothèses du théorème c). Il existe donc F μ-intégrable vérifiant les conditions de c), donc tel que $f_m \leqq F$ μ-pp pour tout m. La suite f_m converge alors μ-pp. Si on prend pour F' sa limite, on obtient que $F = F'$ μ-pp, donc F est la limite μ-pp des f_m.

Enfin, pour $\varepsilon > 0$ arbitraire, il existe m_ε tel que

$$\int (F - f_{m_\varepsilon})\, dV\mu \leqq \varepsilon.$$

La majoration se maintient pour tout $m \geqq m_\varepsilon$, d'où la conclusion.

2. — Si f est réel et μ-intégrable, il existe des suites croissantes α_m, β_m de fonctions étagées positives telles que

— $\alpha_m - \beta_m \to f$ μ-pp,

— α_m et β_m soient de Cauchy pour μ,

— $\int \alpha_m\, dV\mu$, $\int \beta_m\, dV\mu \leqq C$, $\forall m$.

Suggestion. Soit γ_m une suite de fonctions étagées réelles dans Ω, qui converge μ-pp vers f et telle que

$$\int |\gamma_m - \gamma_{m+1}|\, dV\mu \leqq 2^{-m}, \quad \forall m.$$

Les suites

$$\alpha_m = \gamma_{1,+} + \sum_{k=2}^{m} (\gamma_k - \gamma_{k-1})_+$$

et

$$\beta_m = \gamma_{1,-} + \sum_{k=2}^{m} (\gamma_k - \gamma_{k-1})_-$$

répondent à la question, vu b), p. 56.

22. — Signalons quelques conséquences théoriques importantes du théorème de Levi.

a) Théorème d'annulation

Si f est μ-intégrable et si $\int |f| dV\mu = 0$, alors $f = 0$ μ-pp.

En particulier, un ensemble est μ-négligeable si et seulement si il est μ-intégrable et de $V\mu$-mesure nulle.

Les $m|f|$ sont réels, croissants et tels que $\int m|f| dV\mu = 0$ pour tout m. Par le théorème de Levi, ils convergent μ-pp; on a donc

$$f = \lim_m [(m+1)f - mf] = 0 \ \mu\text{-pp}.$$

En particulier, si l'ensemble e est μ-négligeable, $\delta_e(x) = 0$ μ-pp, donc sa $V\mu$-intégrale est nulle.

Inversement, si e est μ-intégrable et de $V\mu$-mesure nulle, par la première partie du théorème, on a $\delta_e(x) = 0$ μ-pp et e est μ-négligeable.

b) *Si les f_m sont μ-intégrables et tels que $\int |f_m| dV\mu \to 0$, il existe une sous-suite de f_m qui converge vers 0 μ-pp.*

Il existe une suite croissante m_k telle que

$$\int |f_{m_k}| dV\mu \leqq 2^{-k}, \ \forall k.$$

Par le théorème de Levi, la série

$$\sum_{k=1}^{\infty} |f_{m_k}|$$

converge alors μ-pp, donc f_{m_k} tend vers 0 μ-pp.

c) *Il existe une fonction μ-intégrable et strictement positive dans Ω.*

On verra p. 77 qu'on peut préciser la nature de cette fonction.

Soit $\{I_m : m = 1, 2, \ldots\}$, une partition dénombrable de Ω en semi-intervalles dans Ω. Considérons la fonction

$$F(x) = \sum_{m=1}^{\infty} \frac{1}{1 + 2^m V\mu(I_m)} \delta_{I_m}(x).$$

Elle est visiblement définie et strictement positive dans Ω. Vérifions qu'elle est μ-intégrable. La série

$$\sum_{m=1}^{\infty} \frac{1}{1 + 2^m V\mu(I_m)} \delta_{I_m}(x)$$

est croissante et telle que

$$\int \sum_{m=1}^{N} \frac{1}{1+2^m V\mu(I_m)} \delta_{I_m}(x)\, dV\mu \leqq \sum_{m=1}^{N} \frac{1}{2^m} \leqq 1, \ \forall N.$$

Donc, par le théorème de Levi, sa limite F est μ-intégrable.

EXERCICES

1. — Déduire du théorème de Levi que, de toute suite f_m de fonctions μ-intégrables, de Cauchy pour μ, on peut extraire une sous-suite f_{m_k} convergente μ-pp et telle que $|f_{m_k}| \leqq F$ avec F μ-intégrable.

Suggestion. Des f_m, on peut extraire une sous-suite f_{m_k} telle que

$$\int |f_{m_k} - f_{m_{k+1}}|\, dV\mu \leqq \frac{1}{2^k}, \ \forall k.$$

Alors, vu b), p. 56, la série

$$\sum_{k=1}^{\infty} |f_{m_k} - f_{m_{k+1}}|$$

est une fonction μ-intégrable et si $r < s$, on a

$$|f_{m_r} - f_{m_s}| \leqq \sum_{k=r}^{s-1} |f_{m_k} - f_{m_{k+1}}| \to 0 \quad \mu\text{-pp}$$

si $r \to \infty$. Enfin, pour tout k_0, on a

$$|f_{m_{k_0}}| \leqq |f_{m_1}| + \sum_{k=2}^{\infty} |f_{m_k} - f_{m_{k-1}}|.$$

2. — Si f est μ-intégrable et si les c_m sont tels que $c_m \downarrow 0$ et $\sum_{m=1}^{\infty} c_m < \infty$, il existe une suite α_m de fonctions étagées dans Ω telles que

— $f = \sum_{m=1}^{\infty} c_m \alpha_m \quad \mu$-pp,

— $\int |\alpha_m|\, dV\mu \to 0$ si $m \to \infty$,

— $\int \left| f - \sum_{m=1}^{N} c_m \alpha_m \right| dV\mu \to 0$ si $N \to \infty$,

— $\int |f|\, dV\mu \leqq \sum_{m=1}^{\infty} c_m \int |\alpha_m|\, dV\mu < \infty$.

Suggestion. Il existe une suite α_m de fonctions étagées dans Ω telles que

$$\int |f - \alpha_m|\, dV\mu \leqq c_{m+1}^2.$$

En posant

$$\alpha_1' = \alpha_1, \ \alpha_2' = \alpha_2 - \alpha_1', \ldots, \alpha_N' = \alpha_N - \sum_{i=1}^{N-1} \alpha_i', \ldots,$$

on obtient

$$\int |f-\alpha_1'|\, dV\mu \leqq c_2^2, \ldots, \int \left| f - \sum_{m=1}^{N} \alpha_m' \right| dV\mu \leqq c_{N+1}^2, \ldots .$$

On pose alors $\alpha_m'' = \dfrac{\alpha_m'}{c_m}$ et on applique b), p. 56, en notant que

$$\int |\alpha_N''|\, dV\mu \leqq \frac{1}{c_N} \left[\int \left| f - \sum_{m=1}^{N-1} \alpha_m' \right| dV\mu + \int \left| f - \sum_{m=1}^{N} \alpha_m' \right| dV\mu \right]$$

$$\leqq \frac{c_N^2 + c_{N+1}^2}{c_N} \leqq 2c_N .$$

3. — Un ensemble e est μ-négligeable si et seulement si il existe une suite $\alpha_m \geqq 0$ de fonctions étagées dans Ω telles que la série $\sum_{m=1}^{\infty} \alpha_m(x)$ diverge en tout point de e et que

$$\sum_{m=1}^{\infty} \int \alpha_m\, dV\mu < \infty.$$

Suggestion. La condition suffisante découle trivialement du théorème de Levi. Démontrons la condition nécessaire.

Si e est μ-négligeable, il est recouvert par des unions dénombrables de semi-intervalles $I_{i,j}$ dans Ω tels que $\sum_{i=1}^{\infty} V\mu(I_{i,j}) \leqq 2^{-j}$. Numérotons les $I_{i,j}$ avec un seul indice et soit J_m la suite ainsi numérotée. Il vient

$$\sum_{m=1}^{\infty} V\mu(J_m) = \sum_{j=1}^{\infty} \left[\sum_{i=1}^{\infty} V\mu(I_{i,j}) \right] \leqq 1,$$

alors que la série $\sum_{m=1}^{\infty} \delta_{J_m}(x)$ diverge en tout point de e, car un tel point appartient à une infinité de J_m.

4. — Une fonction $f(x)$ est μ-intégrable si et seulement si il existe une suite α_m de fonctions étagées dans Ω telle que

$$\sum_{m=1}^{\infty} \int |\alpha_m|\, dV\mu < \infty$$

et

$$f(x) = \sum_{m=1}^{\infty} \alpha_m(x)$$

en tout point où

$$\sum_{m=1}^{\infty} |\alpha_m(x)| < \infty.$$

De plus,

$$\int f\, d\mu = \sum_{m=1}^{\infty} \int \alpha_m\, d\mu.$$

Cet énoncé permet de définir les fonctions μ-intégrables à partir des fonctions étagées dans Ω sans recourir explicitement aux exemples μ-négligeables.

Suggestion. La condition suffisante est triviale: vu l'ex. 3,

$$f = \sum_{m=1}^{\infty} \alpha_m \quad \mu\text{-pp}$$

et la suite $\sum_{m=1}^{N} \alpha_m$ est μ-convenable, car

$$\int \left| \sum_{m=r}^{s} \alpha_m \right| dV\mu \leqq \sum_{m=r}^{s} \int |\alpha_m| \, dV\mu \to 0$$

si inf $(r, s) \to \infty$. Donc f est μ-intégrable.

Démontrons la condition nécessaire.

Soit f μ-intégrable. Vu l'ex. 2, il existe une suite α_m de fonctions étagées dans Ω telles que

$$f = \sum_{m=1}^{\infty} \alpha_m \quad \mu\text{-pp}$$

et

$$\sum_{m=1}^{\infty} \int |\alpha_m| \, dV\mu < \infty.$$

Soit e l'ensemble des points où $\sum_{m=1}^{\infty} \alpha_m$ ne tend pas vers f. Il est μ-négligeable donc, par l'ex. 3, il existe une suite $\beta_m \geqq 0$ de fonctions étagées dans Ω telles que la série $\sum_{m=1}^{\infty} \beta_m(x)$ diverge en tout point de e et

$$\sum_{m=1}^{\infty} \int \beta_m \, dV\mu < \infty.$$

La série associée à la suite $\alpha_1, \beta_1, -\beta_1, \alpha_2, \beta_2, -\beta_2, \ldots$ répond à la question.

5. — Un ensemble e est μ-négligeable si et seulement si, pour tout $\varepsilon > 0$, il existe e' μ-intégrable contenant e et tel que $V\mu(e') \leqq \varepsilon$.

Suggestion. Vu a), p. 60, e est μ-négligeable si et seulement si il est μ-intégrable et tel que $V\mu(e) = 0$.

La condition nécessaire est alors immédiate: il suffit de prendre pour e', e lui-même.

La condition est suffisante. Soient $e_m \supset e$ des ensembles μ-intégrables, de $V\mu$-mesure inférieure à $1/m$. En vertu du critère de Cauchy, on peut en extraire une sous-suite qui tend vers 0 μ-pp. Donc, $\bigcap_{m=1}^{\infty} e_m$ est μ-négligeable et aussi e.

6. — Soit f μ-intégrable. On a

$$\left| \int f \, dV\mu \right| = \int |f| \, dV\mu$$

si et seulement si

$$f = e^{i\alpha} |f| \quad \mu\text{-pp},$$

où $\alpha = \arg \int f \, dV\mu$.

Suggestion. On a

$$\int (|f| - f e^{-i\alpha}) \, dV\mu = 0$$

et, en particulier,

$$\int [|f| - \mathcal{R}(fe^{-i\alpha})]\, dV\mu = 0.$$

Comme $|f| - \mathcal{R}(fe^{-i\alpha}) \geqq 0$ μ-pp, on a alors

$$|f| = \mathcal{R}(fe^{-i\alpha}) \quad \mu\text{-pp},$$

donc $\mathcal{I}(fe^{-i\alpha}) = 0$ μ-pp et

$$|f| = fe^{-i\alpha} \quad \mu\text{-pp}.$$

23. — Théorème de la convergence majorée, de H. Lebesgue

Si les fonctions f_m sont μ-intégrables et convergent μ-pp vers f et s'il existe F μ-intégrable tel que

$$|f_m| \leqq F \quad \mu\text{-pp}$$

pour tout m, alors

— f est μ-intégrable,

— on a

$$\int |f - f_m|\, dV\mu \to 0$$

si $m \to \infty$, d'où, en particulier,

$$\int f_m\, d\mu \to \int f\, d\mu.$$

Ce théorème donne à la fois des conditions de μ-intégrabilité et de passage à la limite sous le signe d'intégration.

Il est plus souple que celui de Levi car il s'applique à des fonctions complexes et n'exige plus la monotonie de la convergence. En contre-partie, il postule la convergence des f_m μ-pp.

Il suffit d'établir que la suite f_m est de Cauchy pour μ. On conclut alors par le critère de Cauchy.

Fixons k. Il est aisé de vérifier que les fonctions

$$\sup_{k \leqq i,\, j \leqq m} |f_i - f_j|, \qquad m = k+1, k+2, \ldots,$$

sont μ-intégrables et majorées μ-pp par $2F$ et constituent une suite croissante μ-pp. Elles satisfont donc aux conditions du théorème de Levi. Dès lors, elles convergent μ-pp vers

$$g_k = \sup_{i,\, j \geqq k} |f_i - f_j|,$$

μ-intégrable.

La suite des g_k est décroissante et converge vers 0 en tout point où f_m tend vers f, donc μ-pp. Comme les g_k sont positifs,

$$\int g_k\, dV\mu \geqq 0, \quad \forall k,$$

et le théorème de Levi entraîne que

$$\int g_k \, dV\mu \to 0.$$

D'où la conclusion car

$$\int |f_r - f_s| \, dV\mu \leqq \int g_k \, dV\mu$$

si $\inf(r, s) \geqq k$.

EXERCICES

1. — Une fonction est *dénombrablement étagée dans* Ω si elle s'écrit sous la forme $\sum_{m=1}^{\infty} c_m \, \delta_{I_m}(x)$, les I_m étant des semi-intervalles dans Ω, deux à deux disjoints. La convergence ponctuelle d'une telle série est triviale car, en chaque point, elle ne peut comporter qu'un terme non nul.

Une fonction dénombrablement étagée

$$f = \sum_{m=1}^{\infty} c_m \, \delta_{I_m}(x)$$

est μ-intégrable si et seulement si

$$\sum_{m=1}^{\infty} |c_m| \, V\mu(I_m)$$

converge et on a

$$\int f \, d\mu = \sum_{m=1}^{\infty} c_m \mu(I_m).$$

Suggestion. La condition est nécessaire. Si f est μ-intégrable, $|f|$ est $V\mu$-intégrable. Or la suite $\sum_{m=1}^{N} |c_m| \delta_{I_m}$ est croissante, converge μ-pp vers $|f|$ et est majorée par $|f|$; par le théorème de Lebesgue, la série

$$\sum_{m=1}^{\infty} |c_m| \, V\mu(I_m)$$

converge et vaut $\int |f| \, dV\mu$.

La condition est suffisante. La suite $\sum_{m=1}^{N} c_m \delta_{I_m}$ de fonctions étagées dans Ω est μ-convenable et converge μ-pp vers f.

De fait,

$$\int \left| \sum_{m=1}^{r} c_m \delta_{I_m} - \sum_{m=1}^{s} c_m \delta_{I_m} \right| dV\mu \leqq \sum_{m=r+1}^{s} |c_m| \, V\mu(I_m) \to 0$$

si $\inf(r, s) \to \infty$.

Dès lors, f est μ-intégrable et on a

$$\int f \, d\mu = \sum_{m=1}^{\infty} c_m \mu(I_m).$$

2. — La fonction f est μ-intégrable si et seulement si il existe une suite α_m de fonctions étagées dans Ω et une fonction μ-intégrable F telles que

$$\alpha_m \to f \quad \text{et} \quad |\alpha_m| \leqq F \quad \mu\text{-pp.}$$

Si f est réel (resp. positif), on peut supposer les α_m réels (resp. positifs).

Suggestion. La condition suffisante résulte du théorème de Lebesgue.

Démontrons la condition nécessaire. Soit α_m une suite μ-convenable de fonctions étagées, convergeant μ-pp vers f. On peut en extraire une sous-suite que nous noterons encore α_m, telle que

$$\int |\alpha_{m+1} - \alpha_m| \, dV\mu \leqq 2^{-m}, \quad \forall m.$$

Alors $|\alpha_1| + \sum_{m=1}^{\infty} |\alpha_{m+1} - \alpha_m|$ est μ-intégrable par le théorème de Levi et on a

$$|\alpha_m| \leqq |\alpha_1| + \sum_{k=1}^{m-1} |\alpha_{k+1} - \alpha_k| \leqq |\alpha_1| + \sum_{k=1}^{\infty} |\alpha_{k+1} - \alpha_k|, \quad \forall m,$$

d'où la conclusion.

Si f est réel (resp. positif), on prendra la suite $\mathscr{R}\alpha_m$[resp. $(\mathscr{R}\alpha_m)_+$].

3. — Si $\omega \subset \Omega$ est ouvert et si f est μ-intégrable et nul dans $\Omega \setminus \omega$, pour tout $\varepsilon > 0$, il existe α étagé et à support dans ω tel que

$$\int |f - \alpha| \, dV\mu \leqq \varepsilon.$$

Suggestion. Soit $\alpha_m \to f$ μ-pp et tel que $|\alpha_m| \leqq F$ μ-pp, avec F μ-intégrable. Soit d'autre part $Q_m \uparrow \omega$, Q_m désignant des unions finies de semi-intervalles à support dans ω. Il vient

$$\alpha_m \delta_{Q_m} \to f \quad \text{et} \quad |\alpha_m \delta_{Q_m}| \leqq F \quad \mu\text{-pp},$$

d'où la conclusion, par le théorème de Lebesgue.

4. — Soit μ une mesure positive et bornée telle que $\mu(\Omega) = 1$. Si f est μ-intégrable et si

$$\int |1 + mf| \, d\mu = 1, \quad \forall m,$$

alors $f = 0$ μ-pp. Il suffit même que ces intégrales soient bornées.

Suggestion. Si $m \to \infty$, on a

$$\frac{|1 + mf| - 1}{m} \to |f| \quad \mu\text{-pp}$$

et

$$\left| \frac{|1 + mf| - 1}{m} \right| \leqq |f|,$$

d'où, par le théorème de Lebesgue,

$$\int |f| \, d\mu = \lim_m \int \frac{|1 + mf| - 1}{m} \, d\mu = 0.$$

24. — Voici une application intéressante du théorème de Lebesgue.

Si les f_m sont μ-intégrables et convergent μ-pp vers f μ-intégrable et si

$$\int |f_m|\, dV\mu \to \int |f|\, dV\mu$$

si $m \to \infty$, alors

$$\int |f - f_m|\, dV\mu \to 0.$$

Les fonctions $|f_m| - |f - f_m|$, $(m = 1, 2, \ldots)$, sont μ-intégrables et on a

$$|f_m| - |f - f_m| \to |f| \quad \mu\text{-pp}$$

et

$$\big||f_m| - |f - f_m|\big| \leqq |f|.$$

Donc, par le théorème de Lebesgue,

$$\int |f_m|\, dV\mu - \int |f - f_m|\, dV\mu \to \int |f|\, dV\mu$$

et

$$\int |f - f_m|\, dV\mu \to 0.$$

25. — Théorème de P. Fatou

Si la suite de fonctions f_m μ-intégrables et réelles converge μ-pp vers f et s'il existe g μ-intégrable et C tels que

$$g \begin{Bmatrix} \leqq \\ \geqq \end{Bmatrix} f_m \quad \mu\text{-pp} \quad et \quad \int f_m\, dV\mu \begin{Bmatrix} \leqq \\ \geqq \end{Bmatrix} C, \ \forall m,$$

alors,

— f est μ-intégrable ainsi que $\begin{Bmatrix} \inf \\ \sup \end{Bmatrix} (f_m, f_{m+1}, \ldots)$, $(m = 1, 2, \ldots)$,

— on a

$$\int \left| f - \begin{Bmatrix} \inf \\ \sup \end{Bmatrix} (f_m, f_{m+1}, \ldots) \right| dV\mu \to 0$$

si $m \to \infty$.

En particulier,

$$\int f\, d\mu = \lim_m \int \begin{Bmatrix} \inf \\ \sup \end{Bmatrix} (f_m, f_{m+1}, \ldots)\, d\mu$$

et

$$\int g\, dV\mu \begin{Bmatrix} \leqq \\ \geqq \end{Bmatrix} \int f\, dV\mu \begin{Bmatrix} \leqq \\ \geqq \end{Bmatrix} C.$$

Attention! On n'a pas nécessairement $\int f_m\, d\mu \to \int f\, d\mu$.

Ainsi, dans E_1, $l\left(\frac{1}{m}\delta_{]-m, m]}\right) = 2$ pour tout m alors que la suite $\frac{1}{m}\delta_{]-m, m]}$ converge vers 0 l-pp.

Fixons k. On vérifie comme précédemment que la suite de fonctions

$$\begin{Bmatrix} \inf \\ \sup \end{Bmatrix} (f_k, \ldots, f_m)$$

satisfait aux conditions du théorème de Levi. Dès lors, sa limite

$$g_k = \begin{Bmatrix} \inf \\ \sup \end{Bmatrix} (f_k, f_{k+1}, \ldots)$$

existe μ-pp et est μ-intégrable.

La suite g_k satisfait également aux conditions du théorème de Levi; il existe donc h μ-intégrable et tel que

$$\int |h - g_k| \, dV\mu \to 0$$

si $k \to \infty$.

Pour établir le théorème, il suffit de montrer que $h = f$ μ-pp. Or $g_k \to f$ μ-pp. De fait, si

$$f(x) - \varepsilon \leqq f_k(x) \leqq f(x) + \varepsilon,$$

pour tout $k \geqq N$, on a aussi

$$f(x) - \varepsilon \leqq \begin{Bmatrix} \inf \\ \sup \end{Bmatrix} [f_k(x), f_{k+1}(x), \ldots] \leqq f(x) + \varepsilon,$$

quel que soit $k \geqq N$.

EXERCICE

Déduire le théorème de Lebesgue de celui de Fatou.

Suggestion. Soit f_m une suite de fonctions réelles, μ-intégrables, convergeant μ-pp vers f et telles que $|f_m| \leqq F$ μ-pp, où F est μ-intégrable.

La suite f_m satisfait aux hypothèses du théorème de Fatou: pour tout m,

$$-F \leqq f_m \leqq F \ \mu\text{-pp} \quad \text{et} \quad -\int F \, dV\mu \leqq \int f_m \, dV\mu \leqq \int F \, dV\mu.$$

Dès lors, f est μ-intégrable et

$$\int \left| f - \begin{Bmatrix} \inf \\ \sup \end{Bmatrix} (f_m, f_{m+1}, \ldots) \right| dV\mu \to 0$$

si $m \to \infty$. De plus, pour tout $k \geqq m$, on a

$$\inf (f_m, f_{m+1}, \ldots) \leqq f_k \leqq \sup (f_m, f_{m+1}, \ldots),$$

d'où également

$$\inf (f_m, f_{m+1}, \ldots) \leqq f \leqq \sup (f_m, f_{m+1}, \ldots)$$

et finalement

$$\int |f - f_m| \, dV\mu \leqq \int [\sup (f_m, f_{m+1}, \ldots) - \inf (f_m, f_{m+1}, \ldots)] \, dV\mu$$

tend vers 0 si $m \to \infty$.

Si les f_m sont complexes, il suffit d'appliquer le théorème établi aux suites $\mathscr{R} f_m$ et $\mathscr{I} f_m$.

Fonctions μ-mesurables

26. — Une fonction est *μ-mesurable* si elle est limite μ-pp d'une suite de fonctions étagées.

Vu leur définition, *les fonctions μ-mesurables sont définies μ*-pp.

Un ensemble est *μ-mesurable* si sa fonction caractéristique est μ-mesurable.

On peut définir les ensembles μ-mesurables à partir des ensembles étagés dans Ω.

Un ensemble est μ-mesurable si et seulement si il est limite μ-pp *d'une suite d'ensembles étagés dans Ω.*

La condition suffisante est évidente. Passons à la condition nécessaire. Si l'ensemble A est μ-mesurable, δ_A est limite μ-pp d'une suite α_m de fonctions étagées, qu'on peut supposer réelles, quitte à prendre leur partie réelle.

Les ensembles étagés dans Ω

$$Q_m = \{x: \alpha_m(x) > \tfrac{1}{2}\}$$

convergent μ-pp vers A. De fait, à un ensemble μ-négligeable près, si $x \in A$, $\alpha_m(x) \to 1$ donc $\alpha_m(x) > \frac{1}{2}$ et $x \in Q_m$ pour m assez grand et si $x \notin A$, $\alpha_m(x) \to 0$ donc $\alpha_m(x) \leq \frac{1}{2}$ et $x \notin Q_m$ dès que m est assez grand.

27. — Voici d'abord quelques propriétés immédiates des fonctions μ-mesurables.

a) *Toute combinaison linéaire de fonctions μ-mesurables est μ-mesurable.*

b) *Si la fonction f est μ-mesurable, $\bar{f}$ est μ-mesurable.*

En particulier, *si la fonction f est μ-mesurable, $\mathscr{R}f$ et $\mathscr{I}f$ sont μ-mesurables.*

c) *Si la fonction f est μ-mesurable, $|f|$ est μ-mesurable.*

Attention! La réciproque de cette propriété n'est pas nécessairement vraie.

En particulier, *si la fonction f est réelle et μ-mesurable, f_+ et f_- sont μ-mesurables.*

De même, *si les fonctions $f_1, \ldots, f_N$ sont réelles et μ-mesurables,*

$$\begin{Bmatrix}\sup\\ \inf\end{Bmatrix}(f_1, \ldots, f_N)$$

est μ-mesurable.

d) *Tout produit fini de fonctions μ-mesurables est μ-mesurable.*

e) *Toute fonction μ-mesurable différente de* 0 μ-pp *admet un inverse μ-mesurable.*

Si la suite α_m de fonctions étagées converge vers f μ-pp, associons à chaque α_m la fonction étagée α_m^* égale à l'inverse de α_m dans chaque semi-intervalle où $\alpha_m \neq 0$ et égale à 0 ailleurs.

Evidemment, $\alpha_m \alpha_m^* = 1$ en tout point où $\alpha_m \neq 0$ et $\alpha_m \alpha_m^* = 0$ ailleurs.

En tout point où $f \neq 0$ et où $\alpha_m \to f$, c'est-à-dire μ-pp, α_m finit par différer de 0 et on a $\alpha_m^* \to 1/f$. La suite α_m^* converge donc μ-pp vers une fonction μ-mesurable f^{-1} telle que $ff^{-1}=1$ μ-pp.

On trouvera p. 120 une proposition générale relative à la μ-mesurabilité des fonctions composées de fonctions μ-mesurables.

28. — Examinons les relations entre les fonctions μ-mesurables et les fonctions μ-intégrables.

Toute fonction μ-intégrable est μ-mesurable.

C'est immédiat.

Toute fonction μ-mesurable dont le module est majoré μ-pp *par une fonction μ-intégrable est μ-intégrable.*

En particulier, *tout sous-ensemble μ-mesurable d'un ensemble μ-intégrable est μ-intégrable.*

Soient f une fonction μ-mesurable et F une fonction μ-intégrable telles que $|f| \leqq F$ μ-pp.

Si α_m est une suite de fonctions étagées qui tend vers f μ-pp, les fonctions réelles

$$\inf\left[F, \sup\left(\begin{Bmatrix}\mathscr{R}\\ \mathscr{I}\end{Bmatrix}\alpha_m, -F\right)\right]$$

sont μ-intégrables, convergent μ-pp vers

$$\inf\left[F, \sup\left(\begin{Bmatrix}\mathscr{R}\\ \mathscr{I}\end{Bmatrix}f, -F\right)\right] = \begin{Bmatrix}\mathscr{R}\\ \mathscr{I}\end{Bmatrix}f$$

et sont majorées en module par F.

Par le théorème de Lebesgue, $\mathscr{R}f$ et $\mathscr{I}f$ sont donc μ-intégrables, d'où la thèse.

Ce théorème possède de nombreux corollaires utiles.

a) *Toute fonction μ-mesurable et de module μ-intégrable est μ-intégrable.*

b) *Toute fonction μ-mesurable et réelle, comprise* μ-pp *entre deux fonctions μ-intégrables et réelles est μ-intégrable.*

De fait, si $F_1 \leqq f \leqq F_2$ μ-pp, on a

$$|f| = \sup(-f, f) \leqq \sup(-F_1, F_2)$$

où le second membre est μ-intégrable si F_1 et F_2 le sont.

c) *Toute fonction μ-mesurable, bornée* μ-pp *et nulle* μ-pp *hors d'un compact est μ-intégrable.*

En particulier, *tout ensemble μ-mesurable contenu dans un compact de Ω est μ-intégrable.*

De fait, il existe Q étagé tel que $[f] \subset Q$. On a alors, si $|f|$ est borné par C μ-pp,

$$|f| \leqq C\,\delta_Q \quad \mu\text{-pp},$$

où $C\,\delta_Q$ est μ-intégrable.

d) *Le produit d'une fonction μ-intégrable par une fonction μ-mesurable et bornée μ-pp est μ-intégrable.*

Soient f μ-intégrable et g μ-mesurable et tel que $|g| \leqq C$ μ-pp.

Vu d), p. 69, fg est μ-mesurable.

De plus, on a

$$|fg| \leqq C\,|f| \quad \mu\text{-pp},$$

où $C|f|$ est μ-intégrable, d'où la conclusion.

En particulier, *si f est μ-intégrable, $f\delta_e$ est μ-intégrable quel que soit e μ-mesurable.*

29. — La propriété suivante est fondamentale.

a) *Si les fonctions μ-mesurables f_m convergent μ-pp vers f, alors f est μ-mesurable.*

Soit F une fonction μ-intégrable strictement positive. Une telle fonction existe, vu c), p. 60.

Comme la suite f_m converge μ-pp vers f, on a

$$g_m = \frac{f_m F}{1+|f_m|} \to g = \frac{fF}{1+|f|} \quad \mu\text{-pp}.$$

Pour tout m, g_m est μ-mesurable et $|g_m| \leqq F$ μ-pp. De là, g_m est μ-intégrable et, par le théorème de Lebesgue, g est μ-intégrable, donc μ-mesurable. Dès lors, f est μ-mesurable. De fait,

$$|g| = \frac{|f|F}{1+|f|} \quad \mu\text{-pp},$$

d'où $F > |g|$ μ-pp et on a

$$|f| = \frac{|g|}{F-|g|} \quad \text{et} \quad f = \frac{g}{F-|g|} \quad \mu\text{-pp}.$$

En particulier, si les g_m sont μ-mesurables,

— $\sum_{m=1}^{\infty} g_m$,

— $\prod_{m=1}^{\infty} g_m$,

— $\inf_{m=1,2,\ldots} g_m$, $\sup_{m=1,2,\ldots} g_m$,

sont des fonctions μ-mesurables, pour autant qu'elles soient définies μ-pp.

b) Voici une application intéressante de l'énoncé précédent.

Si, pour tout $\varepsilon > 0$, *il existe* e_ε *μ-intégrable tel que* $V\mu(e_\varepsilon) \leqq \varepsilon$ *et que* $f\delta_{\Omega \setminus e_\varepsilon}$ *soit μ-mesurable, alors f est μ-mesurable.*

On peut sans restriction supposer f positif.

Soient e_m μ-intégrables tels que $V\mu(e_m) \leqq 1/m$ et que $f\delta_{\Omega \setminus e_m}$ soit μ-mesurable.

L'intersection e des e_m est μ-négligeable: elle est μ-intégrable et telle que $V\mu(e) \leqq V\mu(e_m) \leqq 1/m$ pour tout m, donc $V\mu(e) = 0$ et e est μ-négligeable, vu a), p. 60.

Donc

$$f = \sup_m f\delta_{\Omega \setminus e_m} \quad \mu\text{-pp.}$$

Or le second membre est μ-mesurable, vu le dernier corollaire de a).

30. — Les propriétés des ensembles μ-mesurables par rapport aux opérations entre ensembles sont régies par les théorèmes suivants.

a) *Le complémentaire dans Ω d'un ensemble μ-mesurable est μ-mesurable.*

De fait, si e est μ-mesurable,

$$\delta_{\Omega \setminus e} = \delta_\Omega - \delta_e$$

est μ-mesurable, car δ_Ω est μ-mesurable, comme limite de la suite δ_{Q_m}, les Q_m désignant des ensembles étagés croissant vers Ω.

b) *Toute union finie ou dénombrable d'ensembles μ-mesurables est μ-mesurable.*

De fait,

$$\delta_{\bigcup_{m=1}^{\infty} e_m} = \sup_{m=1,2,\ldots} \delta_{e_m} = 1 - \prod_{m=1}^{\infty} (1 - \delta_{e_m})$$

est μ-mesurable si les e_m le sont.

c) *Toute intersection finie ou dénombrable d'ensembles μ-mesurables est μ-mesurable.*

De fait,

$$\delta_{\bigcap_{m=1}^{\infty} e_m} = \inf_{m=1,2,\ldots} \delta_{e_m} = \prod_{m=1}^{\infty} \delta_{e_m}$$

est μ-mesurable si les e_m le sont.

d) Voici encore une propriété intéressante.

Si les ensembles e_ι sont μ-mesurables et deux à deux disjoints μ-pp, *ils sont μ-négligeables sauf une infinité dénombrable au plus.*

Soient I_m des semi-intervalles dans Ω dont l'union est Ω. On sait qu'un ensemble e est μ-négligeable si et seulement si $e \cap I_m$ est μ-négligeable pour tout m, donc si et seulement si $V\mu(e \cap I_m) = 0$ pour tout m.

Pour m et k fixés, il y a au plus $N \leqq k\, V\mu(I_m)$ ensembles e_ι tels que

$$V\mu(e_\iota \cap I_m) \geqq 1/k.$$

En effet, si $V\mu(e_{\iota_i} \cap I_m) \geqq 1/k$ pour $i=1, \ldots, i_0$, comme les e_ι sont deux à deux disjoints μ-pp, on a

$$\frac{i_0}{k} \leqq \sum_{i=1}^{i_0} V\mu(I_m \cap e_{\iota_i}) \leqq V\mu(I_m).$$

De là, l'ensemble

$$\{e_\iota : V\mu(e_\iota) \neq 0\} = \bigcup_{m=1}^{\infty} \bigcup_{k=1}^{\infty} \{e_\iota : V\mu(I_m \cap e_\iota) \geqq 1/k\}$$

est au plus dénombrable.

EXERCICE

Si les e_m, $(m=1, 2, \ldots)$, sont μ-mesurables, pour tout N, l'ensemble $e^{(N)}$ des x qui appartiennent à N ensembles e_m au moins est μ-mesurable.

De plus, si

$$\sum_{m=1}^{\infty} V\mu(e_m) < \infty,$$

l'ensemble $e^{(N)}$ est μ-intégrable et

$$NV\mu(e^{(N)}) \leqq \sum_{m=1}^{\infty} V\mu(e_m), \quad \forall N.$$

Suggestion. L'ensemble $e^{(N)}$ est μ-mesurable car

$$e^{(N)} = \bigcup_{\substack{m_1, \ldots, m_N = 1 \\ m_i \neq m_j \text{ si } i \neq j}}^{\infty} e_{m_1} \cap \cdots \cap e_{m_N}.$$

Si

$$\sum_{m=1}^{\infty} V\mu(e_m) < \infty,$$

l'union des e_m est μ-intégrable, donc a fortiori $e^{(N)}$. La majoration annoncée découle alors de la relation

$$N\delta_{e^{(N)}} \leqq \sum_{m=1}^{\infty} \delta_{e_m} \quad \mu\text{-pp}.$$

31. — Voici quelques exemples d'ensembles μ-mesurables.

On en déduit aisément d'autres par passage au complémentaire ou à des unions et intersections dénombrables.

a) *Tout point de Ω est μ-mesurable.*

De fait,

$$\delta_{]a_1 - 1/m, a_1] \times \cdots \times]a_n - 1/m, a_n]} \to \delta_a$$

si $m \to \infty$ et, pour m suffisamment grand, ces semi-intervalles sont dans Ω.

b) *Tout ouvert de Ω et tout fermé dans Ω sont μ-mesurables.*

Si $\omega \subset \Omega$ est ouvert, il est union dénombrable de semi-intervalles dans Ω, d'où sa μ-mesurabilité.

Si F est fermé, $\Omega \cap F$ est le complémentaire dans Ω d'un ouvert contenu dans Ω.

c) *Tout ensemble μ-négligeable est μ-mesurable.*

De fait, si e est μ-négligeable, $\delta_e = 0$ μ-pp, où 0 est étagé.

d) *Tout ensemble $e \subset \Omega$ dont la frontière est μ-négligeable est μ-mesurable.*

De fait, il est égal μ-pp à son intérieur, ouvert contenu dans Ω.

e) *Tout ensemble défini par un nombre fini ou une infinité dénombrable de relations d'égalité ou d'inégalité entre fonctions μ-mesurables (supposées réelles quand c'est nécessaire) est μ-mesurable.*

On se ramène d'abord au cas d'une seule relation, en notant que l'ensemble des x où sont vérifiées les différentes relations est l'intersection des ensembles où chacune d'elles est vérifiée.

Cela étant,

$$\{x: f(x) = g(x)\} = \{x: |f(x) - g(x)| \leqq 0\},$$

$$\{x: f(x) \neq g(x)\} = \{x: |f(x) - g(x)| > 0\}$$

et, si f et g sont réels,

$$\left\{x: f(x) \begin{Bmatrix} \geqq \\ > \end{Bmatrix} \text{ ou } \begin{Bmatrix} \leqq \\ < \end{Bmatrix} g(x)\right\} = \left\{x: f(x) - g(x) \begin{Bmatrix} \geqq \\ > \end{Bmatrix} \text{ ou } \begin{Bmatrix} \leqq \\ < \end{Bmatrix} 0\right\}.$$

On est ainsi ramené aux ensembles

$$\left\{x: f(x) \begin{Bmatrix} \geqq \\ > \end{Bmatrix} \text{ ou } \begin{Bmatrix} \leqq \\ < \end{Bmatrix} 0\right\},$$

où f est réel et μ-mesurable.

Or on a

$$\delta_{\left\{x: f(x) \left\{\substack{\geqq \\ >}\right\} 0\right\}} = \lim_{m \to \left\{\substack{- \\ +}\right\}\infty} m \left\{\inf\left[f(x), \frac{1}{m}\right] - \inf[f(x), 0]\right\}$$

et

$$\delta_{\left\{x: f(x) \left\{\substack{\leqq \\ <}\right\} 0\right\}} = \lim_{m \to \left\{\substack{+ \\ -}\right\}\infty} m \left\{\sup\left[f(x), \frac{1}{m}\right] - \sup[f(x), 0]\right\},$$

d'où la conclusion.

On notera d'ailleurs que les quatre cas qu'on vient de considérer peuvent se ramener à un seul, en utilisant les relations

$$\left\{x: f(x) \begin{Bmatrix} \geqq \\ > \end{Bmatrix} 0\right\} = \left\{x: -f(x) \begin{Bmatrix} \leqq \\ < \end{Bmatrix} 0\right\}$$

et

$$\{x: f(x) \geqq 0\} = \complement\{x: f(x) < 0\}.$$

Réciproquement, si f est réel et défini μ-pp *et si*

$$\{x: f(x) \leqq C\}$$

est μ*-mesurable pour tout* $C \in E_1$ *ou tout* $C \in D$ *dense dans* E_1*, alors f est* μ*-mesurable.*

Même proposition pour les ensembles

$$\{x: f(x) <, \geqq \text{ ou } > C\}.$$

Cela résulte trivialement du paragraphe 12, p. 41.

En effet, quels que soient $a, b \in E_1$ ou D,

$$\{x: a < f(x) \leqq b\} = \{x: f(x) \leqq b\} \setminus \{x: f(x) \leqq a\}.$$

Dans le cas où les ensembles $\{x: f(x) < C\}$ sont μ-mesurables pour tout C, on note que

$$\{x: a < -f(x) \leqq b\} = \{x: f(x) < -a\} \setminus \{x: f(x) < -b\}$$

et on en déduit la μ-mesurabilité de $-f$.

Les autres cas s'obtiennent en passant aux complémentaires.

f) *L'ensemble des points où une suite de fonctions* μ*-mesurables converge vers une fonction* μ*-mesurable est* μ*-mesurable.*

Par différence avec la fonction limite, il suffit de démontrer que l'ensemble des points où une suite f_m de fonctions μ-mesurables converge vers 0 est μ-mesurable.

Or cet ensemble peut s'écrire

$$\bigcap_{k=1}^{\infty} \bigcup_{l=1}^{\infty} \bigcap_{m=l}^{\infty} \{x: |f_m(x)| \leqq 1/k\}$$

car $f_m(x) \to 0$ si et seulement si, pour tout entier k, il existe l tel que $|f_m(x)| \leqq 1/k$ pour tout $m \geqq l$.

g) *L'ensemble des points où une suite de fonctions* μ*-mesurables converge est* μ*-mesurable.*

Il suffit de noter que l'ensemble des x où $f_m(x)$ converge s'écrit

$$\bigcap_{k=1}^{\infty} \bigcup_{l=1}^{\infty} \bigcap_{r,s=l}^{\infty} \{x: |f_r(x) - f_s(x)| \leqq 1/k\},$$

car $f_m(x)$ converge si et seulement si, pour tout k, il existe l tel que, pour tous $r, s \geqq l$, $|f_r(x) - f_s(x)| \leqq 1/k$.

32. — Voici enfin un exemple important de fonction μ-mesurable.

Toute fonction continue μ-pp dans un ensemble μ-mesurable A est μ-mesurable si on la prolonge par 0 dans $\Omega\setminus A$.

En particulier, toute fonction continue μ-pp dans Ω est μ-mesurable.

Soit A un ensemble μ-mesurable. Il est donc limite μ-pp d'ensembles étagés

$$Q_m = \bigcup_{(k)} I_{m,k}.$$

On peut, sans restriction, supposer les $I_{m,k}$ deux à deux disjoints et de diamètre inférieur à $1/m$ et ne retenir que ceux qui rencontrent A. Posons

$$\alpha_m(x) = \sum_{(k)} f(x_{m,k})\delta_{I_{m,k}}(x),$$

où $x_{m,k} \in A \cap I_{m,k}$ pour tous m, k.

Appelons e l'ensemble des points où f est continu et où $\delta_{Q_m} \to \delta_A$; son complémentaire est μ-négligeable.

Si $x \in e \cap \complement A$, $\alpha_m(x) \to 0$. De fait, on a $x \notin Q_m$ et $\alpha_m(x) = 0$ pour m assez grand.

Si $x \in e \cap A$, $\alpha_m(x) \to f(x)$. De fait, pour m assez grand, $x \in Q_m$ et il existe un k et un seul tel que $x \in I_{m,k}$. Le point correspondant $x_{m,k}$ est à distance inférieure à $1/m$ de x et

$$\alpha_m(x) - f(x) = f(x_{m,k}) - f(x) \to 0$$

si $m \to \infty$, puisque x est un point de continuité de f dans A.

Au total, les fonctions étagées α_m convergent μ-pp vers la fonction obtenue en prolongeant f par 0 hors de A, d'où la conclusion.

EXERCICE

Soit μ une mesure dans $]a, b[\subset E_1$. Toute fonction $f(x)$ réelle, définie μ-pp et monotone dans son ensemble de définition e est μ-mesurable.

Suggestion. Supposons par exemple f positif et croissant. Il est égal μ-pp à la fonction f' croissante et partout définie:

$$f'(x) = \sup_{y \leqq x} f(y) \quad \text{si} \quad]a, x] \cap e \neq \varnothing \quad \text{et} \quad 0 \quad \text{sinon.}$$

On sait que f' a au plus une infinité dénombrable de points de discontinuité x_i. Posons

$$c_i = \inf_{y > x_i} f'(y) - \sup_{y < x_i} f'(y) \quad \text{et} \quad d_i = f'(x_i) - \sup_{y < x_i} f'(y)$$

La fonction

$$f' - \sum_{i=1}^{\infty} c_i \delta_{]x_i, b[} - \sum_{i=1}^{\infty} d_i \delta_{x_i}$$

est continue dans $]a, b[$ et les fonctions

$$\sum_{i=1}^{\infty} c_i \delta_{]x_i, b[} \quad \text{et} \quad \sum_{i=1}^{\infty} d_i \delta_{x_i}$$

sont μ-mesurables, d'où la conclusion.

33. — Le théorème précédent fournit un exemple important de fonctions μ-intégrables.

Toute fonction continue dans un compact de Ω est μ-intégrable si on la prolonge par 0 *dans Ω.*

En particulier, *toute fonction continue et à support compact dans Ω est μ-intégrable.*

Si f est continu dans le compact K, il existe C tel que

$$|f(x)| \leqq C, \quad \forall x \in K.$$

Donc

$$|f(x)| \leqq C\, \delta_K(x).$$

Or f est μ-mesurable et δ_K est μ-intégrable, d'où la conclusion, par d), p. 71.

Ce résultat permet de préciser la fonction auxiliaire introduite en c), p. 60.

Il existe une fonction strictement positive, μ-intégrable et indéfiniment continûment dérivable dans Ω.

Soient b une boule de centre a et de rayon R et $\varrho_b(x)$ une fonction indéfiniment continûment dérivable dans E_n et strictement positive dans b. (1)

Soient b_i, $(i = 1, 2, \ldots)$, une suite de boules ouvertes contenues dans Ω, telles que leur union soit Ω et que tout compact $K \subset \Omega$ ne rencontre qu'un nombre fini de b_i. (2)

---

(1) Prendre, par exemple,

$$\varrho_b(x) = \begin{cases} e^{-1/[R^2 - |x-a|^2]} & \text{si } |x-a| < R, \\ 0 & \text{sinon.} \end{cases}$$

(2) On construit les b_i comme suit.

Posons $e_0 = \varnothing$,

$$e_m = \{x \in \Omega :\ d(x, \complement\Omega) \geqq 1/2^m,\ |x| \leqq m\}$$

et

$$\mathscr{E}_m = \overline{e_m \setminus e_{m-1}}, \qquad (m = 1, 2, \ldots).$$

Recouvrons chaque $\mathscr{E}_m$ par un nombre fini de boules ouvertes $b_{m,i}$ de rayon $1/2^{m+1}$, centrées en des points de $\mathscr{E}_m$.

Les boules $b_{m,i}$ ainsi obtenues sont dénombrables et recouvrent Ω.

En outre, quel que soit m, e_m ne rencontre pas les boules $b_{r,i}$, $r \geqq m+1$, donc il ne rencontre qu'un nombre fini de boules. En effet, si une telle boule rencontre e_m en x et si y est son centre, on a

$$d(y, \complement\Omega) \geqq d(x, \complement\Omega) - \frac{1}{2^{r+1}} \geqq \frac{1}{2^m} - \frac{1}{2^{m+2}} > \frac{1}{2^{m+1}},$$

ce qui est absurde. D'où la conclusion.

Formons la fonction

$$F(x) = \sum_{i=1}^{\infty} \frac{\varrho_{b_i}(x)}{1+2^i \int \varrho_{b_i} \, dV\mu}.$$

Elle est définie dans Ω, puisqu'elle se réduit à une somme finie pour tout $x \in \Omega$.

Elle est strictement positive.

Elle est indéfiniment continûment dérivable dans Ω.

En effet, dans toute boule fermée $b \subset \Omega$, elle se réduit à une somme finie de fonctions indéfiniment continûment dérivables.

Elle est μ-intégrable.

Cela résulte du théorème de Levi, car

$$\int \sum_{i=1}^{N} \frac{\varrho_{b_i}(x)}{1+2^i \int \varrho_{b_i}(x) \, dV\mu} \, dV\mu \leqq \sum_{i=1}^{N} \frac{1}{2^i} \leqq 1, \ \forall N.$$

34. — Un ensemble $\mathscr{F}$ de fonctions μ-intégrables possède la *propriété d'approximation pour* μ si, pour toute fonction étagée α et tout $\varepsilon > 0$, il existe $f \in \mathscr{F}$ tel que

$$\int |\alpha - f| \, dV\mu \leqq \varepsilon.$$

Si $\mathscr{F}$ contient les combinaisons linéaires de ses éléments, on peut substituer aux fonctions étagées les semi-intervalles dans Ω.

a) *Si $\mathscr{F}$ possède la propriété d'approximation pour μ, pour tout f μ-intégrable et tout $\varepsilon > 0$, il existe $g \in \mathscr{F}$ tel que*

$$\int |f - g| \, dV\mu \leqq \varepsilon.$$

De fait, on peut déterminer successivement α étagé et $g \in \mathscr{F}$ tels que

$$\int |f - \alpha| \, dV\mu \quad \text{et} \quad \int |\alpha - g| \, dV\mu \leqq \varepsilon/2.$$

b) *Si $\mathscr{F}$ possède la propriété d'approximation pour μ, f est μ-intégrable si et seulement si il existe une suite $g_m \in \mathscr{F}$ de Cauchy pour μ et convergeant vers f μ-pp.*

La condition est suffisante, en vertu du critère de Cauchy.

Démontrons qu'elle est nécessaire. Si f est μ-intégrable, vu a), il existe $g_m \in \mathscr{F}$ tels que

$$\int |f - g_m| \, dV\mu \leqq 2^{-m}, \ \forall m.$$

On a alors

$$\int |g_r - g_s| \, dV\mu \leqq \int |f - g_r| \, dV\mu + \int |f - g_s| \, dV\mu \to 0$$

si $\inf(r, s) \to \infty$, donc la suite g_m est de Cauchy pour μ.

De plus, par b), p. 56, la série $\sum_{m=1}^{\infty}(f-g_m)$ converge μ-pp, donc $f-g_m$ tend vers 0 μ-pp.

c) *Les ensembles $\mathscr{F}$ suivants possèdent la propriété d'approximation pour μ quel que soit μ*

— l'ensemble des fonctions étagées sur les semi-intervalles rationnels dans Ω et à coefficients rationnels,

— l'ensemble $D_\infty(\Omega)$ des fonctions indéfiniment continûment dérivables et à support compact dans Ω et même l'enveloppe linéaire des fonctions de $D_\infty(\Omega)$ de la forme $\varphi_1(x_1)\dots\varphi_n(x_n)$, où $\varphi_i\in D_\infty(E_1)$ pour tout i.

Soit $\alpha=\sum_{(i)}c_i\delta_{I_i}$ une fonction étagée et soit $I_i=]a^{(i)},b^{(i)}]$ pour tout i. Il existe $a_m^{(i)}, b_m^{(i)}$ rationnels tels que $a_m^{(i)}\downarrow a^{(i)}$ et $b_m^{(i)}\downarrow b^{(i)}$ et $r_{i,m}$ rationnels tels que $r_{i,m}\to c_i$. Il est alors trivial que

$$\int\Big|\alpha-\sum_{(i)}r_{i,m}\delta_{]a_m^{(i)},b_m^{(i)}]}\Big|\,dV\mu\to 0$$

si $m\to\infty$.

Passons au dernier cas. Comme les ensembles $\mathscr{F}$ considérés contiennent les combinaisons linéaires de leurs éléments, il suffit de noter que, pour tout I dans Ω, δ_I est limite μ-pp d'une suite $f_m\in\mathscr{F}$, majorée par une fonction μ-intégrable fixe.(1) On conclut alors par le théorème de Lebesgue.

Notons en outre que, dans le cas de ces ensembles $\mathscr{F}$, les $g_m\in\mathscr{F}$ de l'énoncé b) peuvent être supposés tels que

— $g_m\geqq 0$ μ-pp si on a $f\geqq 0$ μ-pp,

— $0\leqq g_m\leqq 1$ μ-pp si on a $0\leqq f\leqq 1$ μ-pp.

d) *L'ensemble des polynômes possède la propriété d'approximation pour μ si Ω et μ sont bornés ou si μ est à support compact.*

---

(1) La construction de tels f_m est classique. Dans E_1, on part d'une fonction φ_0 positive, croissante, indéfiniment continûment dérivable, égale à 0 pour $x\leqq 0$ et à 1 pour $x\geqq 1$.

Pour $a<b$ et $1/m<b-a$, les

$$\varphi_{]a,b]}^{(m)}=\begin{cases}0 & \text{si } x<a \text{ ou } x>b+1/m,\\ \varphi_0(\theta) & \text{si } x=a+\theta/m \text{ ou } b+(1-\theta)/m,\ \theta\in[0,1],\\ 1 & \text{si } a+1/m<x<b\end{cases}$$

répondent à la question pour $]a,b]$.

Passons à $\Omega\subset E_n$. Si $]a_1,b_1]\times\cdots\times]a_n,b_n]\subset\Omega$, il existe $\varepsilon>0$ tel que

$$]a_1,b_1+\varepsilon]\times\cdots\times]a_n,b_n+\varepsilon]\subset\Omega.$$

Les fonctions

$$\varphi_{]a_1,b_1]}^{(m)}(x_1)\dots\varphi_{]a_n,b_n]}^{(m)}(x_n),\quad m>1/\varepsilon,$$

répondent alors à la question.

Soient α étagé et $\varepsilon > 0$ donnés. Il existe $f \in D_0(\Omega)$ tel que

$$\int |\alpha - f| \, dV\mu \leqq \varepsilon/2.$$

Par le théorème de Weierstrass, il existe un polynôme p tel que

$$\sup_{x \in \overline{\Omega} \cap [\mu]} |f(x) - p(x)| \leqq \varepsilon/[2V\mu(\Omega)].$$

On a alors

$$\int |\alpha - p| \, dV\mu \leqq \int |\alpha - f| \, dV\mu + \int |f - p| \, dV\mu \leqq \varepsilon.$$

35. — Un ensemble $\mathscr{F}$ de fonctions μ-mesurables possède la *propriété d'approximation* μ-pp si toute fonction étagée est limite μ-pp d'une suite d'éléments de $\mathscr{F}$.

Si $\mathscr{F}$ contient les combinaisons linéaires de ses éléments, on peut substituer aux fonctions étagées, les semi-intervalles dans Ω.

a) *Si $\mathscr{F}$ possède la propriété d'approximation μ-pp, f est μ-mesurable si et seulement si il est limite d'une suite d'éléments de $\mathscr{F}$.*

Si f est limite μ-pp d'une suite $f_m \in \mathscr{F}$, comme les f_m sont μ-mesurables, f est μ-mesurable, vu un théorème précédent (cf. a), p. 71).

Inversement, soit f μ-mesurable, donc limite μ-pp d'une suite α_m de fonctions étagées dans Ω et soit F μ-intégrable et strictement positif dans Ω.

Il découle du théorème de Lebesgue que

$$\int \frac{|f - \alpha_m|}{1 + |f - \alpha_m|} F \, dV\mu$$

tend vers 0 quand $m \to \infty$. On peut même, quitte à considérer une sous-suite de α_m, supposer que

$$\int \frac{|f - \alpha_m|}{1 + |f - \alpha_m|} F \, dV\mu \leqq 1/m, \quad \forall m.$$

Comme chaque α_m est limite μ-pp d'une suite d'éléments de $\mathscr{F}$, par le même raisonnement, on voit qu'il existe $f_m \in \mathscr{F}$ tel que

$$\int \frac{|\alpha_m - f_m|}{1 + |\alpha_m - f_m|} F \, dV\mu \leqq 1/m, \quad \forall m.$$

Comme la fonction $x/(1+x) = 1\Big/\left(1 + \dfrac{1}{x}\right)$ est croissante pour $x > 0$, il vient

$$\frac{|f - f_m|}{1 + |f - f_m|} \leqq \frac{|f - \alpha_m| + |\alpha_m - f_m|}{1 + |f - \alpha_m| + |\alpha_m - f_m|} \leqq \frac{|f - \alpha_m|}{1 + |f - \alpha_m|} + \frac{|\alpha_m - f_m|}{1 + |\alpha_m - f_m|},$$

d'où, en multipliant par F et en intégrant,

$$\int \frac{|f-f_m|}{1+|f-f_m|} F\, dV\mu \leqq \frac{2}{m} \to 0$$

quand $m \to \infty$.

Vu b), p. 60, il existe une sous-suite f_{m_k} de f_m telle que

$$g_{m_k} = \frac{|f-f_{m_k}|}{1+|f-f_{m_k}|} F \to 0 \quad \mu\text{-pp},$$

donc telle que

$$|f-f_{m_k}| = \frac{g_{m_k}}{F-g_{m_k}} \to 0 \quad \mu\text{-pp},$$

ce qui établit la proposition.

b) *Les ensembles* $\mathscr{F}$ *considérés en* c), p. 79 *possèdent la propriété d'approximation* μ-pp.

Cela découle immédiatement de b), p. 78.

c) *Si* f *est* μ*-mesurable, pour tout* $\varepsilon > 0$, *il existe* $e \subset \Omega$, μ*-intégrable tel que* $V\mu(e) \leqq \varepsilon$ *et que* f *soit continu dans* $\Omega \setminus e$.

On peut même supposer e ouvert.

En vertu du théorème précédent, il existe une suite φ_m de fonctions continues dans Ω qui convergent μ-pp vers f.

Soit $F > 0$, μ-intégrable et continu dans Ω (cf. p. 77).

Posons

$$\varphi'_m = \frac{F\varphi_m}{1+|\varphi_m|} \quad \text{et} \quad f' = \frac{Ff}{1+|f|}.$$

Comme $\varphi'_m \to f'$ μ-pp et que $|\varphi'_m| \leqq F$, en vertu du théorème de Lebesgue,

$$\int |\varphi'_m - f'|\, dV\mu \to 0$$

si $m \to \infty$.

Des φ'_m, on peut extraire une sous-suite qui converge vers f' uniformément dans $\Omega \setminus e$, e désignant une union dénombrable de semi-intervalles dont la somme des $V\mu$-mesures est inférieure à ε. Cela résulte du critère de Cauchy (cf. p. 54).

Comme les φ'_m sont continus dans Ω, f' est alors continu dans $\Omega \setminus e$, donc aussi

$$f = \frac{f'F}{F-|f'|}.$$

Démontrons qu'on peut supposer e ouvert.

De fait, si e est union des I_m tels que

$$\sum_{m=1}^{\infty} V\mu(I_m) \leqq \varepsilon/2,$$

à chaque I_m, associons I'_m tel que $I_m \subset \overset{\circ}{I'_m}$ et que

$$V\mu(I'_m) \leqq V\mu(I_m) + \varepsilon/2^{m+1}.$$

Alors

$$e \subset e' = \bigcup_{m=1}^{\infty} \overset{\circ}{I'_m}$$

et

$$V\mu(e') \leqq \sum_{m=1}^{\infty} [V\mu(I_m) + \varepsilon/2^{m+1}] \leqq \varepsilon.$$

Au total, e' est un ouvert μ-intégrable de Ω tel que $V\mu(e') \leqq \varepsilon$ et que f soit continu dans $\Omega \setminus e'$, d'où la conclusion.

EXERCICES

1. — Si f est μ-mesurable, il existe une suite α_m de fonctions étagées dans Ω telle que
— $\alpha_m \to f$ μ-pp,
— en tout x où la suite $\alpha_m(x)$ converge, elle converge vers $f(x)$.

Suggestion. Soient α_m tels que $\alpha_m \to f$ μ-pp. L'ensemble des points où $\alpha_m \nrightarrow f$ est μ-négligeable, donc peut être recouvert par des unions dénombrables de semi-intervalles $I_{i,m}$, tels que $\sum_{i=1}^{\infty} V\mu(I_{i,m}) \leqq 2^{-m}$. De plus, on peut supposer que $\bigcup_{i=1}^{\infty} I_{i,m} \subset \bigcup_{i=1}^{\infty} I_{i,m-1}$, pour tout $m > 1$, et que, pour tout m fixé, les $I_{i,m}$ sont deux à deux disjoints.

Posons

$$e = \bigcap_{m=1}^{\infty} \bigcup_{i=1}^{\infty} I_{i,m}$$

et soient J_j les $I_{i,m}$ renumérotés avec un seul indice.

La suite de fonctions étagées β_j, égales à α_j si $x \notin J_j$ et à $(-1)^m$ si $x \in J_j = I_{i,m}$, répond à la question.

De fait, si $x \notin e$, on a $x \notin \bigcup_{i=1}^{\infty} I_{i,m}$ dès que m est assez grand, donc x appartient au plus à un nombre fini de J_j. De là, pour m assez grand, $\beta_m(x) = \alpha_m(x) \to f(x)$.

Si $x \in e$, il existe, pour tout m, un $I_{i,m}$ contenant x. Si $I_{i,m} = J_j$, on a alors $\beta_j(x) = (-1)^m$. Donc la suite $\beta_j(x)$ contient une sous-suite divergente et ne peut converger.

2. — Si f est μ-intégrable, il existe une suite α_m de fonctions étagées dans Ω telles que
— $\alpha_m \to f$ μ-pp,
— en tout x où la suite $\alpha_m(x)$ converge, elle converge vers $f(x)$,
— $\sum_{m=1}^{\infty} \int |\alpha_{m+1} - \alpha_m| \, dV\mu < \infty$.

Suggestion. Soit α_m une suite μ-convenable convergeant μ-pp vers f. On peut en extraire une sous-suite, que nous continuons à noter α_m, telle que

$$\sum_{m=1}^{\infty} \int |\alpha_{m+1} - \alpha_m| \, dV\mu < \infty.$$

Définissons J_m comme dans l'ex. 1. On a

$$\sum_{m=1}^{\infty} V\mu(J_m) < \infty.$$

Il existe alors $\lambda_m \uparrow \infty$ tels que

$$\sum_{m=1}^{\infty} \lambda_m V\mu(J_m) < \infty$$

(cf. par exemple I, p. 269). Posons

$$\beta_m(x) = \begin{cases} \alpha_m(x)/|\alpha_m(x)| & \text{si} \quad \alpha_m(x) \neq 0 \\ 1 & \text{si} \quad \alpha_m(x) = 0 \end{cases}$$

et

$$\gamma_m = \alpha_m + \lambda_m \beta_m \delta_{J_m}.$$

La suite γ_m diverge en tout point où $\alpha_m \not\to f$. En effet, un tel point appartient à une infinité de J_m et, pour les m correspondants, $|\gamma_m(x)| \geqq \lambda_m \to \infty$.

De plus,

$$\sum_{m=1}^{\infty} \int |\gamma_m - \gamma_{m+1}| \, dV\mu \leqq \sum_{m=1}^{\infty} \int |\alpha_m - \alpha_{m+1}| \, dV\mu + 2 \sum_{m=1}^{\infty} \lambda_m V\mu(J_m) < \infty.$$

36. — Examinons à présent l'approximation des ensembles μ-mesurables et μ-intégrables.

a) *Si e est μ-mesurable, pour tout $\varepsilon > 0$, il existe une union dénombrable U de semi-intervalles dans Ω, contenant e et telle que $U \setminus e$ soit μ-intégrable et que $V\mu(U \setminus e) \leqq \varepsilon$.*

Supposons d'abord e μ-intégrable.

Vu b), p. 53, il existe une suite d'ensembles étagés Q_m tels que

$$\int |\delta_e - \delta_{Q_m}| \, dV\mu \to 0$$

si $m \to \infty$. En vertu du critère de Cauchy, pour $\varepsilon > 0$ fixé, il existe U, union dénombrable de semi-intervalles dont la somme des $V\mu$-mesures est inférieure à $\varepsilon/2$ et m_0 tels que

$$\sup_{x \in \Omega \setminus U} |\delta_e - \delta_{Q_{m_0}}| < 1 \quad \text{et} \quad \int |\delta_e - \delta_{Q_{m_0}}| \, dV\mu \leqq \varepsilon/2.$$

Evidemment U est μ-intégrable et $V\mu(U) \leqq \varepsilon/2$. De plus $U \cup Q_{m_0} \supset e$ et

$$V\mu[(U \cup Q_{m_0}) \setminus e] \leqq V\mu(U) + \int |\delta_e - \delta_{Q_{m_0}}| \, dV\mu \leqq \varepsilon.$$

Supposons à présent e μ-mesurable. On sait que Ω est union dénombrable de semi-intervalles I_m. Soit $\varepsilon > 0$ fixé. Pour tout m, il existe U_m, union dénombrable de semi-intervalles dans Ω, contenant $e \cap I_m$, μ-intégrable et tel que

$$V\mu[U_m \setminus (e \cap I_m)] \leqq \varepsilon/2^m.$$

Posons $U = \bigcup_{m=1}^{\infty} U_m$. Comme

$$U \setminus e = \bigcup_{m=1}^{\infty} (U_m \setminus e),$$

où

$$\sum_{m=1}^{\infty} V\mu(U_m \setminus e) \leqq \sum_{m=1}^{\infty} V\mu[U_m \setminus (e \cap I_m)] \leqq \varepsilon,$$

$U \setminus e$ est μ-intégrable et de $V\mu$-mesure inférieure ou égale à ε, d'où la conclusion.

b) *Si e est μ-mesurable, pour tout $\varepsilon > 0$, il existe un ouvert ω μ-intégrable contenant e et tel que $V\mu(\omega \setminus e) \leqq \varepsilon$.*

Soit U une union dénombrable de semi-intervalles I_i dans Ω, contenant e et tel que $V\mu(U \setminus e) \leqq \varepsilon/2$.

A chaque I_i, associons I_i' tel que $I_i \subset \mathring{I}_i'$ et $V\mu(I_i' \setminus I_i) \leqq \varepsilon/2^i$.

Alors

$$\omega = \bigcup_{i=1}^{\infty} \mathring{I}_i'$$

est ouvert et contient U, donc e. L'ensemble $\omega \setminus e$ est μ-intégrable car

$$\delta_{\omega \setminus e} \leqq \delta_{U \setminus e} + \sum_{i=1}^{\infty} \delta_{I_i' \setminus I_i}$$

et on a

$$V\mu(\omega \setminus e) \leqq V\mu(U \setminus e) + \sum_{i=1}^{\infty} V\mu(I_i' \setminus I_i) \leqq \varepsilon.$$

c) *Si e est μ-mesurable* (resp. *μ-intégrable*), *pour tout $\varepsilon > 0$, il existe F fermé* (resp. *compact*) *dans Ω, contenu dans e et tel que $V\mu(e \setminus K) \leqq \varepsilon$.*

Supposons d'abord e μ-mesurable. Il existe un ouvert ω contenant $\Omega \setminus e$, tel que

$$\omega \setminus (\Omega \setminus e) = e \setminus (\Omega \setminus \omega)$$

soit μ-intégrable et de $V\mu$-mesure inférieure ou égale à ε. L'ensemble $\Omega \setminus \omega$ satisfait alors aux conditions de l'énoncé.

Supposons e μ-intégrable. Il existe $e' \subset e$ borné, μ-intégrable et tel que $V\mu(e \setminus e') \leqq \varepsilon/2$. En effet, si les Q_m sont étagés et croissent vers Ω, $e \cap Q_m$ convient pour m assez grand. A cet e', il correspond alors F fermé dans Ω, contenu dans e' et tel que $V\mu(e' \setminus F) \leqq \varepsilon/2$. Comme e' est borné, F est compact si on suppose en outre que $\bar{e}' \subset \Omega$. Or

$$V\mu(e \setminus F) = V\mu(e \setminus e') + V\mu(e' \setminus F) \leqq \varepsilon,$$

d'où la conclusion.

EXERCICES

1. — Si e est μ-intégrable, établir que

$$V\mu(e) = \sup_{K \subset e} V\mu(K) \quad [\text{resp. } \inf_{\omega \supset e} V\mu(\omega)],$$

où K (resp. ω) désigne un compact (resp. un ouvert) arbitraire.

Suggestion. Noter que, pour de tels ensembles, on a $V\mu(K) \leqq V\mu(e)$ [resp. $V\mu(\omega) \geqq V\mu(e)$]. On conclut alors par c) [resp. par b)].

2. — Si f est μ-mesurable, pour tout $\varepsilon > 0$, il existe $e \subset \Omega$ μ-intégrable et tel que $V\mu(e) \leqq \varepsilon$ et que f soit continu dans $\Omega \setminus e$.

Suggestion. Désignons par r les points rationnels de **C**. Les couples (r, m) avec $m = 1, 2, \ldots,$ sont dénombrables; numérotons-les par un seul indice i et posons

$$e_i = \{x : |f(x) - r_i| \geqq 1/m_i\}.$$

Comme e_i est μ-mesurable, il existe F_i fermé dans Ω tel que $e_i \supset F_i$, que $e_i \setminus F_i$ soit μ-intégrable et que $V\mu(e_i \setminus F_i) \leqq \varepsilon/2^i$.

Posons

$$e = \bigcup_{i=1}^{\infty} (e_i \setminus F_i).$$

L'ensemble e est μ-intégrable et tel que $V\mu(e) \leqq \varepsilon$.

De plus, f est continu dans $\Omega \setminus e$. En effet, soient $x_0 \in \Omega \setminus e$ et M donnés. Fixons i tel que $|f(x_0) - r_i| < 1/(2M)$ et que $2M = m_i$. On a alors $x_0 \notin e_i$, donc $x_0 \notin F_i$. De là, pour $x \in \Omega \setminus e$ assez voisin de x_0, on a $x \notin F_i$ d'où $x \notin e_i$ et dès lors

$$|f(x) - r_i| < 1/(2M).$$

Ainsi, pour de tels x,

$$|f(x) - f(x_0)| \leqq |f(x) - r_i| + |f(x_0) - r_i| \leqq 1/M,$$

d'où la continuité de f dans $\Omega \setminus e$.

37. — Les résultats du paragraphe 34 fournissent des critères d'annulation et de positivité de μ.

a) Désignons par $\mathscr{E}$ un quelconque des ensembles suivants:

— l'ensemble des δ_I, I semi-intervalle rationnel (resp. intervalle ouvert, intervalle fermé) tel que $\bar{I} \subset \Omega$,

— l'ensemble des fonctions positives appartenant à $D_\infty(\Omega)$ [resp. l'ensemble des fonctions de $D_\infty(\Omega)$ de la forme $\varphi_1(x_1) \ldots \varphi_n(x_n)$, où $\varphi_i \geqq 0$ et $\varphi_i \in D_\infty(E_1)$ pour tout i].

Si

$$\int f\,d\mu = 0 \quad (\text{resp. } \geqq 0)$$

pour tout $f \in \mathscr{E}$, *alors* $\mu = 0$ (resp. μ *est une mesure positive*).

En effet, pour chacun des $\mathscr{E}$ considérés, pour tout I dans Ω et tout $\varepsilon > 0$, il existe $f \in \rangle \mathscr{E} \langle$ tel que

$$\int |\delta_I - f|\, dV\mu \leqq \varepsilon.$$

De là,

$$|\mu(I)| \leqq \varepsilon \left(\text{resp. } \mu(I) \geqq -\varepsilon\right), \quad \forall \varepsilon \geqq 0,$$

d'où $\mu = 0$ (resp. μ est une mesure positive).

b) *Si* μ *est à support compact dans* Ω *et si*

$$\int x_1^{\nu_1} \dots x_n^{\nu_n}\, d\mu = 0$$

quels que soient $\nu_1, \dots, \nu_n = 1, 2, \dots,$ *alors* $\mu = 0$.

En effet, pour tout polynôme p, on a

$$\int p\, d\mu = 0$$

d'où, par d), p. 79,

$$\mu(I) = 0$$

pour tout I dans Ω.

Fonctions μ-intégrables dans un ensemble de Ω

38. — Soient e un ensemble μ-mesurable et f une fonction définie μ-pp dans e au moins.

Posons

$$f\delta_e = \begin{cases} f & \text{dans } e, \\ 0 & \text{dans } \Omega \setminus e, \end{cases}$$

quoique cette notation commode soit abusive, car elle consiste à admettre que $f\delta_e = 0$ dans $\Omega \setminus e$ où f n'est pas nécessairement défini.

Avec cette notation, on dit que f est *μ-intégrable dans e* si $f\delta_e$ est μ-intégrable.

Notons que *si f est μ-intégrable, f est μ-intégrable dans tout ensemble μ-mesurable.*

En effet, si $e \subset \Omega$ est μ-mesurable, $f\delta_e$ est μ-mesurable et tel que $|f|\delta_e \leqq |f|$.

Si f est μ-intégrable dans e, on appelle *μ-intégrale de f dans e* et on note

$$\int_e f\, d\mu,$$

la μ-intégrale de $f\delta_e$; f est appelé l'*intégrand* et e l'*ensemble d'intégration* de cette intégrale.

Si $e \subset \Omega$ est μ-intégrable, on a visiblement

$$\mu(e) = \int_e d\mu.$$

Dans E_1, on adopte la notation suivante pour les intégrales dans les semi-intervalles:

$$\int_a^b f\,d\mu = \begin{cases} \int_{]a,b]} f\,d\mu & \text{si} \quad a < b, \\ 0 & \text{si} \quad a = b, \\ -\int_{]b,a]} f\,d\mu & \text{si} \quad a > b. \end{cases}$$

Par définition, on a donc

$$\int_a^b f\,d\mu = -\int_b^a f\,d\mu.$$

Avec cette notation, quels que soient $a = a_0, a_1, \ldots, a_{N-1}, a_N = b$ et pour autant que les intégrales considérées aient un sens, on a

$$\int_a^b f\,d\mu = \int_{a_0}^{a_1} f\,d\mu + \cdots + \int_{a_{N-1}}^{a_N} f\,d\mu.$$

Si $N = 3$, la vérification est aisée. On passe au cas général par récurrence.

39. — Dans un même ordre d'idées, voici une définition utile.

On dit que f est *localement μ-intégrable* si $f\delta_I$ est μ-intégrable pour tout I dans Ω ou encore si f est μ-intégrable dans tout I dans Ω.

Toute fonction localement μ-intégrable est μ-mesurable.

De fait, si $\Omega = \bigcup_{i=1}^{\infty} I_i$, les semi-intervalles I_i dans Ω étant deux à deux disjoints,

$$f = \sum_{i=1}^{\infty} f\delta_{I_i}$$

est μ-mesurable.

Une fonction localement μ-intégrable est μ-intégrable dans tout compact de Ω et réciproquement.

La condition est nécessaire. De fait, pour tout compact $K \subset \Omega$, il existe un ensemble étagé Q dans Ω tel que $K \subset Q$. On a donc $|f|\delta_K \leqq |f|\delta_Q$; pour conclure, il suffit de se reporter p. 70 car $|f|\delta_Q$ est μ-intégrable et $f\delta_K$ est μ-mesurable vu que f et δ_K sont μ-mesurables.

La réciproque est immédiate puisque $\bar{I} \subset \Omega$ est compact.

40. — La plupart des propriétés de fonctions μ-intégrables dans e et de leur μ-intégrale sont des corollaires immédiats des propriétés correspondantes des fonctions μ-intégrables.

Mentionnons-les rapidement.

a) Toute combinaison linéaire de fonctions μ-intégrables dans e est μ-intégrable dans e et on a

$$\int_e \left(\sum_{i=1}^N c_i f_i\right) d\mu = \sum_{i=1}^N c_i \int_e f_i \, d\mu.$$

En particulier, si f est μ-intégrable dans $e_1, \ldots, e_N$, il est μ-intégrable dans leur union. De plus, si les e_i sont deux à deux disjoints μ-pp, on a

$$\int_{\bigcup_{i=1}^N e_i} f \, d\mu = \sum_{i=1}^N \int_{e_i} f \, d\mu.$$

b) Si f et μ sont réels,

$$\int_e f \, d\mu$$

est réel.

De là, si μ est réel,

$$\overline{\int_e f \, d\mu} = \int_e \bar{f} \, d\mu,$$

et

$$\left\{\begin{matrix}\mathscr{R}\\ \mathscr{I}\end{matrix}\right\} \int_e f \, d\mu = \int_e \left\{\begin{matrix}\mathscr{R}\\ \mathscr{I}\end{matrix}\right\} f \, d\mu.$$

c) Si f et μ sont positifs,

$$\int_e f \, d\mu$$

est positif.

De là,

— si μ est positif et si f, g sont réels et tels que $f \leqq g$ μ-pp dans e,

$$\int_e f \, d\mu \leqq \int_e g \, d\mu.$$

— si $f_1, \ldots, f_N$ sont réels et μ-intégrables dans e et si

$$e_1 = \left\{x : f_1(x) \left\{\begin{matrix}\geqq\\ \leqq\end{matrix}\right\} f_2(x), \ldots, f_N(x)\right\}$$

et, pour $i = 2, \ldots, n$,

$$e_i = \left\{x : f_i(x) \left\{\begin{matrix}>\\ <\end{matrix}\right\} f_1(x), \ldots, f_{i-1}(x);\ f_i(x) \left\{\begin{matrix}\geqq\\ \leqq\end{matrix}\right\} f_{i+1}(x), \ldots, f_N(x)\right\},$$

alors

$$\begin{Bmatrix}\sup\\ \inf\end{Bmatrix}(f_1, \ldots, f_N) = \sum_{i=1}^{N} f_i \delta_{e_i}$$

est μ-intégrable et on a

$$\int_e \begin{Bmatrix}\sup\\ \inf\end{Bmatrix}(f_1, \ldots, f_N)\, d\mu = \sum_{i=1}^{N} \int_{e_i} f_i\, d\mu.$$

— si μ est positif et f réel et borné μ-pp dans l'ensemble μ-intégrable et non μ-négligeable e, $f\delta_e$ est μ-intégrable et

$$\inf_{\substack{x\in e\\ \mu\text{-pp}}} f(x)\cdot\mu(e) \leqq \int_e f\, d\mu \leqq \sup_{\substack{x\in e\\ \mu\text{-pp}}} f(x)\cdot\mu(e).$$

d) Si f est μ-intégrable dans e, $|f|$ est $V\mu$-intégrable dans e et

$$\left|\int_e f\, d\mu\right| \leqq \int_e |f|\, dV\mu.$$

En particulier, si e est μ-intégrable et non μ-négligeable et si f est borné μ-pp dans e,

$$\left|\int_e f\, d\mu\right| \leqq \sup_{\substack{x\in e\\ \mu\text{-pp}}} |f(x)|\cdot V\mu(e).$$

e) On a

$$\int_e |f|\, dV\mu = 0$$

si et seulement si $f\delta_e = 0$ μ-pp dans e.

En particulier, si $V\mu(e) = 0$ ou si $f = 0$ μ-pp dans e,

$$\int_e f\, d\mu = 0.$$

Ainsi,

$$\int_e f\, d\mu = \int_{e\cap[f]} f\, d\mu.$$

f) Notons enfin que si $\mathscr{F}$ est un ensemble de fonctions qui possède la propriété d'approximation pour μ et si f est μ-intégrable dans e, alors, pour tout $\varepsilon > 0$, il existe $g \in \mathscr{F}$ tel que

$$\int_e |f-g|\, dV\mu \leqq \varepsilon.$$

De fait, il existe $g \in \mathscr{F}$ tel que

$$\int |f\delta_e - g|\, dV\mu \leqq \varepsilon$$

et on a

$$\int_e |f-g|\, dV\mu \leqq \int |f\delta_e - g|\, dV\mu.$$

* g) Si f est μ-mesurable et borné μ-pp, on a

$$\sup_{\mu\text{-pp}} |f| = \sup_{\substack{I \subset \Omega \\ V\mu(I) \neq 0}} \frac{1}{V\mu(I)} \left| \int_I f \, d\mu \right| .$$

De fait, vu a), p. 150, on a

$$|(f \cdot \mu)(I)| \leqq C V\mu(I), \ \forall I \Leftrightarrow V(f \cdot \mu) \leqq C \, V\mu \Leftrightarrow |f| \leqq C \ \mu\text{-pp}.$$

EXERCICE

Soient μ positif, f μ-intégrable et F fermé dans **C**. Si

$$\frac{1}{\mu(e)} \int_e f \, d\mu \in F$$

pour tout e μ-intégrable et non μ-négligeable, alors $f(x) \in F$ μ-pp.

En déduire l'énoncé précédent dans le cas où μ est positif.

Suggestion. L'ensemble $\{x : f(x) \notin F\}$ est μ-négligeable. Il suffit pour cela que, pour tout $z \in \complement F$ et tout $r < d(z, F)$, $e = \{x : |f(x) - z| \leqq r\}$ soit μ-négligeable, car $\complement F$ est union dénombrable de telles boules. Or, si ce n'est pas le cas pour z et r, on a

$$\left| \frac{1}{\mu(e)} \int_e f \, d\mu - z \right| \leqq \frac{1}{\mu(e)} \int_e |f - z| \, d\mu \leqq r,$$

ce qui est absurde.

41. — Pour étudier

$$\lim_m \int_{e_m} f_m \, d\mu$$

et, en particulier,

$$\lim_m \int_{e_m} f \, d\mu \quad \text{et} \quad \lim_m \int_e f_m \, d\mu,$$

on dispose des théorèmes de Levi et de Lebesgue, appliqués à $f_m \delta_{e_m}$.

Signalons dans cette direction quelques théorèmes intéressants.

a) Théorème d'additivité dénombrable

Si f est μ-intégrable dans $e = \bigcup_{m=1}^{\infty} e_m$ et si les e_m sont μ-mesurables et deux à deux disjoints μ-pp, alors

$$\int_e f \, d\mu = \sum_{m=1}^{\infty} \int_{e_m} f \, d\mu.$$

En particulier, si e est μ-intégrable,

$$\mu(e) = \sum_{m=1}^{\infty} \mu(e_m).$$

C'est une simple application du théorème de Lebesgue.

Réciproquement, *si les* e_m *sont* μ*-mesurables, si* f *est* μ*-intégrable dans chaque* e_m *et si la série*

$$\sum_{m=1}^{\infty} \int_{e_m} |f| \, dV\mu$$

converge, alors f *est* μ*-intégrable dans* $\bigcup_{m=1}^{\infty} e_m$.

En particulier, si les e_m *sont* μ*-intégrables et si*

$$\sum_{m=1}^{\infty} V\mu(e_m) < \infty,$$

alors $\bigcup_{m=1}^{\infty} e_m$ *est* μ*-intégrable.*

On peut supposer f réel et positif. Si $f\delta_{e_m}$ est μ-intégrable pour tout m,

$$f\delta_{\bigcup_{i=1}^{m} e_i} = \sup_{i \leqq m} f\delta_{e_i}$$

est aussi μ-intégrable et tend monotonément vers $f\delta_{\bigcup_{i=1}^{\infty} e_i}$. Or

$$\int f\delta_{\bigcup_{i=1}^{m} e_i} \, dV\mu \leqq \sum_{m=1}^{\infty} \int_{e_m} f \, dV\mu < \infty,$$

d'où la conclusion, par le théorème de Levi.

b) Théorème d'absolue continuité

Soit f *une fonction* μ*-intégrable. Si les ensembles* e_m *sont*

— μ*-mesurables et tels que* $e_m \to \varnothing$ μ-pp,

ou bien

— μ*-intégrables et tels que* $V\mu(e_m) \to 0$,

on a

$$\int_{e_m} |f| \, dV\mu \to 0,$$

donc, a fortiori,

$$\int_{e_m} f \, d\mu \to 0$$

si $m \to \infty$.

Si $e_m \to \varnothing$ μ-pp, on a $\delta_{e_m} \to 0$ μ-pp et on applique le théorème de Lebesgue.

Si $V\mu(e_m) \to 0$, en posant $e'_k = \{x : |f(x)| \leqq k\}$, il vient

$$\begin{aligned} \int_{e_m} |f| \, dV\mu &= \int_{e_m \cap e'_k} |f| \, dV\mu + \int_{e_m \cap \complement e'_k} |f| \, dV\mu \\ &\leqq kV\mu(e_m) + \int_{\complement e'_k} |f| \, dV\mu. \end{aligned}$$

Pour k assez grand, la dernière intégrale est majorée par $\varepsilon/2$, en vertu du théorème de Lebesgue. Pour ce k fixé, $V\mu(e_m)\leqq\varepsilon/(2k)$ dès que m est assez grand, d'où la conclusion.

On peut aussi ramener le second cas au premier de la façon suivante.
Si la proposition est fausse, il existe $\varepsilon>0$ et une sous-suite $e_{m'}$ tels que

$$\int_{e_{m'}} |f|\, dV\mu \geqq \varepsilon.$$

Or, comme $V\mu(e_{m'})\to 0$, on peut extraire des $e_{m'}$ une sous-suite qui tend vers $\varnothing$ μ-pp, ce qui est absurde.

c) On peut étendre b) au cas d'une suite de Cauchy pour μ.

Soit f_m une suite de fonctions μ-intégrables de Cauchy pour μ.

Si les e_m sont

— *μ-mesurables et tels que $e_m \to \varnothing$ μ-pp,*

ou bien

— *μ-intégrables et tels que $V\mu(e_m)\to 0$,*

on a

$$\sup_m \int_{e_k} |f_m|\, dV\mu \to 0$$

si $k\to\infty$.

La suite f_m étant de Cauchy pour μ, il existe f μ-intégrable tel que

$$\int |f_m - f|\, dV\mu \to 0,$$

si $m\to\infty$. Il vient donc

$$\int_{e_k} |f_m|\, dV\mu \leqq \int |f-f_m|\, dV\mu + \int_{e_k} |f|\, dV\mu,$$

où le premier terme du second membre est majoré par $\varepsilon/2$ pour $m\geqq M(\varepsilon)$ et où le deuxième terme tend vers 0 si $k\to\infty$, vu b).

De là,

$$\sup_{m\geqq M(\varepsilon)} \int_{e_k} |f_m|\, dV\mu \leqq \varepsilon,$$

pour k assez grand. Or on a aussi

$$\sup_{m< M(\varepsilon)} \int_{e_k} |f_m|\, dV\mu \leqq \varepsilon,$$

pour k assez grand, d'où la conclusion.

d) Le théorème de G. Vitali constitue une réciproque partielle de c) et généralise le théorème de Lebesgue.

Si la suite f_m *de fonctions* μ*-intégrables converge* μ-pp *vers* f *et si*

$$\sup_m \int_{e_k} |f_m|\, dV\mu \to 0$$

pour toute suite d'ensembles μ*-mesurables* $e_k \downarrow \varnothing$ μ-pp, *alors*
— f *est* μ*-intégrable,*
— *on a*

$$\int |f_m - f|\, dV\mu \to 0$$

si $m \to \infty$ *et, en particulier,*

$$\int f_m\, d\mu \to \int f\, d\mu.$$

Etablissons tout d'abord que le théorème de Lebesgue découle du théorème de Vitali.

De fait, si la suite f_m de fonctions μ-intégrables converge μ-pp vers f et s'il existe une fonction μ-intégrable F telle que $|f_m| \leqq F$ μ-pp pour tout m, on a

$$\sup_m \int_{e_k} |f_m|\, dV\mu \leqq \int_{e_k} F\, dV\mu$$

pour tout ensemble μ-mesurable e_k et le second membre tend vers 0 si $e_k \downarrow \varnothing$ μ-pp, par le théorème d'absolue continuité. La suite f_m satisfait donc aux hypothèses du théorème de Vitali.

A présent, établissons le théorème de Vitali.

Il suffit de démontrer que la suite f_m est de Cauchy pour μ. De fait, il existe alors une fonction μ-intégrable g telle que

$$\int |f_m - g|\, dV\mu \to 0$$

et $g = f$ μ-pp car g est limite μ-pp d'une sous-suite de f_m.

Comme il existe une suite Q_m d'ensembles étagés dans Ω qui converge en croissant vers Ω, $\Omega \setminus Q_m \downarrow \varnothing$ μ-pp et, vu les hypothèses, il existe Q, ensemble étagé dans Ω, tel que

$$\sup_m \int_{\Omega \setminus Q} |f_m|\, dV\mu \leqq \varepsilon/6.$$

Pour ce Q fixé, si $f_m \to f$ μ-pp, considérons

$$e_M = \left\{x \in Q : \sup_{m \geqq M} |f_m(x) - f(x)| \geqq \frac{\varepsilon}{6V\mu(Q)+1}\right\}.$$

Les e_M sont μ-mesurables et décroissent μ-pp vers $\varnothing$, d'où pour M assez grand,

$$\sup_m \int_{e_M} |f_m|\, dV\mu \leqq \varepsilon/6.$$

Enfin, de la décomposition

$$f_r - f_s = (f_r - f_s)\delta_{\Omega \setminus Q} + (f_r - f_s)\delta_{e_M} + [(f_r - f) + (f - f_s)]\delta_{Q \setminus e_M},$$

on déduit la majoration

$$\int |f_r - f_s|\, dV\mu \leqq 2 \sup_m \int_{\Omega \setminus Q} |f_m|\, dV\mu + 2 \sup_m \int_{e_M} |f_m|\, dV\mu + \frac{2\varepsilon V\mu(Q)}{6V\mu(Q)+1} \leqq \varepsilon$$

dès que $\inf(r, s)$ est assez grand. D'où la conclusion.

42. — Dans le cas particulier de la mesure de Lebesgue dans E_n, voici un résultat intéressant.

Dans ce qui suit, $B(x, R)$ désigne la boule ouverte ou fermée de centre x et de rayon R.

Si f est localement l-intégrable,

$$\frac{1}{l[B(x, R)]} \int_{B(x, R)} |f(x)-f(y)|\, dy \to 0$$

si $R \to 0+$, pour tout x pris hors d'un ensemble l-négligeable.

En particulier, *si f est localement l-intégrable,*

$$\frac{1}{l[B(x, R)]} \int_{B(x, R)} f(y)\, dy \to f(x)$$

si $R \to 0+$, pour tout x pris hors d'un ensemble l-négligeable.

Démontrons d'abord un lemme.

Soit E l-mesurable contenu dans E_n et soit, pour tout $x \in E$, $b_x = B(x, R_x)$ une boule de centre x. Si la mesure de toute union finie ou dénombrable de boules b_x deux à deux disjointes est majorée par C, alors E est l-intégrable et $l(E) \leqq 3^n C$.

Construisons de proche en proche des boules b_{x_i}, éventuellement en nombre fini, de la manière suivante.

On choisit b_{x_1} tel que

$$R_{x_1} \geqq \frac{1}{2} \sup \{R_x \colon x \in E\}.$$

On note que cette sup existe, car $R_x \leqq [l(b_x)]^{1/n} \leqq C^{1/n}$ pour tout $x \in E$.

Soient $b_{x_1}, \ldots, b_{x_i}$ fixés.

Si b_x rencontre l'union des b_{x_i} quel que soit x, la construction est terminée. Sinon on choisit x_{i+1} tel que

$$R_{x_{i+1}} \geqq \frac{1}{2} \sup \{R_x \colon x \in E;\ b_x \cap b_{x_j} = \varnothing,\ j = 1, \ldots, i\}.$$

On a

$$E \subset \bigcup_{i=1}^{\infty} B(x_i, 3R_{x_i}), \tag{*}$$

si les boules qui figurent au second membre sont prises fermées.

De fait, pour tout $x \in E$, la boule b_x rencontre au moins un des b_{x_i}. En effet, c'est certainement le cas si les b_{x_i} sont en nombre fini. S'il y en a une infinité, $l(b_{x_i}) \to 0$, donc $R_{x_i} \to 0$. Comme b_x ne rencontre pas $b_{x_1}, \ldots, b_{x_i}$, on a $R_x \leqq 2R_{x_{i+1}}$ pour tout i, donc $R_x = 0$, ce qui est absurde. Soit alors b_{x_i}

la première boule que b_x rencontre. On a $R_x \leqq 2R_{x_i}$, d'où $x \in b(x_i, 3R_{x_i})$, ce qui prouve la relation (*).

De (*), on tire que

$$l(E) \leqq \sum_{i=1}^{\infty} l[B(x_i, 3R_{x_i})] \leqq 3^n \sum_{i=1}^{\infty} l[B(x_i, R_{x_i})] \leqq 3^n C,$$

d'où la thèse.

Ceci posé, passons à la démonstration du théorème.

Soit K compact fixé dans E_n.

Montrons d'abord que, pour tout $\varepsilon > 0$, il existe $\eta_\varepsilon > 0$ et $\mathscr{E}_\varepsilon$ tels que $l(\mathscr{E}_\varepsilon) \leqq \varepsilon$ et

$$\frac{1}{l[B(x, R)]} \int_{B(x,R)} |f(y) - f(x)| \, dy \leqq \varepsilon \qquad (*)$$

pour tout $x \in K \setminus \mathscr{E}_\varepsilon$ et tout $R \leqq \eta_\varepsilon$.

Soit $K_\eta = \{x : d(x, K) \leqq \eta\}$. Vu c), p. 79, il existe g continu dans K_η tel que

$$\int_{K_\eta} |f(x) - g(x)| \, dx \leqq \varepsilon^2/3^{n+2}.$$

Pour ce g, on a

$$\frac{1}{l[B(x, R)]} \int_{B(x,R)} |f(y) - f(x)| \, dy$$

$$\leqq \underbrace{|g(x) - f(x)|}_{A} + \underbrace{\frac{1}{l[B(x, R)]} \int_{B(x,R)} |f(y) - g(y)| \, dy}_{B}$$

$$+ \underbrace{\frac{1}{l[B(x, R)]} \int_{B(x,R)} |g(y) - g(x)| dy}_{C}.$$

Evaluons A.

On a $A \leqq \varepsilon/3$ dans $K \setminus \mathscr{E}_1$, où

$$\mathscr{E}_1 = \{x \in K : |g(x) - f(x)| > \varepsilon/3\}$$

est tel que

$$l(\mathscr{E}_1) \leqq \frac{3}{\varepsilon} \int_K |g(x) - f(x)| \, dx \leqq \varepsilon/2.$$

Evaluons B.

On a $B \leqq \varepsilon/3$ dans $K \setminus \mathscr{E}_2$, où

$$\mathscr{E}_2 = \left\{ x \in K : \sup_{R \leqq \eta} \frac{1}{l[B(x, R)]} \int_{B(x,R)} |f(y) - g(y)| \, dy > \varepsilon/3 \right\}.$$

Prouvons que $\mathscr{E}_2$ est l-intégrable et que $l(\mathscr{E}_2) \leqq \varepsilon/2$. Pour cela, notons que

$$\frac{1}{l[B(x, R)]} \int_{B(x, R)} |f(y) - g(y)| \, dy$$

est continu par rapport à R dans $]0, +\infty[$. De là, si $\{R_i : i = 1, 2, \ldots\}$ est dense dans $]0, \eta]$,

$$\sup_{R \leqq \eta} \frac{1}{l[B(x, R)]} \int_{B(x, R)} |f(y) - g(y)| \, dy$$

est égal à

$$\sup_i \frac{1}{l[B(x, R_i)]} \int_{B(x, R_i)} |f(y) - g(y)| \, dy \leqq \varepsilon/3.$$

Le premier membre de cette dernière inégalité est l-mesurable, car les fonctions

$$\frac{1}{l[B(x, R)]} \int_{B(x, R)} |f(y) - g(y)| \, dy$$

sont continues par rapport à x. Donc $\mathscr{E}_2$ est l-mesurable et, de là, l-intégrable.

Pour tout $x \in \mathscr{E}_2$, soit R_x la borne supérieure des $R \leqq \eta$ tels que l'intégrale ci-dessus soit supérieure ou égale à $\varepsilon/3$. Cette borne supérieure est atteinte, vu la continuité de l'intégrale par rapport à R.

Les boules $B(x, R_x)$ vérifient les conditions du lemme: si les $B(x_i, R_{x_i})$ sont deux à deux disjoints,

$$\sum_i l[B(x_i, R_{x_i})] \leqq \frac{3}{\varepsilon} \sum_i \int_{B(x_i, R_{x_i})} |f(y) - g(y)| \, dy$$

$$\leqq \frac{3}{\varepsilon} \int_{K_\eta} |f(y) - g(y)| \, dy \leqq \varepsilon/3^{n+1}.$$

Donc $l(\mathscr{E}_2) \leqq 3^n \varepsilon/3^{n+1} \leqq \varepsilon/2$.

Evaluons C.

On a, pour η_ε convenablement choisi,

$$\frac{1}{l[B(x, R)]} \int_{B(x, R)} |g(y) - g(x)| \, dy \leqq \sup_{\substack{x \in K \\ |x-y| \leqq R}} |g(x) - g(y)| \leqq \varepsilon/3$$

quels que soient $R \leqq \eta_\varepsilon$ et $x \in K$.

Au total, on a donc $A + B + C \leqq \varepsilon$ si $R \leqq \eta_\varepsilon$ et si $x \in K \setminus (\mathscr{E}_1 \cup \mathscr{E}_2)$, où $l(\mathscr{E}_1 \cup \mathscr{E}_2) \leqq l(\mathscr{E}_1) + l(\mathscr{E}_2) \leqq \varepsilon$.

Ceci posé, de (*), on déduit aisément la thèse. Il suffit de noter que, si $R \to 0$

$$\frac{1}{l[B(x, R)]} \int_{B(x, R)} |f(y) - f(x)| \, dy \to 0 \qquad (**)$$

dans $K \setminus \mathscr{E}$, où $\mathscr{E} = \bigcap_{m=1}^{\infty} \bigcup_{k=m}^{\infty} \mathscr{E}_{2^{-k}}$. En effet, si $x \notin \mathscr{E}$, il n'appartient pas à $\mathscr{E}_{2^{-k}}$ dès que k est assez grand, donc

$$\left| \frac{1}{l[B(x, R)]} \int_{B(x, R)} f(y) \, dy - f(x) \right| \leqq 2^{-k}$$

pour R suffisamment petit. Or $\mathscr{E}$ est l-négligeable puisque $\bigcup_{k=m}^{\infty} \mathscr{E}_{2^{-k}}$ est de mesure inférieure à 2^{-m+1}, donc arbitrairement petite pour m assez grand. Au total, la relation (**) est donc vraie l-pp dans K et, comme K est arbitraire, l-pp.

Plus généralement, soient $\varphi_{x,R}$, $(x \in E_n, R > 0)$, *des fonctions positives, l-intégrables et telles que*

$$[\varphi_{x,R}] \subset B(x, R), \quad \int \varphi_{x,R} \, dl = 1 \quad et \quad |\varphi_{x,R}| \leqq CR^{-n}$$

pour tout $x \in E_n$ *et tout* $R > 0$.

Si f est localement l-intégrable, on a

$$f(x) = \lim_{R \to 0+} \int \varphi_{x,R}(y) f(y) \, dy$$

pour tout x pris hors d'un ensemble l-négligeable.

Ainsi, *on peut prendre*

$$\varphi_{x,R} = \frac{1}{l(e_{x,R})} \delta_{e_{x,R}}$$

si $e_{x,R} \subset B(x, R)$ *est l-mesurable et tel que* $l(e_{x,R}) \geqq C \, l[B(x, R)]$ *pour tout* $x \in E_n$ *et tout* $R > 0$.

*De même, *on peut prendre* $\varphi_{x,R}(y) = \varrho_R(x - y)$, *ce qui donne*

$$(f * \varrho_R)(x) \to f(x)$$

pour tout x pris hors d'un ensemble l-négligeable.

De fait, on a

$$\left| \int \varphi_{x,R}(y) f(y) \, dy - f(x) \right| \leqq \int \varphi_{x,R}(y) |f(y) - f(x)| \, dy$$

$$\leqq \frac{C'}{l[B(x, R)]} \int_{B(x, R)} |f(y) - f(x)| \, dy,$$

d'où la conclusion.

Propriétés d'une mesure relativement à ses ensembles intégrables

43. — On peut étendre aux ensembles μ-intégrables la plupart des propriétés de μ et $V\mu$ par rapport aux semi-intervalles dans Ω.

Dans ce paragraphe, e désigne un ensemble μ-intégrable.

a) Additivité dénombrable de la mesure

Pour toute partition $\mathscr{P}(e)$ finie ou dénombrable de e en ensembles μ-mesurables, on a

$$\mu(e) = \sum_{e' \in \mathscr{P}(e)} \mu(e').$$

Cela résulte trivialement du théorème d'additivité dénombrable a), p. 90, appliqué à

$$\int \delta_e \, d\mu.$$

b) Continuité de la mesure

Si les ensembles $e_m \subset e$ sont μ-mesurables pour tout m et si $e_m \to \varnothing$ μ-pp quand $m \to \infty$, alors

$$V\mu(e_m) \to 0,$$

d'où, en particulier,

$$\mu(e_m) \to 0.$$

C'est une conséquence immédiate du théorème de Lebesgue.

c) *On a*

$$V\mu(e) = \sup_{\mathscr{P}(e)} \sum_{e' \in \mathscr{P}(e)} |\mu(e')|,$$

où $\mathscr{P}(e)$ désigne une partition dénombrable ou même finie quelconque de e en sous-ensembles e' μ-mesurables de e.

Si e est étagé, on peut supposer que les e' sont des semi-intervalles.

* *Si e est borélien, on peut les supposer boréliens.*

c') *Dans l'énoncé* c), *on peut remplacer les partitions $\mathscr{P}(e)$ par des ensembles dénombrables ou même finis de sous-ensembles e' de e, μ-mesurables et deux à deux disjoints. On peut même supposer les e' compacts.*

Rappelons que, dans toute partition de e en ensembles μ-mesurables et deux à deux disjoints μ-pp, il n'y a qu'une infinité dénombrable au plus d'ensembles non μ-négligeables, (cf. d), p. 72).

Soit $\varepsilon > 0$ fixé et soit Q étagé tel que

$$V\mu(e \setminus Q) + V\mu(Q \setminus e) = \int |\delta_e - \delta_Q| \, dV\mu \leqq \varepsilon/2.$$

Soit $Q = \bigcup_{i=1}^{N} I_i$ où les I_i sont deux à deux disjoints. Pour tout i, il existe une partition de I_i en des $I_{i,j}$ tels que

$$V\mu(I_i) \leqq \sum_{(j)} |\mu(I_{i,j})| + \varepsilon/(2N).$$

Il vient alors

$$\begin{aligned} V\mu(e) &\leqq V\mu(Q) + V\mu(e \setminus Q) \\ &\leqq \sum_{(i,j)} |\mu(I_{i,j})| + V\mu(e \setminus Q) + \varepsilon/2 \\ &\leqq \sum_{(i,j)} |\mu(I_{i,j} \cap e)| + V\mu(Q \setminus e) + V\mu(e \setminus Q) + \varepsilon/2 \\ &\leqq \sum_{(i,j)} |\mu(I_{i,j} \cap e)| + \varepsilon, \end{aligned}$$

si on note que

$$\sum_{(i,j)} |\mu(I_{i,j} \setminus e)| \leqq V\mu(Q \setminus e).$$

Les ensembles $I_{i,j} \cap e$ et $e \setminus \bigcup_{(i,j)} I_{i,j}$ constituent alors une partition finie de e qui satisfait aux conditions de l'énoncé.

Si e est étagé, on le prend égal à Q.

Si e est borélien, les $I_{i,j} \cap e$ et $e \setminus \bigcup_{(i,j)} I_{i,j}$ sont boréliens.

Passons à c′).

Si on considère des e' μ-mesurables, il découle trivialement de c).

On peut supposer les e' compacts. En effet, soit $\{e_1, \ldots, e_N\}$ une partition finie de e telle que

$$V\mu(e) \leqq \sum_{i=1}^{N} |\mu(e_i)| + \varepsilon/2.$$

Vu c), p. 84, pour tout i, il existe un compact $K_i \subset e_i$ tel que $V\mu(e_i \setminus K_i) \leqq \varepsilon/(2N)$. Alors $\{K_1, \ldots, K_N\}$ répond à la question, puisque

$$|\mu(e_i)| \leqq |\mu(K_i)| + \varepsilon/(2N), \ \forall i.$$

d) *Si e est fini ou dénombrable, on a*

$$V\mu(e) = \sum_{x \in e} |\mu(\{x\})|.$$

En effet, pour toute partition $\mathscr{P}(e)$, on a

$$\sum_{e' \in \mathscr{P}(e)} |\mu(e')| \leqq \sum_{e' \in \mathscr{P}(e)} \sum_{x \in e'} |\mu(\{x\})| = \sum_{x \in e} |\mu(\{x\})|.$$

e) *On a*

$$V\mu(e) \leqq 4 \sup_{e' \subset e} |\mu(e')|$$

et, si μ est réel,

$$V\mu(e) \leqq 2 \sup_{e' \subset e} |\mu(e')|,$$

où les e' sont des sous-ensembles arbitraires de e
— *μ-mesurables,*
— **boréliens,*
— *compacts,*
— *étagés si e est étagé,*
— *ouverts si e est ouvert.*

Sauf dans le dernier cas, cela résulte de c) et de la remarque suivante. Si $e_1, \ldots, e_N \subset e$ sont μ-mesurables et deux à deux disjoints, on a

$$\begin{aligned}
\sum_{k=1}^{N} |\mu(e_k)| &\leqq \sum_{k=1}^{N} |\mathscr{R}\mu(e_k)| + \sum_{k=1}^{N} |\mathscr{I}\mu(e_k)| \\
&\leqq \sum_{k=1}^{N} [\mathscr{R}\mu(e_k)]_+ + \sum_{k=1}^{N} [\mathscr{R}\mu(e_k)]_- + \sum_{k=1}^{N} [\mathscr{I}\mu(e_k)]_+ + \sum_{k=1}^{N} [\mathscr{I}\mu(e_k)]_- \\
&\leqq \mathscr{R}\mu\Big(\bigcup_{\mathscr{R}\mu(e_k)\geqq 0} e_k\Big) - \mathscr{R}\mu\Big(\bigcup_{\mathscr{R}\mu(e_k)<0} e_k\Big) + \mathscr{I}\mu\Big(\bigcup_{\mathscr{I}\mu(e_k)\geqq 0} e_k\Big) - \mathscr{I}\mu\Big(\bigcup_{\mathscr{I}\mu(e_k)<0} e_k\Big) \\
&\leqq 4 \sup_{e' \subset e} |\mu(e')|.
\end{aligned}$$

Si μ est réel, les majorations précédentes se simplifient et on obtient la constante 2 au lieu de 4.

Le cas où e est ouvert exige quelques développements supplémentaires. Quels que soient $e' \subset e$ μ-mesurable et $\varepsilon > 0$, il existe ω ouvert tel que $\omega \supset e'$ et que $V\mu(\omega \setminus e') \leqq \varepsilon$. On a aussi $\omega \cap e \supset e'$ et $V\mu[(\omega \cap e) \setminus e'] \leqq \varepsilon$, donc

$$V\mu(e) \leqq 4 \sup_{\omega \subset e} |\mu(\omega)| + \varepsilon, \quad \forall \varepsilon > 0,$$

et

$$V\mu(e) \leqq 4 \sup_{\omega \subset e} |\mu(\omega)|.$$

f) *On a*

$$V\mu(e) = \sup_{|g| \leqq 1} \left| \int_e g \, d\mu \right|$$

où g désigne une fonction arbitraire
— *étagée ou même étagée sur les semi-intervalles rationnels dans Ω et à coefficients rationnels,*
— *continue et à support compact dans Ω,*
— *indéfiniment continûment dérivable et à support compact dans Ω.*

Pour un tel g, on a visiblement

$$\left| \int g \, d\mu \right| \leqq V\mu(e)$$

si $|g| \leqq 1$ μ-pp.

Inversement, en procédant comme en c), p. 98, on établit que, pour tout $\varepsilon > 0$, il existe des semi-intervalles I_i dans Ω, en nombre fini et deux à deux disjoints, tels que

$$V\mu(e) \leqq \sum_{(i)} |\mu(e \cap I_i)| + \varepsilon.$$

Si on pose $e_i = e \cap I_i$ et

$$\alpha = \sum_{i=1}^{N} e^{-i \arg \mu(e_i)} \delta_{I_i},$$

on a donc

$$V\mu(e) \leqq \left| \int_e \alpha \, d\mu \right| + \varepsilon \leqq \sup_{\substack{|\alpha| \leqq 1 \\ \alpha \text{ étagé}}} \left| \int_e \alpha \, d\mu \right| + \varepsilon,$$

d'où, vu l'arbitraire de $\varepsilon > 0$,

$$V\mu(e) \leqq \sup_{\substack{|\alpha| \leqq 1 \\ \alpha \text{ étagé}}} \left| \int_e \alpha \, d\mu \right|.$$

Pour passer aux autres cas, on note que, si α est étagé et tel que $|\alpha| \leqq 1$, il existe g_ε satisfaisant aux conditions de l'énoncé tel que $\int |\alpha - g_\varepsilon| \, dV\mu \leqq \varepsilon$ et $|g_\varepsilon| \leqq 1$.

g) Théorème des bornes atteintes

Si μ est une mesure réelle, il existe des ensembles μ-mesurables e_s et $e_i \subset e$ tels que

$$\sup_{e' \subset e} \mu(e') = \mu(e_s) \quad \textit{et} \quad \inf_{e' \subset e} \mu(e') = \mu(e_i),$$

où e' désigne un ensemble μ-mesurable arbitraire.

Il existe une suite d'ensembles μ-mesurables $e'_m \subset e$ telle que

$$\mu(e'_m) \to \sup_{e' \subset e} \mu(e')$$

si $m \to \infty$.

Posons

$$\mathscr{E} = \bigcup_{m=1}^{\infty} e'_m.$$

Pour m fixé, les ensembles

$$e_k^{(m)} = \{e'_1 \text{ ou } \mathscr{E} \setminus e'_1\} \cap \ldots \cap \{e'_m \text{ ou } \mathscr{E} \setminus e'_m\}$$

constituent une partition finie $\mathscr{P}_m$ de $\mathscr{E}$. Notons que chaque $e_k^{(m)}$ se partitionne en certains des $e_i^{(m+1)}$.

Posons

$$\mathscr{E}_m = \bigcup_{\mu(e_k^{(m)}) \geqq 0} e_k^{(m)}.$$

Pour $i \leqq m$, on a

$$\mu(e_i') \leqq \mu(\mathscr{E}_m) \leqq \mu(\mathscr{E}_m \cup \mathscr{E}_{m+1}) \leqq \ldots \leqq \mu\left(\bigcup_{j=m}^{\infty} \mathscr{E}_j\right).$$

La première majoration vient du fait que e_i' se partitionne en certains des $e_k^{(m)}$. Pour les majorations suivantes, on note que $\mathscr{E}_m \cup \ldots \cup \mathscr{E}_{m+j}$ se partitionne en $\mathscr{E}_m \cup \ldots \cup \mathscr{E}_{m+j-1}$ et ceux des $e_k^{(m+j)}$ de μ-mesure positive qui sont disjoints de l'union précédente.

De là, quel que soit i,

$$\mu(e_i') \leqq \lim_m \mu\left(\bigcup_{j=m}^{\infty} \mathscr{E}_j\right) = \mu\left(\bigcap_{m=1}^{\infty} \bigcup_{j=m}^{\infty} \mathscr{E}_j\right).$$

Si on pose

$$e_s = \bigcap_{m=1}^{\infty} \bigcup_{j=m}^{\infty} \mathscr{E}_j,$$

on a donc

$$\sup_{e' \subset e} \mu(e') = \lim_i \mu(e_i') \leqq \mu(e_s)$$

et, comme $e_s \subset e$, c'est en fait une égalité.

Pour établir la réalisation de la borne inférieure, on peut soit procéder de façon analogue, soit noter que

$$\inf_{e' \subset e} \mu(e') = \inf_{e' \subset e} \mu(e \setminus e') = \mu(e) - \sup_{e' \subset e} \mu(e') = \mu(e \setminus e_s).$$

h) Remarquons que, en reprenant point par point la démonstration précédente aux notations près, on établit le résultat auxiliaire suivant.

Soient $\mu_1, \ldots, \mu_N$ des mesures réelles et soit e μ_k-intégrable pour tout k. Si $c_1, \ldots, c_N$ sont réels, il existe e_s et $e_i \subset e$ μ_k-intégrables pour tout k, tels que

$$\sup_{e' \subset e} \sum_{i=1}^{N} c_k \mu_k(e') = \sum_{k=1}^{N} c_k \mu_k(e_s) \quad \text{et} \quad \inf_{e' \subset e} \sum_{i=1}^{N} c_k \mu_k(e') = \sum_{k=1}^{N} c_k \mu_k(e_i),$$

où e' est un ensemble arbitraire μ_k-intégrable pour tout k.

Cette forme plus générale deviendra inutile quand on aura étudié les combinaisons linéaires de mesures.

EXERCICES

1. — Si e est μ-intégrable et tel que $\mu(e) = V\mu(e)$, pour tout e' μ-mesurable contenu dans e, on a $\mu(e') = V\mu(e')$.

Suggestion. Démonstration analogue à celle de l'ex. 1, p. 18.

2. — La mesure μ est bornée si et seulement si, pour toute suite de compacts ou d'ensembles étagés $K_m \uparrow \Omega$,

$$\sup_m |\mu(K_m)| < \infty.$$

Suggestion. La condition est visiblement nécessaire.

Démontrons qu'elle est suffisante dans le cas d'ensembles compacts. Soient Q_m étagés dans Ω tels que $\delta_{Q_m} \uparrow \delta_\Omega$. Si μ n'est pas borné, $V\mu(Q_m) \to \infty$. On détermine alors des K_i de proche en proche de la manière suivante. On pose $K_1 = \varnothing$. Si K_{i-1} est déterminé, on choisit m assez grand pour que

$$V\mu(Q_m) > 4[i + V\mu(K_{i-1} \cup \bar{Q}_i)]$$

Vu e), p. 99, dans ce Q_m, il existe K compact tel que

$$|\mu(K)| \geqq i + V\mu(K_{i-1} \cup \bar{Q}_i).$$

Alors $K_i = K \cup K_{i-1} \cup \bar{Q}_i$ est tel que

$$|\mu(K_i)| = |\mu(K \cup K_{i-1} \cup \bar{Q}_i)| \geqq |\mu(K)| - V\mu(K_{i-1} \cup \bar{Q}_i) \geqq i.$$

Pour les K_i ainsi déterminés, on a $K_i \uparrow \Omega$ et la suite $|\mu(K_i)|$ n'est pas bornée, d'où la conclusion.

Dans le cas d'ensembles étagés dans Ω, la démonstration précédente est valable à condition de remplacer $\bar{Q}_i$ par Q_i et compact par étagé dans Ω.

3. — La mesure μ est bornée si et seulement si il existe $C > 0$ tel que $|\mu(Q)| \leqq C$ pour tout ensemble étagé Q dans Ω.

Suggestion. Vu e), p. 99, on a $V\mu(Q) \leqq 4C$ pour tout ensemble Q étagé dans Ω. Il suffit alors d'appliquer le théorème de Levi à une suite $Q_m \uparrow \Omega$ d'ensembles étagés dans Ω.

L'intégrale comme limite d'une somme

44. — Voici deux procédés d'approximation de l'intégrale.

a) Interprétation de A. Cauchy-B. Riemann

Soit f continu et borné dans e μ-intégrable.

Soit d'autre part $\mathcal{P}_m$ une suite de partitions dénombrables de e en ensembles μ-mesurables $e_k^{(m)}$, de diamètre inférieur à ε_m.

Si $x_k^{(m)} \in e_k^{(m)}$ quels que soient m et k, on a

$$\sum_{k=1}^{\infty} f(x_k^{(m)})\, \mu(e_k^{(m)}) \to \int_e f\, d\mu$$

si $\varepsilon_m \to 0$.

Considérons la suite des fonctions

$$\sum_{k=1}^{\infty} f(x_k^{(m)})\, \delta_{e_k^{(m)}}.$$

Elle converge vers $f\delta_e$. En effet, pour tout m, tout $x \in e$ se trouve dans un seul $e_k^{(m)}$ et les valeurs $f(x_k^{(m)})$ des fonctions considérées tendent vers $f(x)$ puisque diam $e_k^{(m)} \to 0$.

De plus, les fonctions considérées sont μ-mesurables et leur module est majoré par la fonction μ-intégrable

$$\sup_{x \in e} |f(x)| \, \delta_e.$$

On conclut alors par le théorème de Lebesgue.

b) Interprétation de H. Lebesgue

Soient f et e μ-intégrables.

Soit d'autre part $\mathscr{P}_m$ une suite de partitions dénombrables de **C** *en semi-intervalles $I_k^{(m)}$ de diamètre inférieur à ε_m.*

Si $c_k^{(m)} \in I_k^{(m)}$ quels que soient m et k, on a

$$\sum_{k=1}^{\infty} c_k^{(m)} \mu(\{x \in e : f(x) \in I_k^{(m)}\}) \to \int_e f \, d\mu$$

si $\varepsilon_m \to 0$.

On considère cette fois les fonctions

$$f_m(x) = \sum_{k=1}^{\infty} c_k^{(m)} \delta_{\{x \in e: f(x) \in I_k^{(m)}\}}.$$

Elles sont μ-mesurables car, quel que soit

$$I =]a, b] \times]a', b'],$$

l'ensemble

$$\{x : f(x) \in I\} = \{x : \mathscr{R} f(x) \in]a, b]\} \cap \{x : \mathscr{I} f(x) \in]a', b']\}$$

est μ-mesurable vu e), p. 74.

De plus, elles convergent μ-pp vers f, en vertu du théorème d'approximation du paragraphe 12, p. 41.

Enfin, dans e, leur module est majoré par une fonction μ-intégrable puisqu'on a

$$|f_m(x)| \leqq |f(x)| + \varepsilon_m \leqq |f(x)| + \delta_e(x)$$

dès que m est assez grand pour que $\varepsilon_m \leqq 1$.

On conclut en appliquant le théorème de Lebesgue.

EXERCICES

1. — Dans l'interprétation de Cauchy-Riemann, on peut supposer que f est seulement continu μ-pp et borné μ-pp dans e. On doit alors choisir dans chaque $e_k^{(m)}$ non μ-négligeable, $x_k^{(m)}$ tel que $|f(x_k^{(m)})|$ soit majoré par la borne supérieure μ-pp de $|f|$ dans e.

Suggestion. Soit e' l'ensemble des points de e où soit f n'est pas continu, soit $|f|$ est supérieur à sa meilleure borne supérieure μ-pp dans e. Cet ensemble est μ-négligeable; on a donc $f\delta_e = f\delta_{e \setminus e'}$ μ-pp. Il suffit alors d'appliquer le théorème à $f\delta_{e \setminus e'}$.

2. — Montrer que, dans l'interprétation de Lebesgue,
— on peut supposer les $c_k^{(m)}$ de la forme $f(x_k^{(m)})$,
— on peut supprimer l'hypothèse que e soit μ-intégrable, à condition de prendre $c_k^{(m)}=0$, chaque fois que $d(0, I_k^{(m)}) \leqq \varepsilon_m$.

Suggestion. Pour le deuxième point, noter que, quels que soient m et k, on a $c_k^{(m)}=0$ ou

$$|c_k^{(m)}| \leqq |f(x)|+\varepsilon_m \leqq 2|f(x)|,$$

pour tout $x \in \{x: f(x) \in I_k^{(m)}\}$, d'où $|f_m(x)| \leqq 2|f(x)|$.

Convergence en mesure

La convergence en mesure, importante dans certaines applications de la théorie de la mesure, n'intervient guère dans cet ouvrage. Elle éclaire cependant d'un jour nouveau certains raisonnements utilisés jusqu'ici. A moins d'être spécialement intéressé, on peut passer les paragraphes 45 à 50.

45. — Soient f_m et f des fonctions μ-mesurables.

La suite f_m *converge en μ-mesure vers* f si, pour tout $\varepsilon > 0$ et tout I dans Ω,

$$V\mu(\{x: |f_m(x)-f(x)| \geqq \varepsilon\} \cap I) \to 0$$

si $m \to \infty$ ou, de manière équivalente, si, pour tout $\varepsilon > 0$ et tout I dans Ω, il existe $N(\varepsilon, I)$ tel que

$$V\mu(\{x: |f_m(x)-f(x)| \geqq \varepsilon\} \cap I) \leqq \varepsilon$$

pour tout $m \geqq N(\varepsilon, I)$.

On dit que f est *limite en μ-mesure* de la suite f_m et on note

$$f_m \to f \ (\mu\text{-mes}).$$

Voici quelques variantes utiles de la définition.

a) *$f_m \to f$ (μ-mes) si et seulement si, pour tout $\varepsilon > 0$ et tout e μ-intégrable,*

$$V\mu(\{x: |f_m(x)-f(x)| \geqq \varepsilon\} \cap e) \to 0$$

quand $m \to \infty$.

b) *Si les K_i sont des compacts tels que $K_i \uparrow \Omega$ et $d(K_i, \complement\Omega) \to 0$, $f_m \to f$* (μ-mes) *si et seulement si*

$$V\mu(\{x: |f_m(x)-f(x)| \geqq 1/i\} \cap K_i) \to 0, \ \forall i,$$

quand $m \to \infty$.

c) *Si μ est borné, $f_m \to f$ (μ-mes) si et seulement si, pour tout $\varepsilon > 0$,*

$$V\mu(\{x: |f_m(x)-f(x)| \geqq \varepsilon\}) \to 0,$$

quand $m \to \infty$.

Pour établir les conditions suffisantes, il suffit de traiter le cas b).

Soient I et $\varepsilon>0$ fixés. Pour i assez grand, on a $I\subset K_i$ et $\varepsilon>1/i$. Il vient alors

$$\{x: |f_m(x)-f(x)|\geqq\varepsilon\}\cap I\subset\{x: |f_m(x)-f(x)|\geqq 1/i\}\cap K_i,$$

donc la $V\mu$-mesure du premier membre tend vers 0 si $m\to\infty$.

Pour établir les conditions nécessaires, il suffit de traiter le cas a).

Soient $\varepsilon>0$ et e μ-intégrable fixés. Il existe Q étagé dans Ω tel que

$$V\mu(e\setminus Q)+V\mu(Q\setminus e)=\int|\delta_e-\delta_Q|\,dV\mu\leqq\varepsilon/4.$$

Partitionnons Q en semi-intervalles $I_1, \ldots, I_N$. Pour m assez grand, on a

$$V\mu(\{x: |f_m(x)-f(x)|\geqq\varepsilon\}\cap I_i)\leqq\varepsilon/(2N),\ \forall i\leqq N.$$

On a alors

$$V\mu(\{x: |f_m(x)-f(x)|\geqq\varepsilon\}\cap e)$$

$$\leqq V\mu(e\setminus Q)+V\mu(Q\setminus e)+\sum_{i=1}^{N}V\mu(\{x: |f_m(x)-f(x)|\geqq\varepsilon\}\cap I_i)\leqq\varepsilon,$$

d'où la conclusion.

d) Voici une conséquence utile de b).

Si f_m converge en μ-mesure, sa limite est unique μ-pp.

En effet, supposons que $f_m\to f$ (μ-mes) et $f_m\to g$ (μ-mes).

On a, pour tous i, m,

$$\{x: |f(x)-g(x)|\geqq 2/i\}$$

$$\subset\{x: |f(x)-f_m(x)|\geqq 1/i\}\cup\{x: |g(x)-f_m(x)|\geqq 1/i\}.$$

De là, avec les notations de b),

$$V\mu(\{x: |f(x)-g(x)|\geqq 2/i\}\cap K_i)$$

$$\leqq V\mu(\{x: |f(x)-f_m(x)|\geqq 1/i\}\cap K_i)+V\mu(\{x: |g(x)-f_m(x)|\geqq 1/i\}\cap K_i).$$

Or, pour m assez grand, le second membre est arbitrairement petit, d'où

$$\{x: |f(x)-g(x)|\geqq 2/i\}\cap K_i$$

est μ-négligeable pour tout i. On conclut en notant que

$$\{x: |f(x)-g(x)|\neq 0\}=\bigcup_{i=1}^{\infty}\{x: |f(x)-g(x)|\geqq 2/i\}\cap K_i$$

est aussi μ-négligeable.

46. — Examinons les propriétés algébriques de la convergence en μ-mesure.

Les fonctions considérées dans ce paragraphe sont supposées μ-mesurables.

a) *Si* $f_i^{(m)} \to f_i$ *(μ-mes) pour* $i=1, \ldots, N$, *on a*

$$\sum_{i=1}^{N} c_i f_i^{(m)} \to \sum_{i=1}^{N} c_i f_i \quad (\mu\text{-mes}),$$

quels que soient $c_1, \ldots, c_N \in \mathbf{C}$.

De fait, quels que soient e μ-intégrable et $\varepsilon > 0$, on a

$$\left\{x : \left| \sum_{i=1}^{N} c_i f_i^{(m)}(x) - \sum_{i=1}^{N} c_i f_i(x) \right| \geqq \varepsilon \right\} \cap e$$

$$\subset \bigcup_{i=1}^{N} \{x : |f_i^{(m)}(x) - f_i(x)| \geqq \varepsilon/(N|c_i|)\} \cap e.$$

b) $f_m \to f$ *(μ-mes) si et seulement si* $\bar{f}_m \to \bar{f}$ *(μ-mes).*

De là, $f_m \to f$ *(μ-mes) si et seulement si* $\mathscr{R} f_m \to \mathscr{R} f$ *(μ-mes) et* $\mathscr{I} f_m \to \mathscr{I} f$ *(μ-mes).*

C'est immédiat.

c) *Si* $f_m \to f$ *(μ-mes), on a* $|f_m| \to |f|$ *(μ-mes).*

Inversement, *si* $|f_m| \to 0$ *(μ-mes), on a* $f_m \to 0$ *(μ-mes).*

De fait,

$$\{x : ||f_m(x)| - |f(x)|| \geqq \varepsilon\} \subset \{x : |f_m(x) - f(x)| \geqq \varepsilon\}$$

et, si $f = 0$, l'inclusion devient une égalité.

De là, *si* f_m *et* f *sont réels,* $f_m \to f$ *(μ-mes) si et seulement si* $(f_m)_+ \to f_+$ *(μ-mes) et* $(f_m)_- \to f_-$ *(μ-mes).*

En particulier, *si les fonctions considérées sont réelles et si* $f_i^{(m)} \to f_i$ *(μ-mes) pour* $i = 1, \ldots, N$,

$$\begin{Bmatrix}\sup\\ \inf\end{Bmatrix} (f_1^{(m)}, \ldots, f_N^{(m)}) \to \begin{Bmatrix}\sup\\ \inf\end{Bmatrix} (f_1, \ldots, f_N) \quad (\mu\text{-mes}).$$

d) *Si* $f_m \to f$ *(μ-mes) et* $g_m \to g$ *(μ-mes), on a* $f_m g_m \to fg$ *(μ-mes).*

Comme

$$f_m g_m - fg = (f_m - f)g + f(g_m - g) + (f_m - f)(g_m - g),$$

il suffit d'établir les deux cas particuliers suivants:

— si f_m, $g_m \to 0$ (μ-mes), alors $f_m g_m \to 0$ (μ-mes),

— si $f_m \to 0$ (μ-mes) et si g est μ-mesurable, alors $f_m g \to 0$ (μ-mes).

D'une part si f_m et $g_m \to 0$ (μ-mes), on a $f_m g_m \to 0$ (μ-mes), car

$$\{x : |f_m(x) g_m(x)| \geqq \varepsilon\} \subset \{x : |f_m(x)| \geqq \sqrt{\varepsilon}\} \cup \{x : |g_m(x)| \geqq \sqrt{\varepsilon}\}.$$

D'autre part, si $f_m \to 0$ (μ-mes) et si g est μ-mesurable, on a

$$\{x : |f_m(x) g(x)| \geqq \varepsilon\} \subset \{x : |g(x)| \geqq M\} \cup \{x : |f_m(x)| \geqq \varepsilon/M\}, \ \forall M.$$

Or l'ensemble $\{x: |g(x)| \geqq M\}$ converge μ-pp vers $\emptyset$ si $M \to \infty$. Dès lors, pour tout semi-intervalle I, on peut fixer M tel que

$$V\mu(\{x: |g(x)| \geqq M\} \cap I) \leqq \varepsilon/2$$

et, pour cet M,

$$V\mu(\{x: |f_m(x)| \geqq \varepsilon/M\} \cap I) \leqq \varepsilon/2$$

pour m assez grand, d'où la conclusion.

e) *Si $f_m \to f$ (μ-mes) et si f_m et f diffèrent de* 0 μ-pp, *alors*

$$\frac{1}{f_m} \to \frac{1}{f} \quad (\mu\text{-mes}).$$

Soient I et $\varepsilon > 0$ fixés. Comme $\{x: f(x) = 0\}$ est μ-négligeable, en vertu du théorème de Levi, on a $V\mu(e_0) \leqq \varepsilon/3$ pour η assez petit si

$$e_0 = \{x: |f(x)| \leqq \eta\} \cap I.$$

Pour cet η, il existe M tel que $V\mu(e_m) \leqq \varepsilon/3$ pour tout $m \geqq M$, si

$$e_m = \{x: |f_m(x) - f(x)| \geqq \eta/2\} \cap I.$$

Or, pour $m \geqq M$, on a

$$\left\{x: \left|\frac{1}{f_m(x)} - \frac{1}{f(x)}\right| \geqq \varepsilon\right\} \cap I \subset e_0 \cup e_m \cup [\{x: |f_m(x) - f(x)| \geqq \varepsilon\eta^2/2\} \cap I],$$

donc

$$V\mu\left(\left\{x: \left|\frac{1}{f_m(x)} - \frac{1}{f(x)}\right| \geqq \varepsilon\right\} \cap I\right) \leqq \varepsilon$$

pour m assez grand.

f) *Si $f_m \to f$ (μ-mes) et si $f_{m,k} \to f_m$ (μ-mes) pour tout m, il existe une suite $k(m)$ telle que $f_{m,k(m)} \to f$ (μ-mes).*

Soient K_i des compacts croissant vers Ω tels que $d(K_i, \complement\Omega) \to 0$.

Pour tout m, soit $k(m)$ tel que

$$V\mu(\{x: |f_m(x) - f_{m,k(m)}(x)| \geqq 1/m\} \cap K_m) \leqq 1/m.$$

Vu b), p. 105, on a alors

$$f_m - f_{m,k(m)} \to 0 \quad (\mu\text{-mes}),$$

d'où la conclusion.

EXERCICE

On a $f_m \to f$ (μ-mes) si et seulement si, de toute sous-suite des f_m, on peut extraire une nouvelle sous-suite qui converge en μ-mesure vers f.

47. — Etudions les relations entre la convergence en μ-mesure et la convergence μ-pp.

Si la suite f_m de fonctions μ-mesurables converge μ-pp vers f, elle converge en μ-mesure vers f.

Comme f est μ-mesurable, quitte à considérer la suite $f_m - f$, on peut supposer que la suite converge μ-pp vers 0.

Pour tout $\varepsilon > 0$, si

$$e_m = \{x\colon |f_m(x)| \geqq \varepsilon\},$$

on a

$$\bigcup_{m=k}^{\infty} e_m \downarrow \bigcap_{k=1}^{\infty} \bigcup_{m=k}^{\infty} e_m,$$

où le second membre est contenu dans $\{x\colon f_m(x) \not\to 0\}$, donc est μ-négligeable. Il résulte donc du théorème de Levi que, pour tout e μ-intégrable,

$$V\mu\left[\left(\bigcup_{m=k}^{\infty} e_m\right) \cap e\right] \to 0$$

si $k \to \infty$, d'où la conclusion.

La réciproque est fausse.

Cela résulte de l'exemple de la page 47.

48. — La suite de fonctions μ-mesurables f_m est *de Cauchy en μ-mesure* si, pour tout $\varepsilon > 0$ et tout I dans Ω,

$$V\mu(\{x\colon |f_r(x) - f_s(x)| \geqq \varepsilon\} \cap I) \to 0$$

si $\inf(r, s) \to \infty$ ou, de manière équivalente, si, pour tout $\varepsilon > 0$ et tout I dans Ω, il existe $N(\varepsilon, I)$ tel que

$$V\mu(\{x\colon |f_r(x) - f_s(x)| \geqq \varepsilon\} \cap I) \leqq \varepsilon$$

pour tous $r, s \geqq N(\varepsilon, I)$.

On démontre comme p. 105, qu'*on peut prendre au lieu de I dans Ω,*

— *tout e μ-intégrable,*

— *$e = K_1, K_2, \ldots$ où les K_i sont des compacts croissant vers Ω, tels que $d(K_i, \complement\Omega) \to 0$,*

— *$e = \Omega$ si μ est borné.*

49. — a) *Si la suite f_m de fonctions μ-mesurables converge en μ-mesure, f_m est de Cauchy en μ-mesure.*

En effet, si $f_m \to f$ (μ-mes),

$$\{x: |f_r(x)-f_s(x)| \geqq \varepsilon\}$$

$$\subset \{x: |f_r(x)-f(x)| \geqq \varepsilon/2\} \cup \{x: |f_s(x)-f(x)| \geqq \varepsilon/2\},$$

et les intersections avec tout semi-intervalle I dans Ω des ensembles du second membre sont de $V\mu$-mesure arbitrairement petite pour r, s assez grands.

b) Critère de Cauchy pour la convergence en μ-mesure

Si la suite f_m de fonctions μ-mesurables est de Cauchy en μ-mesure,
— on peut en extraire une sous-suite qui converge μ-pp vers f,
— la suite f_m converge en μ-mesure vers f.

Démontrons d'abord qu'on peut extraire des f_m une sous-suite qui converge μ-pp.

Soient $K_i \uparrow \Omega$, compacts et tels que $d(K_i, \complement\Omega) \to 0$. Pour tout $\varepsilon > 0$ et tout i on a

$$V\mu(\{x: |f_r(x)-f_s(x)| \geqq \varepsilon\} \cap K_i) \leqq \varepsilon$$

pour r, s assez grands.

On peut alors déterminer de proche en proche une sous-suite f_{m_k} des f_m et une suite d'ensembles μ-intégrables e_k tels que

$$|f_{m_k}(x) - f_{m_{k+1}}(x)| \leqq 2^{-k}, \quad \forall x \in K_k \setminus e_k,$$

et que $V\mu(e_k) \leqq 2^{-k}$.

Posons

$$U_k = \bigcup_{m \geqq k} e_m.$$

Les U_k sont μ-intégrables et tels que $V\mu(U_k) \leqq 2^{-k+1}$. Leur intersection e est alors μ-négligeable et la suite f_{m_k} converge hors de e, car, si $x \notin e$, pour k assez grand, on a $x \in K_k$ et $x \notin U_k$, d'où, si $s \geqq r$,

$$|f_{m_r}(x) - f_{m_s}(x)| \leqq \sum_{i=r}^{s-1} |f_{m_i}(x) - f_{m_{i+1}}(x)| \leqq 2^{-r+1} \to 0$$

si $r \to \infty$.

La suite f_{m_k} converge donc μ-pp et, vu un théorème précédent (cf. p. 109), elle converge en μ-mesure.

Soit f sa limite. La suite f_m converge en μ-mesure vers f.

De fait, pour tout $\varepsilon > 0$ et tout e μ-intégrable,

$$V\mu(\{x: |f_m(x)-f(x)| \geqq \varepsilon\} \cap e)$$

$$\leqq V\mu(\{x: |f_m(x)-f_{m_k}(x)| \geqq \varepsilon/2\} \cap e) + V\mu(\{x: |f_{m_k}(x)-f(x)| \geqq \varepsilon/2\} \cap e).$$

Pour k assez grand, le dernier terme est arbitrairement petit. De même, pour m et m_k assez grands, le premier terme du second membre est arbitrairement petit, d'où la conclusion.

50. — Examinons à présent les relations entre la convergence en mesure et la convergence des intégrales.

a) *Si* f_m *et* f *sont* μ*-intégrables et si*

$$\int |f_m - f| \, dV\mu \to$$

quand $m \to \infty$, *alors* f_m *converge en* μ*-mesure vers* f.

De fait, quel que soit $\varepsilon > 0$, on a

$$\varepsilon \delta_{\{x: |f_m(x) - f(x)| \geqq \varepsilon\}} \leqq |f_m(x) - f(x)|,$$

d'où

$$V\mu(\{x: |f_m(x) - f(x)| \geqq \varepsilon\}) \leqq \frac{1}{\varepsilon} \int f_m - f| \, dV\mu \to 0$$

si $m \to \infty$.

Proposition analogue pour les suites de Cauchy.

b) Théorème de H. Lebesgue pour la convergence en μ-mesure

Si les f_m *sont* μ*-intégrables, convergent en* μ*-mesure vers* f *et sont majorés en module par une fonction* μ*-intégrable fixe, alors* f *est* μ*-intégrable et*

$$\int |f_m - f| \, dV\mu \to 0$$

si $m \to \infty$.

Il existe une sous-suite des f_m qui converge μ-pp vers f, d'où, par le théorème de Lebesgue, f est μ-intégrable.

De plus, si

$$\int |f_m - f| \, dV\mu \not\to 0,$$

il existe une sous-suite $f_{m'}$ et $\varepsilon > 0$ tels que

$$\int |f_{m'} - f| \, dV\mu \geqq \varepsilon, \ \forall m'.$$

Or, des $f_{m'}$, on peut extraire une sous-suite $f_{m''} \to f$ μ-pp, d'où

$$\int |f_{m''} - f| \, dV\mu \to 0,$$

ce qui est absurde.

c) Théorème de G. Vitali pour la convergence en μ-mesure

Si la suite f_m de fonctions μ-intégrables converge en μ-mesure vers f et si

$$\sup_m \int_{e_k} |f_m| \, dV\mu \to 0$$

pour toute suite d'ensembles μ-mesurables $e_k \downarrow \varnothing$ μ-pp, alors
— f est μ-intégrable,
— on a

$$\int |f_m - f| \, dV\mu \to 0,$$

si $m \to \infty$ et, en particulier,

$$\int f_m \, d\mu \to \int f \, d\mu.$$

Si

$$\int |f_m - f| \, dV\mu \not\to 0,$$

il existe une sous-suite $f_{m'}$ et $\varepsilon > 0$ tels que

$$\int |f_{m'} - f| \, dV\mu \geqq \varepsilon, \quad \forall m'.$$

Comme $f_{m'} \to f$ (μ-mes), on peut extraire une sous-suite $f_{m''} \to f$ μ-pp, d'où, par le théorème de Vitali (cf. d), p. 92),

$$\int |f_{m''} - f| \, dV\mu \to 0,$$

ce qui est absurde.

EXERCICE

Soit $F > 0$ μ-intégrable. Posons

$$d(f, g) = \int \frac{|f-g|}{1+|f-g|} F \, dV\mu$$

quels que soient f et g μ-mesurables.

Etablir que
— $d(f, g) = 0$ si et seulement si $f = g$ μ-pp,
— $d(f, g) = d(g, f)$ quels que soient f et g μ-mesurables,
— $d(f, g) \leqq d(f, h) + d(h, g)$ quels que soient f, g, h μ-mesurables,
— $d(f, f_m) \to 0$ si et seulement si $f_m \to f$ (μ-mes).

Si μ est borné, même énoncé pour

$$d'(f, g) = \inf \{\lambda \geqq 0 : V\mu(\{x : |f(x) - g(x)| \geqq \lambda\}) \leqq \lambda\}.$$

Suggestion. Démontrons la dernière propriété de d. Les autres sont faciles à établir (cf. par exemple I, ex. p. 34).

Supposons que $d(f, f_m) \to 0$. De toute sous-suite f'_m de f_m, on peut extraire une nouvelle sous-suite f''_m telle que

$$\frac{|f - f''_m|}{1 + |f - f''_m|} F \to 0 \quad \mu\text{-pp}$$

donc telle que $f''_m \to f$ μ-pp. On a alors $f''_m \to f$ (μ-mes) et on conclut par l'ex. p. 108.

Inversement, si $f_m \to f$ (μ-mes), par le théorème de Lebesgue (cf. b), p. 111), on a $d(f_m, f) \to 0$.

Le cas de $d'(f, g)$ est trivial.

III. FONCTIONS ET ENSEMBLES BORÉLIENS

Fonctions boréliennes

Dans ce chapitre, on appelle *plus petit ensemble* de fonctions ou de sous-ensembles de Ω qui possède des propriétés données, l'intersection de tous les ensembles qui possèdent ces propriétés, pour autant que cette intersection les possède aussi, ce qui sera le cas dans tous les exemples considérés.

1. — On désigne par $\mathscr{F}$ le plus petit ensemble de fonctions qui contienne
— les fonctions étagées,
— les limites de ses suites ponctuellement convergentes.

Les éléments de $\mathscr{F}$ sont appelés *fonctions boréliennes.*

Les fonctions boréliennes sont donc caractérisées par les trois propriétés suivantes:

a) *toute fonction étagée est borélienne,*

b) *la limite d'une suite ponctuellement convergente de fonctions boréliennes est borélienne,*

c) *tout ensemble de fonctions qui contient les fonctions étagées et les limites de ses suites ponctuellement convergentes contient les fonctions boréliennes.*

Signalons immédiatement que les constantes sont des fonctions boréliennes, car, si $Q_m \uparrow \Omega$, on a

$$C = \lim_m C\delta_{Q_m}.$$

2. — Passons à l'étude des propriétés des fonctions boréliennes.

a) *Toute combinaison linéaire de fonctions boréliennes est borélienne.*

Pour cela, montrons que
— si f est borélien et si $c \in \mathbf{C}$, alors cf est borélien.
— si f et g sont boréliens, alors $f+g$ est borélien.

Le premier point est immédiat car, pour tout $c \in \mathbf{C}$, $\{f\colon cf \in \mathscr{F}\}$ contient visiblement les fonctions étagées et les limites de ses suites ponctuellement convergentes.

Pour le second point, notons d'abord que l'ensemble

$$\{f\colon f+\alpha \in \mathscr{F},\ \forall \alpha \text{ étagé}\}$$

contient les fonctions étagées et les limites de ses suites ponctuellement convergentes, donc contient les fonctions boréliennes.

Ceci posé,

$$\{g\colon f+g \in \mathscr{F},\ \forall f \in \mathscr{F}\}$$

contient aussi les fonctions étagées et les limites de ses suites ponctuellement convergentes, donc contient les fonctions boréliennes.

b) *Si f est borélien, $\bar{f}$ est borélien.*

En particulier, *f est borélien si et seulement si $\mathcal{R}f$ et $\mathcal{I}f$ le sont.*

En effet,

$$\{f : \bar{f} \in \mathcal{F}\}$$

contient les fonctions boréliennes, vu c), p. 113.

Le second point résulte alors de a).

c) *Si f est borélien, $|f|$ est borélien.*

De là, *f réel est borélien si et seulement si f_+ et f_- le sont.*

Plus généralement, *si $f_1, \ldots, f_N$ sont boréliens et réels,*

$$\left\{\begin{matrix}\sup\\ \inf\end{matrix}\right\}(f_1, \ldots, f_N)$$

est borélien.

Les démonstrations sont analogues à celles de b).

d) *Tout produit fini de fonctions boréliennes est borélien.*

Il suffit de le démontrer pour le produit de deux fonctions.

Pour cela, notons d'abord que le produit d'une fonction borélienne f par une fonction α étagée dans Ω est borélien. En effet,

$$\{f : f\alpha \in \mathcal{F}, \ \forall\ \alpha \text{ étagé}\}$$

contient les fonctions boréliennes, vu c), p 113.

Ceci posé,

$$\{g : fg \in \mathcal{F}, \ \forall f \in \mathcal{F}\}$$

contient les fonctions boréliennes, vu c), p. 113.

e) Vu b), p. 113, on peut étendre les propriétés précédentes en y faisant intervenir des suites.

Ainsi,

— *toute série ponctuellement convergente de fonctions boréliennes est borélienne.*

— *tout produit dénombrable de fonctions boréliennes est borélien s'il converge ponctuellement.*

— *toute enveloppe supérieure ou inférieure d'une suite de fonctions boréliennes est borélienne si elle est définie.*

3. — Il est intéressant de caractériser l'ensemble des fonctions boréliennes bornées et à support compact.

Le plus petit ensemble de fonctions définies dans Ω qui contienne
— les fonctions étagées dans Ω,
— les limites des suites convergentes de ses éléments bornés par une même constante et nuls hors d'un même ensemble étagé dans Ω,
est l'ensemble des fonctions boréliennes bornées à support compact dans Ω.

Soit Φ ce plus petit ensemble. Il est visiblement contenu dans l'ensemble des fonctions boréliennes bornées et à support compact dans Ω.

Inversement, soit f borélien, nul hors de Q étagé et tel que $|f(x)| \leqq C$ pour tout $x \in \Omega$. Posons

$$g^* = \left[g\delta_{\{x:|g(x)|\leqq C\}} + \frac{C^2}{\bar{g}}\,\delta_{\{x:|g(x)|>C\}} \right] \delta_Q$$

et considérons l'ensemble

$$\{g: g^* \in \Phi\}.$$

Il contient les fonctions étagées dans Ω.

Il contient les limites de ses suites ponctuellement convergentes. En effet, soit $g_m \to g$.

Il est trivial que $|g_m^*| \leqq C$. En effet, si $|g_m| > C$, on a

$$|C^2/\bar{g}_m| = C^2/|g_m| \leqq C.$$

Il suffit donc de montrer que $g_m^* \to g^*$. En effet, on aura alors $g^* \in \Phi$.

Soit donc $g_m \to g$;

— dans $\{x: |g(x)| < C\} \cap Q$, on a $|g_m| < C$ pour m assez grand et

$$g_m^* = g_m \to g,$$

— dans $\{x: |g(x)| > C\} \cap Q$, on a $|g_m| > C$ pour m assez grand et

$$g_m^* = C^2/\bar{g}_m \to C^2/\bar{g},$$

— dans $\{x: |g(x)| = C\} \cap Q$, g_m^* est égal à g_m ou à $C^2/\bar{g}_m$ qui tendent respectivement vers g ou $C^2/\bar{g}$, égaux puisque $|g| = C$.

Au total,

$$g_m^* \to \left[g\delta_{\{x:|g(x)|\leqq C\}} + \frac{C^2}{\bar{g}}\,\delta_{\{x:|g(x)|>C\}} \right] \delta_Q = g^*.$$

Donc l'ensemble considéré contient les fonctions boréliennes.

Dès lors, comme $f = f^*$, on a $f \in \Phi$.

EXERCICES

1. — L'ensemble des fonctions boréliennes est le plus petit ensemble de fonctions qui contienne

— δ_I pour tout semi-intervalle I dans Ω,

— les combinaisons linéaires de ses éléments,
— les limites des suites croissantes et ponctuellement convergentes de ses éléments positifs.

Suggestion. Appelons $\mathscr{F}'$ cet ensemble. Vu a), p. 113, $\mathscr{F}$ est du type proposé, donc il contient $\mathscr{F}'$.

Pour établir l'inclusion inverse, introduisons l'ensemble $\mathscr{F}''$, qui est le plus petit ensemble de fonctions qui contienne
— les fonctions étagées,
— $i^k f$, quels que soient $f \in \mathscr{F}''$ et $k=1, 2, 3$,
— $\lim\limits_m f_m$ si $f_m \in \mathscr{F}''$ converge ponctuellement et si $f_{m+1}-f_m \geqq 0$ pour tout m.

On a visiblement $\mathscr{F}' \supset \mathscr{F}''$.

Etablissons que $f \in \mathscr{F}''$ si et seulement si $(\mathscr{R}f)_\pm$ et $(\mathscr{I}f)_\pm \in \mathscr{F}''$.

Pour la condition suffisante, il suffit de prouver que $\mathscr{F}''$ contient les sommes de ses éléments. Or, vu la définition de $\mathscr{F}''$, on a successivement

$$\{f: f+\alpha \in \mathscr{F}'', \ \forall \alpha \text{ étagé}\} \supset \mathscr{F}''$$

et

$$\{f: f+g \in \mathscr{F}'', \ \forall g \in \mathscr{F}''\} \supset \mathscr{F}''.$$

Pour la condition nécessaire, on note que

$$\{f: (\mathscr{R}f)_\pm, (\mathscr{I}f)_\pm \in \mathscr{F}''\} \supset \mathscr{F}''.$$

C'est trivial, si on remarque que, si $f_m \to f$ avec $f_{m+1}-f_m \geqq 0$ pour tout m, on a

$$\mathscr{I}f_m = \mathscr{I}f, \ \forall m; \quad (\mathscr{R}f_m)_+ \uparrow (\mathscr{R}f)_+ \quad \text{et} \quad -(\mathscr{R}f_m)_- \uparrow -(\mathscr{R}f)_-.$$

Il est alors immédiat que, quels que soient $f_1, \ldots, f_N$ réels appartenant à $\mathscr{F}''$, on a aussi

$$\left\{\begin{matrix}\sup\\ \inf\end{matrix}\right\}(f_1, \ldots, f_N) \in \mathscr{F}''.$$

Démontrons à présent que $\mathscr{F}'' \supset \mathscr{F}$. C'est le cas si tout f, limite d'une suite ponctuellement convergente $f_m \in \mathscr{F}''$, appartient à $\mathscr{F}''$. Vu la remarque précédente, on peut même supposer les f_m réels et positifs. On a alors successivement

$$f_m^{(k)} = \inf(f_m, k\delta_{Q_k}) \in \mathscr{F}'',$$

où $Q_m \uparrow \Omega$, appartient à $\mathscr{F}''$, puis

$$\sup_{m \geqq M} f_m^{(k)} = \lim_N \sup_{N \geqq m \geqq M} f_m^{(k)} \in \mathscr{F}'',$$

$$f^{(k)} = \inf(f, k\delta_{Q_k}) = -\lim_M \left[-\sup_{m \geqq M} f_m^{(k)}\right] \in \mathscr{F}'',$$

et

$$f = \lim_k f^{(k)} \in \mathscr{F}'',$$

d'où la conclusion.

2. — Soit M un ensemble de mesures dans Ω.

L'ensemble des fonctions boréliennes μ-intégrables pour tout $\mu \in M$ est le plus petit ensemble de fonctions qui contienne
— les fonctions étagées,
— les limites de ses suites ponctuellement convergentes et majorées en module par une fonction fixe μ-intégrable pour tout $\mu \in M$.

Suggestion. Appelons $\mathscr{F}'_M$ ce plus petit ensemble et $\mathscr{F}_M$ l'ensemble des fonctions boréliennes μ-intégrables pour tout $\mu \in M$.

Comme $\mathscr{F}_M$ satisfait aux conditions proposées, il contient $\mathscr{F}'_M$.

Pour établir l'inclusion inverse, on note d'abord que, vu le paragraphe 3, p. 114, $\mathscr{F}'_M$ contient les fonctions boréliennes bornées et à support compact dans Ω.

Cela étant, soient $Q_m \uparrow \Omega$ des ensembles étagés dans Ω. Si f est borélien et μ-intégrable pour tout $\mu \in M$, f est limite de la suite

$$f_m = f\delta_{\{x:|f(x)| \leqq m\} \cap Q_m},$$

majorée en module par la fonction $|f|$ μ-intégrable pour tout $\mu \in M$, donc $f \in \mathscr{F}'_M$.

3. — Soit M un ensemble de mesures dans Ω. L'ensemble des fonctions boréliennes μ-intégrables pour tout $\mu \in M$ est le plus petit ensemble de fonctions qui contienne
— δ_I pour tout I dans Ω,
— les combinaisons linéaires de ses éléments,
— les limites des suites croissantes et ponctuellement convergentes de ses éléments positifs f_m tels que $\sup_m \int f_m \, dV\mu < \infty$ pour tout $\mu \in M$.

Suggestion. Appelons $\mathscr{F}'_M$ ce plus petit ensemble et $\mathscr{F}_M$ l'ensemble des fonctions boréliennes μ-intégrables pour tout $\mu \in M$.

Comme $\mathscr{F}_M$ satisfait aux conditions proposées, on a $\mathscr{F}'_M \supset \mathscr{F}_M$.

Pour établir l'inclusion inverse, on introduit $\mathscr{F}''_M$, qui est le plus petit ensemble de fonctions qui contienne
— les fonctions étagées,
— $i^k f$, quels que soient $f \in \mathscr{F}''_M$ et $k=1, 2, 3$,
— $\lim_m f_m$, si $f_m \in \mathscr{F}''_M$ converge ponctuellement, si $f_{m+1} - f_m \geqq 0$ pour tout m et si

$$\sup_m \int (f_m - f_1) \, dV\mu < \infty, \ \forall \mu \in M.$$

En reprenant point par point la démonstration de l'ex. 1, on établit que $\mathscr{F}'_M \supset \mathscr{F}''_M \supset \mathscr{F}_M$, en utilisant la caractérisation de $\mathscr{F}_M$ donnée par l'ex. 2. D'où la conclusion.

Ensembles boréliens

4. — On appelle ensemble *borélien* tout ensemble dont la fonction caractéristique est borélienne.

On désigne par $\mathscr{E}$ l'ensemble des ensembles boréliens.

Signalons immédiatement que *Ω est borélien.*

Les propriétés des ensembles boréliens par rapport aux opérations de la théorie des ensembles sont les suivantes.

a) *Le complémentaire d'un ensemble borélien est borélien.*

b) *Toute union finie ou dénombrable d'ensembles boréliens est borélienne.*

c) *Toute intersection finie ou dénombrable d'ensembles boréliens est borélienne.*

Les démonstrations sont analogues à celles du paragraphe 30, p. 72.

En effet,

$$\delta_{\Omega \setminus e} = \delta_{\Omega} - \delta_e,$$

$$\delta_{\bigcup_{m=1}^{\infty} e_m} = \sup_m \delta_{e_m}$$

et

$$\delta_{\bigcap_{m=1}^{\infty} e_m} = \inf_m \delta_{e_m}.$$

5. — Voici quelques exemples d'ensembles boréliens.

Nous omettons les démonstrations quand elles sont analogues à celles du paragraphe 31, p. 73.

a) *Tout point de Ω est borélien.*

b) *Tout ouvert de Ω et toute intersection d'un fermé de E_n avec Ω sont boréliens.*

c) *Tout ensemble défini par un nombre fini ou une infinité dénombrable de relations d'égalité ou d'inégalité entre fonctions boréliennes (supposées réelles quand c'est nécessaire) est borélien.*

Voici une variante de la démonstration de c).

On se ramène d'abord à démontrer que $\{x : f(x) \left\{\begin{smallmatrix}\geqq \\ >\end{smallmatrix}\right\} 0\}$ est borélien pour tout f borélien et réel.

Pour cela, il suffit que

$$\left\{f : \left\{x : \mathscr{R}f(x) \left\{\begin{matrix}\geqq \\ >\end{matrix}\right\} 0\right\} \in \mathscr{E}\right\}$$

contienne $\mathscr{F}$.

Or, il contient les fonctions étagées et, si f_m converge ponctuellement vers f,

$$\{x : \mathscr{R}f(x) \geqq 0\} = \bigcap_{i=1}^{\infty} \bigcup_{k=1}^{\infty} \bigcap_{m \geqq k} \left\{x : \mathscr{R}f_m(x) > -\frac{1}{i}\right\}$$

et

$$\{x : \mathscr{R}f(x) > 0\} = \bigcap_{i=1}^{\infty} \bigcup_{k=1}^{\infty} \bigcap_{m \geqq k} \left\{x : \mathscr{R}f_m(x) \geqq \frac{1}{i}\right\},$$

d'où la conclusion.

Réciproquement, si f est réel et tel que

$$\{x : f(x) < C\}$$

soit borélien quel que soit C appartenant à E_1 ou à un ensemble dense dans E_1, alors f est borélien.

Même proposition pour

$$\{x : f(x) \leqq C\}, \{x : f(x) > C\} \quad \text{et} \quad \{x : f(x) \geqq C\}.$$

d) *L'ensemble des points où une suite de fonctions boréliennes converge vers une fonction borélienne est borélien.*

e) *L'ensemble des points où une suite de fonctions boréliennes converge est borélien.*

6. — Voici maintenant quelques exemples de fonctions boréliennes.

a) *Toute fonction continue dans un ensemble borélien est borélienne si on la prolonge par* 0 *hors de l'ensemble.*

Soit f une fonction continue dans l'ensemble borélien e et soient

$$\{e_k^{(m)} : k = 1, 2, \ldots\}, \qquad (m = 1, 2, \ldots),$$

des partitions de e en ensembles boréliens de diamètre inférieur à $1/m$, obtenues en prenant, par exemple, les intersections de e avec des semi-intervalles convenables.

Fixons $x_{m,k} \in e_k^{(m)}$, pour tous m, k.

Alors,

$$\sum_{k=1}^{\infty} f(x_k^{(m)})\, \delta_{e_k^{(m)}}(x) \to \begin{cases} f(x) & \text{si } x \in e, \\ 0 & \text{sinon,} \end{cases}$$

si $m \to \infty$, d'où la conclusion.

b) *Si $f_1, \ldots, f_N$ sont réels et boréliens dans Ω et si F est borélien dans un ouvert ω contenant*

$$\{[f_1(x), \ldots, f_N(x)] : x \in \Omega\},$$

alors $F[f_1(x), \ldots, f_N(x)]$ est borélien dans Ω.

L'ensemble des F tels que $F[f_1(x), \ldots, f_N(x)]$ soit borélien dans Ω quels que soient $f_1, \ldots, f_N$ réels et boréliens dans Ω contient $\mathscr{F}$.

De fait, pour toute fonction étagée dans ω,

$$\alpha = \sum_{(i)} c_i \delta_{I_i},$$

on a

$$\alpha[f_1(x), \ldots, f_N(x)] = \sum_{(i)} c_i \delta_{I_i}[f_1(x), \ldots, f_N(x)]$$

et, si $I_i =]a_1^{(i)}, b_1^{(i)}] \times \ldots \times]a_N^{(i)}, b_N^{(i)}]$,

$$\alpha[f_1(x), \ldots, f_N(x)] = \sum_{(i)} c_i \delta_{\{x : a_k^{(i)} < f_k(x) \leq b_k^{(i)},\ k=1, \ldots, N\}},$$

donc $\alpha(f_1, \ldots, f_N)$ est borélien si $f_1, \ldots, f_N$ le sont.

De plus, si $F_m(y) \to F(y)$ pour tout $y \in \omega$ et si $F_m[f_1(x), \ldots, f_N(x)]$ est borélien dans Ω,

$$F[f_1(x), \ldots, f_N(x)] = \lim_m F_m[f_1(x), \ldots, f_N(x)]$$

est borélien dans Ω.

D'où la conclusion.

Ainsi,

— *si f est borélien,*

$$f^{-1}(x) = \begin{cases} 1/f(x) & \textit{si } f(x) \neq 0 \\ 0 & \textit{sinon} \end{cases}$$

est borélien.

De fait, vu a), la fonction

$$\varphi(x) = \begin{cases} 1/x & \text{si } x \neq 0 \\ 0 & \text{si } x = 0 \end{cases}$$

est borélienne dans E_1 et $f^{-1}(x) = \varphi[f(x)]$.

— *si f est borélien dans E_n et réel* (resp. *complexe*) *et si e est borélien dans* **R** (resp. *dans* **C**),

$$f_{-1}(e) = \{x : f(x) \in e\}$$

est borélien dans E_n.

De fait, c'est l'ensemble des x où $\delta_e[f(x)] = 1$ et $\delta_e[f(x)]$ est une fonction borélienne.

c) Signalons encore un complément utile aux propriétés des fonctions μ-mesurables, analogue à b) ci-dessus.

Si $f_1, \ldots, f_N$ sont μ-mesurables et réels et si F est borélien dans un ouvert ω contenant

$$\{[f_1(x), \ldots, f_N(x)] : x \in \Omega\},$$

alors

$$F[f_1(x), \ldots, f_N(x)]$$

est μ-mesurable.

La démonstration est analogue à celle de b).

En particulier, *si f est μ-mesurable dans E_n et réel* (resp. *complexe*) *et si e est borélien dans* **R** (resp. *dans* **C**),

$$f_{-1}(e) = \{x : f(x) \in e\}$$

est μ-mesurable dans E_n.

De fait, c'est l'ensemble des x où $\delta_e[f(x)] = 1$ et $\delta_e[f(x)]$ est μ-mesurable.

* On peut démontrer ce corollaire directement.

Il suffit de noter que l'ensemble des e tels que $f_{-1}(e)$ soit μ-mesurable contient les semi-intervalles et les unions et intersections dénombrables de ses éléments. Il contient alors les ensembles boréliens, vu a) ci-dessous.

7. — On peut définir les ensembles boréliens sans recourir aux fonctions boréliennes.

L'ensemble des ensembles boréliens est le plus petit ensemble qui contienne les ensembles décrits en a), b), c) *ou* d) *ci-dessous*
a) *les semi-intervalles, les unions et les intersections dénombrables de ses éléments,*
b) *les ensembles étagés, les unions dénombrables de ses éléments emboîtés en croissant et les intersections dénombrables de ses éléments emboîtés en décroissant,*
c) *les semi-intervalles, les unions dénombrables de ses éléments deux à deux disjoints et les complémentaires de ses éléments,*
d) *les semi-intervalles, les unions dénombrables de ses éléments deux à deux disjoints et les intersections dénombrables de ses éléments emboîtés en décroissant.*

Appelons $\mathscr{E}_a$ (resp. $\mathscr{E}_b$, ...) le plus petit ensemble d'ensembles qui contienne les ensembles décrits en a) (resp. b), ...).

On va prouver que

$$\mathscr{E}\subset\mathscr{E}_a\subset\mathscr{E}_b\subset\mathscr{E}_c\subset\mathscr{E}_d\subset\mathscr{E}.$$

$\mathscr{E}\subset\mathscr{E}_a$.

Considérons l'ensemble des f tels que

$$\{x:\mathscr{R}f(x)\geqq\alpha\}\in\mathscr{E}_a,\quad\forall\alpha\in E_1.$$

Il contient les fonctions étagées. De plus, il contient les limites de ses suites ponctuellement convergentes. En effet, si $f_m\to f$,

$$\{x:\mathscr{R}f(x)\geqq\alpha\}=\bigcap_{i=1}^{\infty}\bigcup_{k=1}^{\infty}\bigcap_{m\geqq k}\left\{x:\mathscr{R}f_m(x)\geqq\alpha-\frac{1}{i}\right\}.$$

Dès lors, vu c), p. 113, il contient les fonctions boréliennes. En particulier, pour tout e borélien,

$$e=\{x:\mathscr{R}\delta_e(x)\geqq 1\}\in\mathscr{E}_a.$$

$\mathscr{E}_a\subset\mathscr{E}_b$.

Montrons d'abord que l'ensemble

$$\{e:e\cup Q\ \text{et}\ e\cap Q\in\mathscr{E}_b,\ \forall Q\ \text{étagé}\}$$

contient $\mathscr{E}_b$. De fait, il contient visiblement les ensembles étagés et les unions et intersections dénombrables de ses éléments emboîtés en croissant ou en décroissant.

Cela étant,

$$\{e:e\cup e'\ \text{et}\ e\cap e'\in\mathscr{E}_b,\ \forall e'\in\mathscr{E}_b\}$$

contient aussi $\mathscr{E}_b$, par le même raisonnement. Dès lors, $\mathscr{E}_b$ contient les unions et les intersections dénombrables de ses éléments, donc il contient $\mathscr{E}_a$.

$\mathscr{E}_b \subset \mathscr{E}_c$

Montrons d'abord que l'ensemble

$$\{e : e \cap Q \in \mathscr{E}_c, \ \forall Q \text{ étagé}\}$$

contient $\mathscr{E}_c$. De fait, il contient visiblement les semi-intervalles, les unions dénombrables de ses éléments deux à deux disjoints et les complémentaires de ses éléments vu la relation

$$e' \cap \complement e = \complement[(e \cap e') \cup \complement e'].$$

Cela étant,

$$\{e : e \cap e' \in \mathscr{E}_c, \ \forall e' \in \mathscr{E}_c\}$$

contient aussi $\mathscr{E}_c$, par le même raisonnement. Dès lors, $\mathscr{E}_c$ contient les unions dénombrables de ses éléments emboîtés en croissant: si les e_i sont emboîtés en croissant et si on pose

$$e_1' = e_1 \text{ et } e_i' = e_i \setminus e_{i-1}', \quad (i > 1),$$

les e_i' sont deux à deux disjoints et

$$\bigcup_{i=1}^{\infty} e_i = \bigcup_{i=1}^{\infty} e_i'.$$

Il contient les intersections dénombrables de ses éléments emboîtés en décroissant: si les e_i sont emboîtés en décroissant, les ensembles

$$e_1' = \Omega \setminus e_1 \text{ et } e_i' = e_{i-1} \setminus e_i, \quad (i > 1),$$

sont deux à deux disjoints et tels que

$$\Omega \setminus \bigcup_{i=1}^{\infty} e_i' = \bigcap_{i=1}^{\infty} e_i.$$

$\mathscr{E}_c \subset \mathscr{E}_d$.

On montre comme dans le cas précédent que $\mathscr{E}_d$ contient les intersections deux à deux de ses éléments. De là,

$$\mathscr{E}_d \supset \{e : e \text{ et } \complement e \in \mathscr{E}_d\} \supset \mathscr{E}_c.$$

$\mathscr{E}_d \subset \mathscr{E}$.

C'est trivial.

8. — Etudions à présent les relations entre les fonctions boréliennes et les fonctions μ-mesurables et entre les ensembles boréliens et les ensembles μ-mesurables.

a) *Toute fonction borélienne est μ-mesurable.*

De fait, l'ensemble des fonctions μ-mesurables contient les fonctions étagées et les limites des suites convergentes de ses éléments.

b) *Si f est μ-mesurable, il existe une fonction borélienne égale* μ-pp *à f.*

Notons d'abord que tout ensemble μ-négligeable est contenu dans un borélien μ-négligeable. De fait, si e est μ-négligeable, il est contenu dans une suite d'unions dénombrables U_m de semi-intervalles, telles que $V\mu(U_m)\to 0$. Alors, $\bigcap_{m=1}^{\infty} U_m$ est μ-négligeable, borélien et contient e.

Soit f une fonction μ-mesurable.

Il existe une suite α_m de fonctions étagées, convergeant vers f hors d'un ensemble μ-négligeable. Soit e un ensemble borélien μ-négligeable, contenant cet ensemble. La fonction

$$\lim_m (\alpha_m \delta_{\complement e}) = f\,\delta_{\complement e}$$

est borélienne et égale μ-pp à f.

c) *Pour toute fonction μ-mesurable f, partout définie, réelle et bornée, il existe des fonctions boréliennes f_1 et f_2, réelles, bornées et telles que*

$$f_1 = f = f_2 \ \mu\text{-pp}$$

et

$$f_1 \leqq f \leqq f_2.$$

De fait, si on a

$$c \leqq f \leqq C$$

alors, avec les notations de b), les fonctions

$$f_1 = f\,\delta_{\complement e} + c\delta_e$$

$$f_2 = f\,\delta_{\complement e} + C\delta_e$$

répondent aux conditions imposées.

En particulier, *à tout ensemble μ-mesurable e, on peut associer des ensembles boréliens e_1 et e_2 tels que*

$$e_1 = e = e_2 \ \mu\text{-pp}$$

et

$$e_1 \subset e \subset e_2.$$

EXERCICES

1. — Etablir que la fonction δ_A, où A représente l'ensemble des points irrationnels de E_1, est borélienne et n'est pas limite partout d'une suite de fonctions continues.

Suggestion. D'une part, δ_A est visiblement borélien car

$$\delta_A = 1 - \sum_{m=1}^{\infty} \delta_{x_m},$$

où les x_m sont les points rationnels de E_1.

D'autre part, s'il existe une suite de fonctions continues f_m qui converge vers δ_A, alors, par I, ex. 3, p. 113, l'ensemble des points de continuité de δ_A est dense dans E_1, ce qui est absurde car δ_A n'a aucun point de continuité.

2. — Etablir qu'il existe un ensemble borélien et maigre A contenu dans $[0, 1]$ tel que $[0, 1] \setminus A$ soit l-négligeable.

Suggestion. Soient r_m, $m=1, 2, \ldots$, les points rationnels de $[0, 1]$.

A tout r_m, associons un intervalle ouvert I_m contenant r_m, contenu dans $[0, 1]$ et de diamètre 2^{-m-1}. Alors, $\bigcup_{m=1}^{\infty} I_m$ est un ouvert l-intégrable de l-mesure $\leqq 1/2$. Son complémentaire A_1 dans $[0, 1]$ est donc un compact de l-mesure $\geqq 1/2$. En outre, A_1 est un compact d'intérieur vide car il ne contient aucun point rationnel.

En remplaçant 2^{-m-1} par 2^{-m-k}, on obtient une suite A_k d'ensembles compacts de l-mesure $\geqq 1-2^{-k}$, emboîtés en croissant et d'intérieur vide.

Alors,

$$A = \bigcup_{k=1}^{\infty} A_k$$

convient.

3. — Soit $\{x_i\colon i=1, 2, \ldots\}$ un ensemble dénombrable dense dans E_1. Posons

$$I_i =]x_i - 1/i^2,\ x_i + 1/i^2], \quad (i=1, 2, \ldots).$$

a) La fonction

$$f(x) = \sum_{i=1}^{\infty} i^2 \delta_{I_i}$$

est définie l-pp et est l-mesurable.

b) Quel que soit I, $f\delta_I$ n'est pas l-intégrable.

c) Il n'existe pas de fonction dénombrablement étagée $\alpha = \sum_{i=1}^{\infty} c_i \delta_{I_i}$ telle que $f-\alpha$ soit l-intégrable.

On voit ainsi qu'il n'est pas possible d'étendre a), p. 83 aux fonctions μ-mesurables, en substituant aux unions dénombrables de semi-intervalles des fonctions dénombrablement étagées.

Suggestion. a) La série

$$\sum_{i=1}^{\infty} l(I_i) = \sum_{i=1}^{\infty} 2/i^2$$

converge, donc presque tout point $x \in E_1$ n'appartient qu'à un nombre fini de I_i (cf. ex. p. 73). Par conséquent, la série

$$\sum_{i=1}^{\infty} i^2 \delta_{I_i}(x)$$

converge l-pp. Sa limite est évidemment l-mesurable.

b) Soit $]a, b]$ fixé et soient $a < a' < b' < b$. L'intervalle $]a', b']$ contient une infinité dénombrable de x_i et, si on prend i assez grand, $]a, b]$ contient les I_i correspondants. Or, si $]a, b]$ contient $I_{\nu_1}, \ldots, I_{\nu_N}$ et si $f\delta_{]a,b]}$ est l-intégrable,

$$\sum_{i=1}^{N} \nu_i^2 \delta_{I_{\nu_i}} \leqq f\delta_{]a, b]}$$

et

$$N \leqq \int f\delta_{]a, b]}\, dx.$$

C'est absurde, puisque N est arbitraire.

c) Si $f-\sum_{i=1}^{\infty} c_i\delta_{J_i}$ est l-intégrable, il en est de même pour

$$\left(f-\sum_{i=1}^{\infty} c_i\delta_{J_i}\right)\delta_{J_{i_0}}=f\delta_{J_{i_0}}-c_{i_0}\delta_{J_{i_0}},\ \forall i_0,$$

donc pour $f\delta_{J_{i_0}}$, ce qui contredit b).

9. — On peut partir d'autres fonctions que les fonctions étagées pour définir les fonctions et les ensembles boréliens.

Soit $\mathscr{D}$ un ensemble de fonctions boréliennes tel que toute fonction étagée dans Ω soit limite d'une suite ponctuellement convergente de fonctions de $\mathscr{D}$.

Le plus petit ensemble de fonctions qui contienne les éléments de $\mathscr{D}$ ainsi que les limites de ses suites ponctuellement convergentes, est l'ensemble des fonctions boréliennes.

Soit $\mathscr{F}_0$ ce plus petit ensemble. Vu c), p. 113, on a $\mathscr{F}\subset\mathscr{F}_0$. Inversement, comme $\mathscr{F}$ contient $\mathscr{D}$, on a aussi $\mathscr{F}\supset\mathscr{F}_0$.

Comme *exemples de tels ensembles $\mathscr{D}$,* citons

— *l'ensemble des fonctions indéfiniment continûment dérivables à support compact dans Ω,*

— *l'ensemble des polynômes.*

La démonstration est analogue à celles de c) et d), p. 79.

Voici une proposition correspondante pour les ensembles boréliens.

Soit Δ un ensemble d'ensembles boréliens tel que tout semi-intervalle dans Ω soit union ou intersection dénombrable d'ensembles de Δ.

Le plus petit ensemble d'ensembles de Ω qui contienne Δ ainsi que les unions et intersections dénombrables de ses éléments est l'ensemble des ensembles boréliens.

La démonstration est analogue.

Comme *exemples de tels ensembles Δ,* citons

— *l'ensemble des ouverts de Ω,*

— *l'ensemble des compacts de Ω.*

De fait, on sait que ces ensembles sont boréliens.

De plus, on a

$$]a,b]=\bigcap_{m=m_0}^{\infty}\,]a_1,b_1+1/m[\times\ldots\times]a_n,b_n+1/m[,$$

et

$$]a,b]=\bigcup_{m=m_0}^{\infty}\,[a_1+1/m,b_1]\times\ldots\times[a_n+1/m,b_n].$$

Mesure définie à partir des ensembles boréliens

10. — a) *Si μ est une loi qui, à tout borélien e d'adhérence compacte dans Ω, associe un nombre $\mu(e)\in\mathbf{C}$, telle que*

$$\mu(e) = \sum_{e'\in\mathscr{P}(e)} \mu(e')$$

pour toute partition finie ou dénombrable de e en boréliens, alors la loi μ' qui, à tout I dans Ω, associe $\mu(I)$, est une mesure dans Ω telle que $\mu'(e)=\mu(e)$ pour tout e borélien d'adhérence compacte dans Ω.

La loi μ' est une mesure, vu D, p. 26.

Démontrons que $\mu(e)=\mu'(e)$ pour tout borélien e d'adhérence compacte dans Ω.

Pour cela, considérons l'ensemble $\mathscr{E}'$ des boréliens e tels que

$$\mu(e\cap Q)=\mu'(e\cap Q)$$

pour tout Q étagé dans Ω; il contient
— les semi-intervalles dans Ω,
— les complémentaires de ses éléments: si $e\in\mathscr{E}'$, $Q\cap\complement e=Q\setminus e$ est borélien et

$$\mu(Q\setminus e) = \mu(Q)-\mu(e\cap Q) = \mu'(Q)-\mu'(e\cap Q) = \mu'(Q\setminus e).$$

— les unions dénombrables de ses éléments deux à deux disjoints, vu le théorème d'additivité dénombrable.

Dès lors, $\mathscr{E}'$ contient les ensembles boréliens, d'où la conclusion.

b) *Si μ est une loi qui, à tout ensemble borélien $e\subset\Omega$, associe un nombre $\mu(e)\in\mathbf{C}$, telle que*

$$\mu(e) = \sum_{e'\in\mathscr{P}(e)} \mu(e')$$

pour toute partition finie ou dénombrable de e en boréliens, alors la loi μ' qui, à tout I dans Ω, associe $\mu(I)$, est une mesure bornée telle que $\mu'(e)=\mu(e)$ pour tout ensemble borélien $e\subset\Omega$.

La loi μ' est une mesure, vu a).

Pour établir que $\mu'(e)=\mu(e)$ pour tout ensemble borélien $e\subset\Omega$, on paraphrase la démonstration correspondante de a), ou on note que, si Ω se partitionne en $\{I_m: m=1, 2, \ldots\}$,

$$\mu(e) = \sum_{m=1}^{\infty} \mu(I_m\cap e) = \sum_{m=1}^{\infty} \mu'(I_m\cap e) = \mu'(e).$$

Etablissons enfin que μ' est borné. Il suffit pour cela que

$$\sum_{m=1}^{\infty} V\mu'(I_m) < \infty.$$

Or, comme

$$V\mu'(I_m) \leqq 4 \sup_{e \subset I_m} |\mu'(e)|, \quad \forall m,$$

il existe $e_m \subset I_m$ tel que

$$V\mu'(I_m) \leqq 4|\mu'(e_m)| + \varepsilon/2^m, \quad \forall m,$$

d'où

$$\sum_{m=1}^{\infty} V\mu'(I_m) \leqq 4 \sum_{k=1}^{\infty} |\mu'(e_m)| + \varepsilon,$$

alors que la série du second membre converge car la série $\sum_{m=1}^{\infty} \mu'(e_m)$ converge vers $\mu'\left(\bigcup_{m=1}^{\infty} e_m\right)$ quel que soit l'ordre de ses termes.

Notons qu'on peut établir des propositions analogues à a) et b) en y substituant aux ensembles boréliens les unions dénombrables de semi-intervalles.

En effet, pour établir que μ' est une mesure, on a seulement utilisé l'additivité dénombrable de μ sur de tels ensembles.

IV. PRODUIT DE MESURES

Produit de mesures

1. — Soient n', n'' des entiers strictement positifs, Ω', Ω'' des ouverts de $E_{n'}$ et $E_{n''}$ et μ', μ'' des mesures dans Ω' et Ω'' respectivement. Posons $n = n' + n''$ et $\Omega = \Omega' \times \Omega''$.

On appelle *produit de μ' et μ'' dans $\Omega' \times \Omega''$* et on note $\mu' \otimes \mu''$ la loi qui à tout $I = I' \times I''$, $\bar{I}' \subset \Omega'$, $\bar{I}'' \subset \Omega''$, associe

$$\mu' \otimes \mu''(I) = \mu'(I')\mu''(I'').$$

Ainsi, on a

$$\delta_{x_0} = \delta_{x_0'} \otimes \delta_{x_0''}, \quad l = l' \otimes l'',$$

et

$$s_{f_1, \ldots, f_n} = s_{f_1, \ldots, f_{n'}} \otimes s_{f_{n'+1}, \ldots, f_n}.$$

Démontrons que *$\mu' \otimes \mu''$ est une mesure dans Ω telle que*

$$V(\mu' \otimes \mu'') = V\mu' \otimes V\mu''.$$

On dit que cette mesure est *séparée.*

a) $\mu' \otimes \mu''$ est additif dans Ω.

Soit I un semi-intervalle dans Ω.

Si I est partitionné en I_1 et I_2, on a

$$I = I' \times I'', \quad I_1 = I' \times I_1'', \quad I_2 = I' \times I_2'',$$

où I_1'', I_2'' partitionnent I'' ou bien

$$I = I' \times I'', \quad I_1 = I_1' \times I'', \quad I_2 = I_2' \times I'',$$

où I_1', I_2' partitionnent I'. De là,

$$\mu' \otimes \mu''(I) = \mu' \otimes \mu''(I_1) + \mu' \otimes \mu''(I_2).$$

b) $\mu' \otimes \mu''$ est à variation finie dans Ω et on a

$$V(\mu' \otimes \mu'') = V\mu' \otimes V\mu''.$$

Soient $I = I' \times I''$ un semi-intervalle dans Ω et $\mathscr{P}(I)$ une partition finie de I. Vu e), p. 12, il existe un réseau fini de la forme

$$\mathscr{R}(I) = \{J' \times J'' : J' \in \mathscr{P}'(I'),\ J'' \in \mathscr{P}''(I'')\}$$

plus fin que $\mathscr{P}(I)$.

Il vient alors

$$\sum_{J \in \mathscr{P}(I)} |\mu' \otimes \mu''(J)| \leqq \sum_{J \in \mathscr{R}(I)} |\mu'(J')|\,|\mu''(J'')| = \sum_{J' \in \mathscr{P}'(I')} |\mu'(J')| \cdot \sum_{J'' \in \mathscr{P}''(I'')} |\mu''(J'')|$$
$$\leqq V_\mu'(I') \cdot V_\mu''(I'').$$

De là, $V(\mu' \otimes \mu'')$ existe et

$$V(\mu' \otimes \mu'')(I) \leqq V\mu'(I')\, V\mu''(I'').$$

Inversement, quelles que soient les partitions finies $\mathscr{P}'(I')$ et $\mathscr{P}''(I'')$, on a

$$\sum_{J' \in \mathscr{P}'(I')} |\mu'(J')| \cdot \sum_{J'' \in \mathscr{P}''(I'')} |\mu''(J'')| = \sum_{\substack{J' \in \mathscr{P}'(I') \\ J'' \in \mathscr{P}''(I'')}} |\mu'(J')\mu''(J'')|$$
$$\leqq V(\mu' \otimes \mu'')(I)$$

et, de là,

$$V\mu'(I')V\mu''(I'') \leqq V(\mu' \otimes \mu'')(I).$$

c) $\mu' \otimes \mu''$ est continu dans Ω.

En effet, si $]a^{(m)}, b^{(m)}] \to]a, b]$ dans Ω, visiblement,

$$]a'^{(m)}, b'^{(m)}] \to]a', b'] \text{ et }]a''^{(m)}, b''^{(m)}] \to]a'', b'']$$

dans Ω' et Ω'' respectivement, d'où

$$\mu' \otimes \mu''(]a^{(m)}, b^{(m)}]) = \mu'(]a'^{(m)}, b'^{(m)}])\,\mu''(]a''^{(m)}, b''^{(m)}])$$
$$\to \mu'(]a', b'])\,\mu''(]a'', b'']) = \mu' \otimes \mu''(]a, b]).$$

Réciproquement, si $\mu \neq 0$ *est une mesure dans* $\Omega' \times \Omega''$ *et s'il existe des lois* $\mu'(I')$ *et* $\mu''(I'')$, *définies dans* Ω' *et* Ω'' *respectivement et telles que*

$$\mu(I' \times I'') = \mu'(I')\mu''(I''),$$

pour tous I' *dans* Ω' *et* I'' *dans* Ω'', *alors* μ' *et* μ'' *sont des mesures dans* Ω' *et* Ω'' *respectivement.*

Vérifions, par exemple, que μ' est une mesure dans Ω'.

Pour au moins un I'' dans Ω'', $\mu''(I'')$ diffère de 0 sinon $\mu(I)=0$ quel que soit I dans Ω.

a) μ' est additif dans Ω'.

De fait, soient I dans Ω et $\{I_1', \ldots, I_N'\}$ une partition de I'; comme $\{I_1' \times I'', \ldots, I_N' \times I''\}$ est une partition de I, on a

$$\mu'(I') = \frac{\mu(I)}{\mu''(I'')} = \sum_{i=1}^{N} \frac{\mu(I_i' \times I'')}{\mu''(I'')} = \sum_{i=1}^{N} \mu'(I_i').$$

b) μ' est à variation finie dans Ω'.

De fait, avec les notations de a), il vient

$$\sum_{i=1}^{N} |\mu'(I_i')| = \frac{1}{|\mu''(I'')|} \sum_{i=1}^{N} |\mu(I_i' \times I'')| \leq \frac{V\mu(I)}{|\mu''(I'')|}$$

pour toute partition finie $\{I_1', \ldots, I_N'\}$ de I'.

c) μ' est continu dans Ω'.

De fait, si $I_m' \to I'$ dans Ω', on a aussi $I_m' \times I'' \to I' \times I''$ dans Ω, d'où

$$\mu'(I_m') = \frac{\mu(I_m' \times I'')}{\mu''(I'')} \to \frac{\mu(I' \times I'')}{\mu''(I'')} = \mu'(I').$$

Le support d'un produit de mesures est donné par la formule suivante:

$$[\mu' \otimes \mu''] = [\mu'] \times [\mu''].$$

De fait, on a $(x', x'') \notin [\mu' \otimes \mu'']$ si et seulement si il existe $I = I' \times I''$ tel que $(x', x'') \in \mathring{I}$ et que $V\mu'(I')V\mu''(I'')=0$, donc si et seulement si il existe I' tel que $x' \in \mathring{I}'$ et $V\mu'(I')=0$ ou I'' tel que $x'' \in \mathring{I}''$ et $V\mu''(I'')=0$, donc si et seulement si $x' \notin [\mu']$ ou $x'' \notin [\mu'']$.

Intégration par rapport à un produit de mesures

2. — Théorème de réduction de G. Fubini

Si $f(x)$ *est* $\mu' \otimes \mu''$*-intégrable, alors*

— *pour* $\begin{Bmatrix}\mu''\\ \mu'\end{Bmatrix}$*-presque tout* $\begin{Bmatrix}x''\\ x'\end{Bmatrix}$ *fixé,* $f(x', x'')$ *est* $\begin{Bmatrix}\mu'\\ \mu''\end{Bmatrix}$*-intégrable,*

— $\int f(x', x'')\, d\begin{Bmatrix}\mu'\\ \mu''\end{Bmatrix}$ *est* $\begin{Bmatrix}\mu''\\ \mu'\end{Bmatrix}$*-intégrable,*

— $\int f(x)\, d\mu' \otimes \mu'' = \begin{Bmatrix}\int \left[\int f(x', x'')\, d\mu'\right] d\mu''\\ \int \left[\int f(x', x'')\, d\mu''\right] d\mu'\end{Bmatrix}.$

Il suffit évidemment de démontrer l'énoncé relatif à la partie supérieure des accolades.

a) On traite d'abord le cas des fonctions étagées.

Si α est étagé dans Ω, il est trivial que $\alpha(x', x'')$ est étagé dans Ω' pour tout x'' fixé dans Ω'' et que sa μ'-intégrale est une fonction étagée en x''. En outre, si $\alpha = \sum_{(i)} c_i \delta_{I'_i \times I''_i}$,

$$\int \left[\int \alpha \, d\mu' \right] d\mu'' = \int \left[\sum_{(i)} c_i \mu'(I'_i) \delta_{I''_i} \right] d\mu''$$

$$= \sum_{(i)} c_i \mu'(I'_i) \mu''(I''_i) = \int \alpha \, d\mu' \otimes \mu''.$$

b) On démontre ensuite que si e est $\mu' \otimes \mu''$-négligeable,

$$\{x' : (x', x'') \in e\}$$

est μ'-négligeable pour μ''-presque tout x''.

Pour tout m, l'ensemble e est recouvert par des unions dénombrables U_m de semi-intervalles dans Ω dont la somme des $V(\mu' \otimes \mu'')$-mesures est inférieure à 2^{-m}. Soient $I_k = I'_k \times I''_k$ les semi-intervalles qui constituent les différents U_m, renumérotés avec un seul indice.

Visiblement,

$$e \subset \bigcup_{k=N}^{\infty} I_k,$$

quel que soit N, car il existe m tel que tous les semi-intervalles constitutifs de U_m soient de numéro $k \geqq N$.

Dès lors, pour x'' fixé, on a

$$\{x' : (x', x'') \in e\} \subset \bigcup_{\substack{x'' \in I''_k \\ k \geqq N}} I'_k, \quad \forall N,$$

où le second membre est union dénombrable de semi-intervalles dont la somme des $V\mu'$-mesures

$$\sum_{k=N}^{\infty} V'_\mu (I'_k) \delta_{I''_k}(x'')$$

tend vers 0 si $N \to \infty$ pour μ''-presque tout x''.

En effet, la série

$$\sum_{k=1}^{\infty} V\mu' (I'_k) \delta_{I''_k}$$

de fonctions positives et μ-intégrables converge μ''-pp vu b), p. 56, puisque

$$\sum_{k=1}^{\infty} \int V\mu' (I'_k) \delta_{I''_k} dV''_\mu = \sum_{k=1}^{\infty} V\mu(I_k) \leqq \sum_{k=1}^{\infty} 2^{-k} = 1.$$

c) Soit à présent f $\mu'\otimes\mu''$-intégrable.

Il existe une suite de fonctions étagées α_m convergeant $\mu'\otimes\mu''$-pp vers f et telles que

$$\int|\alpha_m-\alpha_{m+1}|\,dV(\mu'\otimes\mu'')\leqq 2^{-m},\quad\forall m.$$

Considérons la suite de fonctions étagées en x''

$$\sum_{m=1}^{N}\int|\alpha_m-\alpha_{m+1}|\,dV\mu'.$$

Elle est croissante et, vu a), son intégrale par rapport à $V\mu''$ est majorée par 1. De là, par le théorème de Levi, elle converge μ''-pp, soit hors d'un ensemble $\mathscr{E}''$ μ''-négligeable.

Si $e\subset\Omega$ est l'ensemble $\mu'\otimes\mu''$-négligeable où $\alpha_m\not\to f$, on sait par b) que $\{x'\colon(x',x'')\in e\}$ est μ'-négligeable pour tout x'' hors d'un ensemble e'' μ''-négligeable.

Alors, pour tout x'' fixé hors de $e''\cup\mathscr{E}''$, α_m tend vers f μ'-pp en x' et est une suite μ'-convenable:

$$\int|\alpha_r-\alpha_s|\,dV\mu'\leqq\sum_{m=r}^{s-1}\int|\alpha_m-\alpha_{m+1}|\,dV\mu'\to 0$$

si $\inf(r,s)\to\infty$.

Ainsi, f est μ'-intégrable pour tout $x''\notin e''\cup\mathscr{E}''$ et on a

$$\int f\,d\mu'=\lim_m\int\alpha_m\,d\mu'\quad\mu''\text{-pp}.$$

La suite de fonctions étagées $\int\alpha_m\,d\mu'$ est μ''-convenable puisque

$$\int\left|\int\alpha_r\,d\mu'-\int\alpha_s\,d\mu'\right|dV\mu''\leqq\int\left(\int|\alpha_r-\alpha_s|\,dV\mu'\right)dV\mu''$$
$$=\int|\alpha_r-\alpha_s|\,dV(\mu'\otimes\mu'')\to 0$$

si $\inf(r,s)\to\infty$. Comme elle converge μ''-pp vers $\int f\,d\mu'$, cette dernière fonction est μ''-intégrable et on a

$$\int\left(\int f\,d\mu'\right)d\mu''=\lim_m\int\left(\int\alpha_m\,d\mu'\right)d\mu''$$
$$=\lim_m\int\alpha_m\,d\mu'\otimes\mu''=\int f\,d\mu'\otimes\mu'',$$

d'où la conclusion.

Voici une variante de la démonstration précédente qui met en oeuvre un mode de démonstration souvent utilisé dans la suite.

a) Le théorème de Fubini est vrai pour les fonctions f boréliennes bornées à support compact dans Ω.

Cela résulte du paragraphe 3, p. 114. En effet, considérons l'ensemble des f pour lesquels le théorème de Fubini est vrai.

Il contient les fonctions étagées (cf. a), p. 130).

De plus, s'il contient les f_m et si ceux-ci sont tels que $f_m \to f$ et $|f_m| \leqq C\delta_Q$ pour tout m, où Q est étagé dans Ω, alors il contient f. En effet, en vertu du théorème de Lebesgue,

— f est μ'-intégrable et $\int f_m d\mu' \to \int f d\mu'$ pour μ''-presque tout x'',

— $\int f d\mu'$ est μ''-intégrable et $\int \left(\int f_m d\mu' \right) d\mu'' \to \int \left(\int f d\mu' \right) d\mu''$, car

$$\left| \int f_m d\mu' \right| \leqq C \int \delta_Q \, dV\mu', \quad \forall m,$$

où le second membre est μ''-intégrable,

— $\int f_m \, d\mu' \otimes \mu'' \to \int f \, d\mu' \otimes \mu''$,

d'où la conclusion.

b) Le théorème de Fubini est vrai pour les fonctions boréliennes $\mu' \otimes \mu''$-intégrables.

En effet, soit f une telle fonction et soit $f_m = f\delta_{\{x \in Q_m : |f(x)| \leqq m\}}$ où les Q_m sont des ensembles étagés dans Ω tels que $Q_m \uparrow \Omega$.

Comme f_m est borélien, borné et à support compact, il vérifie le théorème de Fubini pour $\mu' \otimes \mu''$ et $V(\mu' \otimes \mu'')$.

Comme les fonctions μ''-intégrables

$$\int |f_m| \, dV\mu'$$

sont croissantes et telles que

$$\int \left(\int |f_m| \, dV\mu' \right) dV\mu'' = \int |f_m| \, dV(\mu' \otimes \mu'') \leqq \int |f| \, dV(\mu' \otimes \mu''),$$

il résulte du théorème de Levi qu'elles convergent μ''-pp vers $F(x'')$, μ''-intégrable.

Pour μ''-presque tout x'', on a alors

$$|f_m| \uparrow |f|$$

et

$$\int |f_m| \, dV\mu' \leqq F(x''),$$

donc $|f|$ est μ'-intégrable.

Cela étant, pour x'' tel que $|f|$ soit μ'-intégrable, c'est-à-dire μ''-pp, comme $f_m \to f$ μ'-pp et $|f_m| \leqq |f|$ μ'-intégrable, par le théorème de Lebesgue, on a

$$\int f_m \, d\mu' \to \int f \, d\mu' \quad \mu''\text{-pp}$$

et, comme

$$\left| \int f_m \, d\mu' \right| \leqq F(x''), \quad \forall m,$$

$\int f d\mu'$ est μ''-intégrable et

$$\int \left(\int f_m \, d\mu' \right) d\mu'' \to \int \left(\int f \, d\mu' \right) d\mu''.$$

c) Le théorème de Fubini est vrai pour les fonctions $\mu' \otimes \mu''$-intégrables.

Soit f $\mu'\otimes\mu''$-intégrable. Il existe g borélien tel que $f=g$ $\mu'\otimes\mu''$-pp c'est-à-dire hors de e $\mu'\otimes\mu''$-négligeable. On peut supposer e borélien. Vu b), on a

$$\int\Big[\int\delta_e(x',x'')\,dV\mu'\Big]\,dV\mu''=V(\mu'\otimes\mu'')(e)=0,$$

d'où $V\mu'(e)=0$ μ''-pp, par a), p. 60.

Dès lors, e est μ'-négligeable pour μ''-presque tout x'' et $f=g$ μ'-pp pour μ''-presque tout x''.

Il s'ensuit donc que

— f est μ'-intégrable pour μ''-presque tout x'',

— $\int f\,d\mu'=\int g\,d\mu'$ est μ''-intégrable,

— $\int\Big(\int f\,d\mu'\Big)d\mu''=\int\Big(\int g\,d\mu'\Big)d\mu''=\int g\,d\,\mu'\otimes\mu''=\int f\,d\,\mu'\otimes\mu''.$

3. — Un important critère d'intégrabilité, dû à L. Tonelli, complète le théorème de Fubini.

Si f est $\mu'\otimes\mu''$-mesurable et si

— *f est $\begin{Bmatrix}\mu'\\ \mu''\end{Bmatrix}$-intégrable pour $\begin{Bmatrix}\mu''\\ \mu'\end{Bmatrix}$-presque tout $\begin{Bmatrix}x''\\ x'\end{Bmatrix}$,*

— *$\int|f|\,dV\begin{Bmatrix}\mu'\\ \mu''\end{Bmatrix}$ est $\begin{Bmatrix}\mu''\\ \mu'\end{Bmatrix}$-intégrable,*

alors f est $\mu'\otimes\mu''$-intégrable.

Le théorème de Fubini affirme alors qu'on peut calculer $\int f\,d\mu$ par intégrations successives, prises dans n'importe quel ordre.

Soient Q_m des ensembles étagés qui croissent vers Ω.

Etant $\mu'\otimes\mu''$-mesurables, bornées et nulles hors d'un ensemble étagé dans Ω, les fonctions

$$f_m(x)=|f(x)|\,\delta_{Q_m\cap\{x:|f(x)|\leqq m\}}$$

sont $\mu'\otimes\mu''$-intégrables. Elles croissent $\mu'\otimes\mu''$-pp vers $|f|$. De plus, en vertu du théorème de Fubini, on a

$$\int f_m\,dV(\mu'\otimes\mu'')=\int\Big[\int f_m\,dV\mu'\Big]\,dV\mu''\leqq\int\Big[\int|f|\,dV\mu'\Big]\,dV\mu''.$$

De là, par le théorème de Levi, $|f|$ est $\mu'\otimes\mu''$-intégrable.

Comme f est $\mu'\otimes\mu''$-mesurable, il est aussi $\mu'\otimes\mu''$-intégrable.

Voici un critère de mesurabilité utile dans la vérification des hypothèses du théorème de Tonelli.

Si f est $\mu'\otimes\mu''$-mesurable et μ''-intégrable pour μ'-presque tout $x'\in\Omega'$, alors $\int f(x',x'')\,d\mu''$ est μ'-mesurable.

En effet, soient Q'_m et Q''_m étagés dans Ω' et Ω'' respectivement, tels que $Q'_m \uparrow \Omega'$ et $Q''_m \uparrow \Omega''$. Posons

$$f_m = f\delta_{\{(x',x''):x'\in Q'_m, x''\in Q''_m, |f(x',x'')|\leqq m\}}.$$

C'est une fonction $\mu'\otimes\mu''$-intégrable, donc $\int f_m d\mu''$ est μ'-intégrable.

Or, pour tout x' tel que f soit μ''-intégrable,

$$\int f_m \, d\mu'' \to \int f \, d\mu'',$$

en vertu du théorème de Lebesgue. Donc $\int f \, d\mu''$ est μ'-mesurable.

EXERCICES

1. — Avec les notations du théorème de Fubini, montrer que si f est $\mu'\otimes\mu''$-intégrable, il existe $c_m \in \mathbf{C}$ et $\alpha'_m(x')$, $\alpha''_m(x'')$ étagés dans Ω' et Ω'' respectivement tels que

$$\sum_{m=1}^{\infty} |c_m| \int |\alpha'_m| \, dV\mu' \int |\alpha''_m| \, dV\mu'' < \infty$$

et

$$\int \left| f(x) - \sum_{m=1}^{N} c_m \alpha'_m(x')\alpha''_m(x'') \right| dV(\mu'\otimes\mu'') \to 0$$

si $N\to\infty$ d'où, en particulier,

$$\sum_{m=1}^{N} c_m \alpha'_m(x')\alpha''_m(x'') \to f(x) \quad \mu'\otimes\mu''\text{-pp}$$

si $N\to\infty$ et

$$\int f(x) \, d\mu'\otimes\mu'' = \sum_{m=1}^{\infty} c_m \int \alpha'_m \, d\mu' \int \alpha''_m \, d\mu''.$$

On peut même supposer que $\int |\alpha'_m| dV\mu \to 0$, $\int |\alpha''_m| dV\mu \to 0$ et $\sum_{m=1}^{\infty} |c_m| < \infty$.

Suggestion. En vertu de l'ex. 2, p. 61, il existe des fonctions étagées $\gamma_m(x)$ telles que

— $f = \sum_{m=1}^{\infty} \gamma_m \quad \mu'\otimes\mu''$-pp,

— $\int \left| f - \sum_{m=1}^{N} \gamma_m \right| dV(\mu'\otimes\mu'') \to 0$ si $N\to\infty$,

— $\sum_{m=1}^{\infty} \int |\gamma_m| \, dV(\mu'\otimes\mu'') < \infty$.

Soient

$$\gamma_m(x) = \sum_{(i,j)} c_{i,j;m} \delta_{I'_{i,m}}(x') \delta_{I''_{j,m}}(x''),$$

où on peut sans restriction supposer que $V\mu'(I'_{i,m})$ et $V\mu''(I''_{j,m})\neq 0$ pour tous i, j. Si $\varepsilon_m \neq 0$, il s'écrit encore

$$\sum_{(i,j)} \underbrace{\frac{1}{\varepsilon_m} c_{i,j;m} V\mu'(I'_{i,m}) V\mu''(I''_{j,m})}_{c'_{i,j;m}} \underbrace{\frac{\sqrt{\varepsilon_m}\,\delta_{I'_{i,m}}(x')}{V\mu'(I'_{i,m})}}_{\alpha'_{i,m}(x')} \underbrace{\frac{\sqrt{\varepsilon_m}\,\delta_{I''_{j,m}}(x'')}{V\mu''(I''_{j,m})}}_{\alpha''_{j,m}(x'')}.$$

Si on choisit les $\varepsilon_m \downarrow 0$ tels que

$$\sum_{m=1}^{\infty} \frac{1}{\varepsilon_m} \int |\gamma_m|\, dV\mu < \infty,$$

le développement

$$f(x) = \sum_{m=1}^{\infty} \sum_{(i,j)} c'_{i,j;m} \alpha'_{i,m}(x') \alpha''_{j,m}(x''),$$

renuméroté avec un seul indice, satisfait aux conditions de l'énoncé.

2. — Déduire de l'ex. 2, p. 82, une nouvelle démonstration du théorème de Fubini, qui évite de devoir démontrer le cas particulier relatif aux ensembles négligeables.

Suggestion. Soit f $\mu' \otimes \mu''$-intégrable et soit α_m une suite de fonctions étagées qui tend vers f $\mu' \otimes \mu''$-pp, qui, partout où elle converge, converge vers f et telle que

$$\sum_{m=1}^{\infty} \int |\alpha_{m+1} - \alpha_m|\, dV(\mu' \otimes \mu'') < \infty.$$

Considérons les fonctions

$$\sum_{m=1}^{N} \int |\alpha_{m+1} - \alpha_m|\, dV\mu'.$$

Elles sont croissantes avec N et telles que

$$\int \Big[\sum_{m=1}^{N} \int |\alpha_{m+1} - \alpha_m|\, dV\mu'\Big]\, dV\mu'' \leqq \sum_{m=1}^{\infty} \int |\alpha_{m+1} - \alpha_m|\, dV(\mu' \otimes \mu'') < \infty.$$

De là, par le théorème de Levi,

$$\sum_{m=1}^{\infty} \int |\alpha_{m+1} - \alpha_m|\, dV\mu' < \infty$$

pour tout $x'' \notin e''$, où e'' est μ''-négligeable.

Si $x'' \notin e''$, comme

$$\sum_{m=1}^{N} |\alpha_{m+1}(x', x'') - \alpha_m(x', x'')|$$

est croissant avec N, une nouvelle application du théorème de Levi montre que cette série converge μ'-pp. A fortiori, α_m converge μ'-pp. Sa limite, qui ne peut être que f, est μ'-intégrable et

$$\int f(x', x'')\, d\mu' = \lim_m \int \alpha_m(x', x'')\, d\mu'.$$

Enfin, comme

$$\Big|\int \alpha_m(x', x'')\, d\mu'\Big| \leqq \int |\alpha_1(x', x'')|\, dV\mu' + \sum_{m=1}^{\infty} \int |\alpha_{m+1}(x', x'') - \alpha_m(x', x'')|\, dV\mu',$$

où le second membre est μ''-intégrable, on déduit du théorème de Lebesgue que $\int f(x', x'')d\mu'$ est μ''-intégrable et que

$$\int \left[\int f(x', x'')\, d\mu' \right] d\mu'' = \lim_m \int \alpha_m(x', x'')\, d\mu' \otimes \mu'' = \int f(x)\, d\mu' \otimes \mu''.$$

4. — Les théorèmes de Fubini et Tonelli ont des conséquences utiles relatives aux ensembles négligeables.

Les voici, avec les notations des paragraphes précédents.

a) *Si* $e \subset \Omega' \times \Omega''$ *est* $\mu' \otimes \mu''$*-négligeable, alors*

$$e_{x''} = \{x' : (x', x'') \in e\} \text{ et } e_{x'} = \{x'' : (x', x'') \in e\}$$

sont respectivement $\begin{Bmatrix} \mu' \\ \mu'' \end{Bmatrix}$*-négligeables pour* $\begin{Bmatrix} \mu'' \\ \mu' \end{Bmatrix}$*-presque tout* $\begin{Bmatrix} x'' \\ x' \end{Bmatrix}$.

C'est le lemme qui constitue le point b) de la démonstration du théorème de Fubini du paragraphe 2, p. 129.

Cet énoncé peut, à son tour, être déduit du théorème de Fubini: de fait, par exemple,

$$0 = \int \delta_e(x', x'')\, dV(\mu' \otimes \mu'') = \int \left[\int \delta_e(x', x'')\, dV\mu'' \right] dV\mu' = \int V\mu''(e_{x'})\, dV\mu'$$

entraîne $V\mu''(e_{x'}) = 0$ μ''-pp.

b) *Si la projection de l'ensemble* $e \subset \Omega$ *sur* Ω' *ou* Ω'' *est* μ'*- ou* μ''*-négligeable,* e *est* $\mu' \otimes \mu''$*-négligeable.*

Supposons que la projection de e sur Ω',

$$e' = \{x' : (\{x'\} \times \Omega'') \cap e \neq \emptyset\}$$

soit μ'-négligeable.

Soit

$$\Omega'' = \bigcup_{i=1}^{\infty} I_i''.$$

Comme

$$e \subset e' \times \Omega'' \subset \bigcup_{i=1}^{\infty} e' \times I_i'',$$

il suffit d'établir que $e' \times I_i''$ est $\mu' \otimes \mu''$-négligeable pour tout i.

Or, quels que soient i et $\varepsilon > 0$ fixés, il existe J_m' tels que

$$e' \subset \bigcup_{m=1}^{\infty} J_m' \text{ et } \sum_{m=1}^{\infty} V\mu'(J_m') \leqq \varepsilon/[1 + V\mu''(I_i'')].$$

Il vient alors

$$e' \times I_i'' \subset \bigcup_{m=1}^{\infty} (J_m' \times I_i'') \text{ et } \sum_{m=1}^{\infty} V(\mu' \otimes \mu'')(J_m' \times I_i'') \leqq \varepsilon,$$

d'où la thèse.

5. — Voici à présent quelques conséquences des théorèmes de Fubini et Tonelli relatives à la μ-mesurabilité.

a) *Si f est $\mu'\otimes\mu''$-mesurable, il est* $\begin{Bmatrix}\mu'\\ \mu''\end{Bmatrix}$*-mesurable pour* $\begin{Bmatrix}\mu''\\ \mu'\end{Bmatrix}$*-presque tout* $\begin{Bmatrix}x''\\ x'\end{Bmatrix}$.

En effet, soit f limite $\mu'\otimes\mu''$-pp d'une suite de fonctions étagées $\alpha_m(x)$ et soit e l'ensemble où $\alpha_m \not\to f$. Comme e est $\mu'\otimes\mu''$-négligeable, en vertu du théorème de Fubini, il est μ'-négligeable pour μ''-presque tout x'', donc $\alpha_m(x', x'')$ converge vers $f(x', x'')$ μ'-pp pour μ''-presque tout x''.

b) *Si $f'(x')$ et $f''(x'')$ sont respectivement μ'- et μ''-mesurables, $f'(x')f''(x'')$ est $\mu'\otimes\mu''$-mesurable.*

En effet, si

$$\alpha'_m(x') \to f'(x')$$

hors de e' μ'-négligeable et si

$$\alpha''_m(x'') \to f''(x'')$$

hors de e'' μ''-négligeable, alors

$$\alpha'_m(x')\alpha''_m(x'') \to f'(x')f''(x'')$$

hors de

$$(e'\times\Omega'')\cup(\Omega'\times e''),$$

$\mu'\otimes\mu''$-négligeable vu b), p. 136.

c) *Si $f'(x')$ et $f''(x'')$ sont respectivement μ'- et μ''-intégrables, $f'(x')f''(x'')$ est $\mu'\otimes\mu''$-intégrable et*

$$\int f'(x')f''(x'')\,d\mu'\otimes\mu'' = \int f'(x')\,d\mu' \int f''(x'')\,d\mu''.$$

Comme $f'(x')f''(x'')$ est $\mu'\otimes\mu''$-mesurable, il suffit d'appliquer le théorème de Tonelli.

6. — Voici enfin quelques considérations supplémentaires relatives aux fonctions boréliennes dans $\Omega'\times\Omega''$.

a) *Si $f'(x')$ est borélien dans Ω' et si $f''(x'')$ est borélien dans Ω'', alors $f'(x')f''(x'')$ est borélien dans $\Omega'\times\Omega''$.*

Il suffit de prouver que $f'(x')$ borélien dans Ω' l'est aussi dans $\Omega'\times\Omega''$. Or l'ensemble des fonctions f' définies dans Ω' et telles que $f'(x')$ soit borélien dans $\Omega'\times\Omega''$ contient les fonctions étagées dans Ω' et les limites de ses suites ponctuellement convergentes.

Il contient donc les fonctions boréliennes dans Ω'.

b) *Si $f(x', x'')$ est borélien dans $\Omega' \times \Omega''$, il est borélien en* $\begin{Bmatrix} x' \\ x'' \end{Bmatrix}$ *pour tout* $\begin{Bmatrix} x'' \\ x' \end{Bmatrix}$ *fixé.*

De fait, l'ensemble des fonctions f définies dans $\Omega' \times \Omega''$ telles que $f(x', x'')$ soit borélien dans Ω' pour tout $x'' \in \Omega''$ contient les fonctions étagées et les limites de ses suites ponctuellement convergentes.

Il contient donc les fonctions boréliennes dans $\Omega' \times \Omega''$.

c) *Si f est borélien dans $\Omega' \times \Omega''$ et μ'-intégrable pour tout $x'' \in \Omega''$, alors $\int f d\mu'$ est borélien dans Ω''.*

Vérifions d'abord que $\int f d\mu'$ est borélien dans Ω'' pour toute fonction f borélienne, bornée et à support compact. De fait, l'ensemble des fonctions f telles que $\int f d\mu'$ soit borélien dans Ω'' contient visiblement les fonctions étagées dans $\Omega' \times \Omega''$; de plus, vu le théorème de Lebesgue, il contient les limites de ses suites f_m ponctuellement convergentes et telles que $|f_m| \leqq C\,\delta_Q$ pour tout m, où Q est étagé dans $\Omega' \times \Omega''$.

Soit à présent f borélien dans $\Omega' \times \Omega''$ et μ'-intégrable pour tout $x'' \in \Omega''$. Les fonctions

$$f_m = f\,\delta_{\{x: |f(x)| \leqq m,\, x \in Q_m\}},$$

où les Q_m sont étagés dans $\Omega' \times \Omega''$ et tels que $Q_m \uparrow \Omega' \times \Omega''$, convergent vers f ponctuellement dans $\Omega' \times \Omega''$ et sont telles que $|f_m| \leqq |f|$. On a donc

$$\int f_m\, d\mu' \to \int f\, d\mu'$$

pour tout $x'' \in \Omega''$. Or le premier membre est borélien car les f_m sont boréliens, bornés et à support compact. D'où la conclusion.

EXERCICES

1. — Soient f une fonction positive définie dans E_n et

$$D_f = \{(x, t) \in \Omega \times E_1 : 0 \leqq t \leqq f(x)\}.$$

Montrer que

a) f est μ-mesurable si et seulement si D_f est $\mu \otimes l$-mesurable,

b) f est borélien si et seulement si D_f est borélien,

c) f est μ-intégrable si et seulement si D_f est $\mu \otimes l$-intégrable et, dans ce cas,

$$\mu \otimes l(D_f) = \int f\, d\mu.$$

Suggestion. a) Soit d'abord f μ-mesurable. Si les α_m sont des fonctions étagées positives qui convergent vers f hors de e μ-négligeable,

$$D_f = \bigcap_{i=1}^{\infty} \bigcup_{k=1}^{\infty} \bigcap_{m \geqq k} \{(x, t) \in \Omega \times E_1 : 0 \leqq t \leqq \alpha_m(x) + 1/i\}$$

à un sous-ensemble de $e \times E_1$ près. Or $e \times E_1$ est $\mu \otimes l$-négligeable, d'où D_f est $\mu \otimes l$-mesurable.

Réciproquement, soit D_f $\mu\otimes l$-mesurable. Alors

$$D_m = \{(x, t) \in D_f : |x| \leqq m, |t| \leqq m\}$$

est $\mu\otimes l$-intégrable, d'où, par le théorème de Fubini, pour l-presque tout t tel que $|t|\leqq m$, l'ensemble

$$\{x : f(x) \geqq t, |x| \leqq m\}$$

est μ-mesurable. De là, pour l-presque tout t,

$$\{x : f(x) \geqq t\}$$

est μ-mesurable.

L'ensemble des t exceptionnels, l-négligeable, est d'intérieur vide. Donc l'ensemble des t où

$$\{x : f(x) \geqq t\}$$

est μ-mesurable et dense dans E_1. Donc f est μ-mesurable, vu e), p. 74.

b) Montrons à présent que, si f est borélien, D_f est borélien.

Considérons l'ensemble des f tels que $D_{(\mathscr{R}f)_+ + c}$ soit borélien pour tout $c \geqq 0$. Il contient visiblement les fonctions étagées. Il contient aussi les limites de ses suites ponctuellement convergentes: si $f_m \to f$,

$$D_{(\mathscr{R}f)_+ + c} = \bigcap_{i=1}^{\infty} \bigcup_{k=1}^{\infty} \bigcap_{m>k} D_{(\mathscr{R}f_m)_+ + c + 1/i}.$$

Il contient donc les fonctions boréliennes.

Réciproquement, si D_f est borélien, f est borélien.

Pour tout $e \subset \Omega \times E_1$, posons

$$f_{m,e}(x) = \sup\{0\} \cup \{t \leqq m : (x, t) \in e\}$$

et considérons l'ensemble des e tels que $f_{m,e}$ soit borélien pour tout m. Il contient visiblement les ensembles étagés et les unions et intersections dénombrables de ses éléments, donc il contient les ensembles boréliens. De là, si D_f est borélien,

$$f = \sup_m f_{m,D_f}$$

est borélien.

c) Découle trivialement des théorèmes de Fubini et Tonelli, les mesurabilités indispensables étant assurées par a).

2. — Si $f(x', x'')$ défini dans $\Omega' \times \Omega''$ est

— μ''-mesurable (resp. borélien) en x'' pour tout x',

— continu en x' ou même tel que $f(x'_m, x'') \to f(x', x'')$ si $x'_m \{\substack{\uparrow \\ \downarrow}\} x'$, pour tout x'',

alors f est $\mu' \otimes \mu''$-mesurable quel que soit μ' (resp. borélien).

En particulier, toute fonction séparément continue en x' et x'' est borélienne.

Suggestion. Si les $I_k'^{(m)} =]a_k'^{(m)}, b_k'^{(m)}]$ constituent une partition de $E_{n'}$ en semi-cubes de diamètre inférieur à $1/m$, on a

$$f(x', x'') = \lim_m \sum_{k=1}^{\infty} f[b_k'^{(m)}, x''] \delta_{I_k'^{(m)}}(x')$$

pour tous x', x''. Or les fonctions du second membre sont $\mu' \otimes \mu''$-mesurables (resp. boréliennes).

3. — Si $f(x, t)$, défini dans $\Omega\times]a, b[$, $(a, b\in E_1)$, est μ-mesurable en x pour tout $t\in]a, b[$ et monotone en t pour tout $x\in\Omega$, alors $f(x, t)$ est $\mu\otimes\nu$-mesurable dans $\Omega\times]a, b[$ quel que soit ν.

Suggestion. On peut supposer f croissant par rapport à t pour tout $x\in\Omega$. En effet, l'ensemble des x où il est croissant (resp. décroissant) est μ-mesurable, car il s'écrit

$$\left\{x:f\left(x, a+\frac{1}{m}\right) \leqq (\text{resp.} \geqq) f\left(x, b-\frac{1}{m}\right), \ \forall m > 2/(b-a)\right\}.$$

Posons

$$f_-(x, t) = \sup_{t-1/m>a} f(x, t-1/m) \quad [\text{resp.}\, f_+(x, t) = \inf_{t+1/m<b} f(x, t+1/m)].$$

C'est une fonction μ-mesurable en x pour tout $t\in]a, b[$ et continue à gauche (resp. à droite) en t pour tout $x\in\Omega$. De plus, $f_-\leqq f\leqq f_+$.

Soit ν donné. Vu d), p. 72, il existe au plus une suite de points t_i, $(i=1, 2, \ldots)$, tels que $\{t_i\}$ ne soit pas ν-négligeable. L'ensemble

$$e = \{(x, t):f_-(x, t) \neq f_+(x, t) \text{ et } t \neq t_i, \ \forall i\}$$

est alors $\mu\otimes\nu$-négligeable car, pour tout x fixé, $\{t:(x, t)\in e\}$ est union dénombrable de points ν-négligeables, donc il est ν-négligeable. Cela étant,

$$f(x, t) = f_-(x, t)\delta_{\{t:t\neq t_i, \forall i\}}(t) + \sum_{i=1}^{\infty} f(x, t_i)\delta_{t_i}(t) \quad \mu\otimes\nu\text{-pp},$$

où le second membre est $\mu\otimes\nu$-mesurable.

4. — Si f est μ-mesurable (resp. borélien), l'ensemble

$$\mathcal{G}(f) = \{(x, f(x))\in\Omega\times E_2 : x\in\Omega\}$$

est $\mu\otimes l$-négligeable (resp. borélien).

Suggestion. Considérons l'ensemble Φ des f tels que

$$\{(x, y): y\in f(x)+I\},$$

I désignant un intervalle fermé dans E_2, soit borélien. Il contient visiblement les fonctions étagées. Il contient aussi les limites de ses suites ponctuellement convergentes: si $f_m\to f$,

$$\{(x, y): y\in f(x)+I\} = \bigcap_{i=1}^{\infty} \bigcup_{k=1}^{\infty} \bigcap_{m\geqq k} \{(x, y): y\in f_m(x)+I_i\},$$

où

$$I_i = [a_1-1/i, b_1+1/i]\times[a_2-1/i, b_2+1/i],$$

si $I = [a_1, b_1]\times[a_2, b_2]$.

Donc Φ contient les fonctions boréliennes. Or, si $I_m\downarrow 0$,

$$\mathcal{G}(f) = \bigcap_{m=1}^{\infty} \{(x, y): y\in f(x)+I_m\}$$

donc $\mathcal{G}(f)$ est borélien pour tout f borélien.

Soit à présent f μ-mesurable. Il existe e μ-négligeable tel que $f\delta_{\Omega\setminus e}$ soit borélien. Alors $\mathcal{G}(f)=\mathcal{G}(f\delta_{\Omega\setminus e})$ $\mu\otimes l$-pp et $\mathcal{G}(f\delta_{\Omega\setminus e})$ est borélien donc $\mathcal{G}(f)$ est $\mu\otimes l$-mesurable.

Quels que soient Q étagé dans Ω et $N>0$, $\mathscr{G}(f)\cap(Q\times]-N, N])$ est alors $\mu\otimes l$-intégrable et, par le théorème de Fubini,

$$V(\mu\otimes l)[\mathscr{G}(f)\cap(Q\times]-N,N])] = \int_{\substack{x\in Q\\ -N<f(x)\leq N}} l(\{f(x)\})\, dV\mu = 0,$$

donc $\mathscr{G}(f)$ est $\mu\otimes l$-négligeable.

V. RELATIONS ENTRE MESURES

Dans ce chapitre, sauf mention explicite du contraire, toutes les mesures considérées sont définies dans Ω.

Mesures $f\cdot\mu$

1. — *Soit f une fonction localement μ-intégrable.*

La loi qui, à tout semi-intervalle I dans Ω, associe le nombre

$$\int_I f\, d\mu$$

est une mesure dans Ω, notée $f\cdot\mu$, *telle que*

$$V(f\cdot\mu)=|f|\cdot V\mu.$$

Si f est la fonction caractéristique d'un ensemble μ-mesurable e, on écrit aussi μ_e pour $\delta_e\cdot\mu$ et cette mesure est appelée la *restriction de μ à e.*

Chaque fois qu'on utilisera la notation $f\cdot\mu$, il sera implicitement admis que f est localement μ-intégrable.

Passons à la démonstration du théorème.

L'additivité de la loi $\int_I f\, d\mu$ est triviale.

Vérifions qu'elle est à variation finie.

Pour tout I dans Ω et toute partition finie $\{I_1, ..., I_N\}$ de I, on a

$$\sum_{i=1}^{N}\left|\int_{I_i} f dV\mu\right| \leq \sum_{i=1}^{N}\int_{I_i}|f|\, dV\mu = \int_I |f|\, dV\mu,$$

d'où $f\cdot\mu$ est à variation finie et

$$V(f\cdot\mu)(I) \leq \int_I |f|\, dV\mu. \qquad (*)$$

De plus, soit $I_m\to I$ dans Ω. Il existe I_0 tel que $I_m\subset I_0$ pour m assez grand. On a alors

$$f\delta_{I_m}\to f\delta_I \quad \mu\text{-pp}$$

et

$$|f\delta_{I_m}| \leqq |f|\delta_{I_0},$$

d'où, par le théorème de Lebesgue,

$$\int_{I_m} f\,d\mu \to \int_I f\,d\mu.$$

Donc $f\cdot\mu$ est une mesure dans Ω.

Enfin, établissons que $V(f\cdot\mu) = |f|\cdot V\mu$.

Si f est étagé, c'est immédiat. De fait, soit

$$f = \sum_{(i)} c_i \delta_{I_i},$$

où les I_i sont des semi-intervalles dans Ω, deux à deux disjoints. On a successivement

$$V(f\cdot\mu)(I) = \sum_{(i)} V(f\cdot\mu)(I\cap I_i)$$

$$= \sum_{(i)} \sup_{\mathscr{P}(I\cap I_i)} \sum_{J\in\mathscr{P}(I\cap I_i)} |(f\cdot\mu)(J)| = \sum_{(i)} |c_i| \sup_{\mathscr{P}(I\cap I_i)} \sum_{J\in\mathscr{P}(I\cap I_i)} |\mu(J)|$$

$$= \sum_{(i)} |c_i| V\mu(I\cap I_i) = (|f|\cdot V\mu)(I).$$

Supposons à présent f μ-intégrable.

Pour I et $\varepsilon > 0$ fixés, il existe α étagé tel que

$$\int_I |f-\alpha|\,dV\mu \leqq \varepsilon/2.$$

Vu la majoration immédiate

$$V(f\cdot\mu + g\cdot\mu)(I) \leqq V(f\cdot\mu)(I) + V(g\cdot\mu)(I)$$

pour tout I dans Ω, il vient alors

$$\begin{aligned}\int_I |f|\,dV\mu &\leqq \int_I |\alpha|\,dV\mu + \varepsilon/2 = V(\alpha\cdot\mu)(I) + \varepsilon/2\\ &\leqq V(f\cdot\mu)(I) + V[(\alpha-f)\cdot\mu](I) + \varepsilon/2\\ &\leqq V(f\cdot\mu)(I) + \int_I |\alpha-f|\,dV\mu + \varepsilon/2\\ &\leqq V(f\cdot\mu)(I) + \varepsilon.\end{aligned}$$

De là, on a

$$\int_I |f|\,dV\mu \leqq V(f\cdot\mu)(I)$$

pour tout I dans Ω, d'où la conclusion vu la majoration (*).

a) *On a* $f \cdot \mu = 0$ *si et seulement si* $f = 0$ μ-pp.

De fait, $f \cdot \mu$ est nul si et seulement si

$$\int_I |f| \, dV\mu = 0, \quad \forall I,$$

donc, en vertu du théorème d'annulation a), p. 60, si et seulement si $f\delta_I = 0$ μ-pp pour tout I, donc si et seulement si $f = 0$ μ-pp car Ω est union dénombrable de semi-intervalles dans Ω.

b) *Si* μ *est positif,* $f \cdot \mu$ *est positif si et seulement si* f *est positif* μ-pp.

La condition suffisante est immédiate.

La condition est nécessaire. De fait, on a

$$f \cdot \mu = V(f \cdot \mu) = |f| \cdot \mu,$$

d'où

$$(|f| - f) \cdot \mu = 0,$$

c'est-à-dire $f = |f|$ μ-pp.

2. — Passons à l'intégration par rapport aux mesures $f \cdot \mu$.

Introduisons une convention utile: dans ce qui suit, on convient que $Ff = 0$ en tout point où $f = 0$. Lorsque cela est nécessaire, on rappelle cette convention en écrivant Ff (0 si $f = 0$).

Le théorème suivant est fondamental.

Si f *est localement* μ*-intégrable,*

a) e *est* $(f \cdot \mu)$*-négligeable si et seulement si* $e \cap \{x : f(x) \neq 0\}$ *est* μ*-négligeable.*

b) F *est* $(f \cdot \mu)$*-mesurable si et seulement si* Ff (0 *si* $f = 0$) *est* μ*-mesurable.*

c) F *est* $(f \cdot \mu)$*-intégrable si et seulement si* Ff (0 *si* $f = 0$) *est* μ*-intégrable et on a alors*

$$\int F \, d(f \cdot \mu) = \int Ff \, d\mu.$$

A. On établit d'abord c) dans le cas où F est borélien.

Les fonctions g boréliennes bornées et à support compact dans Ω vérifient c).

De fait, considérons l'ensemble de ces g tels que

$$\int g \, d(f \cdot \mu) = \int gf \, d\mu,$$

les deux membres étant trivialement définis. Il contient les fonctions étagées. De plus, en vertu du théorème de Lebesgue, il contient les limites des suites convergentes de ses éléments, majorées par $C\,\delta_Q$, pour $C > 0$ et Q étagé dans Ω fixés. On conclut par le paragraphe 3, p. 114.

Si F est borélien, il vérifie c).

En effet, soient $|F|$ $(|f|\cdot V\mu)$-intégrable (resp. $|Ff|$ μ-intégrable), $Q_m\uparrow\Omega$ et

$$F_m = F\delta_{\{x\in Q_m:|F(x)|\leq m\}}.$$

Les F_m sont boréliens, bornés et à support compact dans Ω. En outre,

$$|F_m|\uparrow|F|, \quad |F_m f|\uparrow|Ff|$$

et

$$\int|F_m|\,d(|f|\cdot V\mu) = \int|F_m f|\,dV\mu \leq \int|F|\,d(|f|\cdot V\mu) \quad \left[\text{resp.} \int|Ff|\,dV\mu\right].$$

Il résulte alors du théorème de Levi que $|Ff|$ est μ-intégrable (resp. que $|F|$ est $(|f|\cdot V\mu)$-intégrable). En outre, par le théorème de Lebesgue, on a

$$\int F\,d(f\cdot\mu) = \lim_m \int F_m\,d(f\cdot\mu) = \lim_m \int F_m f\,d\mu = \int Ff\,d\mu.$$

B. Démontrons à présent a).

Si e est $(f\cdot\mu)$-négligeable, il appartient à e' borélien et $(f\cdot\mu)$-négligeable. Vu A, $f\delta_{e'}$ (0 si $f=0$) est μ-intégrable et son intégrale par rapport à $V\mu$ est nulle. Donc $f\delta_{e'}=0$ μ-pp et $e'\cap\{x:f(x)\neq 0\}$ est μ-négligeable. C'est vrai a fortiori si on remplace e' par e.

Inversement, soit e tel que $e\cap\{x:f(x)\neq 0\}$ soit μ-négligeable. On détermine e' et e'' boréliens et tels que

$$e'\supset e\cap\{x:f(x)\neq 0\};\quad V\mu[e'\setminus(e\cap\{x:f(x)\neq 0\})]=0$$

et

$$e''\supset\{x:f(x)=0\};\quad V\mu(e''\setminus\{x:f(x)=0\})=0.$$

On a alors $e\subset e'\cup e''$, où e' et e'' sont $(f\cdot\mu)$-négligeables, par A.

C. Démontrons b).

Soit F $(f\cdot\mu)$-mesurable. Il existe F_0 borélien égal à F hors de e $(f\cdot\mu)$-négligeable. Alors Ff (0 si $f=0$) est égal à $F_0 f$ (0 si $f=0$) hors de $e\cap\{x:f(x)\neq 0\}$, μ-négligeable, d'où Ff est μ-mesurable.

Inversement, soit Ff (0 si $f=0$) μ-mesurable. Il existe f_0 et g_0 boréliens, égaux μ-pp à f et Ff respectivement. On voit alors qu'il existe e μ-négligeable, tel que

$$F=\frac{Ff}{f}=\frac{g_0}{f_0} \quad (0 \text{ si } f_0=0)$$

hors de $e\cup\{x:f(x)=0\}$. Ce dernier ensemble est $(f\cdot\mu)$-négligeable, d'où F est $(f\cdot\mu)$-mesurable.

D. Démontrons c).

D'une part, si F est $(f\cdot\mu)$-intégrable, il est $(f\cdot\mu)$-mesurable et il existe F_0 borélien égal à F $(f\cdot\mu)$-pp. On a alors

$$\int F\,d(f\cdot\mu) = \int F_0\,d(f\cdot\mu) = \int F_0 f\,d\mu = \int Ff\,d\mu,$$

vu A et B.

D'autre part, si Ff est μ-intégrable, il est μ-mesurable et, vu b), F est $(f\cdot\mu)$-mesurable. Il existe donc F_0 borélien égal à F $(f\cdot\mu)$-pp. On a alors $Ff=F_0 f$ μ-pp, d'où

$$\int Ff\,d\mu=\int F_0 f\,d\mu=\int F_0\,d(f\cdot\mu)=\int F\,d(f\cdot\mu),$$

vu A.

3. — Voici quelques corollaires utiles du théorème précédent.

— *Si e est μ-négligeable, il est $(f\cdot\mu)$-négligeable. Inversement, si $f\neq 0$ μ-pp, tout ensemble $(f\cdot\mu)$-négligeable est μ-négligeable.*

— $\{x: f(x)=0\}$ *est* $(f\cdot\mu)$*-négligeable.*

— *L'intersection d'un porteur de μ et d'un μ-porteur de f est un porteur de $f\cdot\mu$.*

— $[f\cdot\mu]=[f]_\mu$.

— *e μ-mesurable est $(f\cdot\mu)$-intégrable si et seulement si f est μ-intégrable dans e. On a alors*

$$(f\cdot\mu)(e)=\int_e f\,d\mu.$$

— *g est localement $(f\cdot\mu)$-intégrable si et seulement si gf (0 si $f=0$) est localement μ-intégrable.*

— *Si $f\neq 0$ μ-pp, $1/f$ est localement $(f\cdot\mu)$-intégrable et*

$$\mu=\frac{1}{f}\cdot(f\cdot\mu).$$

Pour ce dernier point, on note que $1/f$ est localement $(f\cdot\mu)$-intégrable si et seulement si f/f (0 si $f=0$) est localement μ-intégrable, ce qui est toujours vrai. On a alors, pour tout I,

$$\left[\frac{1}{f}\cdot(f\cdot\mu)\right](I)=\int_I\frac{1}{f}\,d(f\cdot\mu)=\int_{I\cap\{x:f(x)\neq 0\}}1\,d\mu$$
$$=\mu\big(I\cap\{x:f(x)\neq 0\}\big)=\mu(I).$$

— *Si f est localement μ-intégrable et si F est localement $(f\cdot\mu)$-intégrable, alors*

$$(Ff)\cdot\mu=F\cdot(f\cdot\mu).$$

Théorème de J. Radon

4. — Soient μ et ν deux mesures. On dit que μ est *absolument continu* par rapport à ν et on note $\mu\ll\nu$ si tout ensemble ν-négligeable est μ-négligeable.

Les mesures μ et ν sont *équivalentes* si $\mu\ll\nu$ et $\nu\ll\mu$, ce qu'on note $\mu\simeq\nu$.

a) Voici un critère pratique d'absolue continuité.

On a $\mu \ll \nu$ si et seulement si, pour tout borélien e d'adhérence compacte dans Ω,

$$V\nu(e)=0 \Rightarrow V\mu(e)=0.$$

Pour la condition suffisante, on note que tout ensemble ν-négligeable est contenu dans un borélien ν-négligeable.

b) Notons encore que, *si $\mu \ll \nu$,*

— *tout porteur de ν est un porteur de μ,*

— $[\mu] \subset [\nu]$,

— *toute fonction ν-mesurable est μ-mesurable.*

c) *Si $\mu \ll \nu$ et $\lambda \ll \mu$, on a $\lambda \ll \nu$.*

d) *Si $\mu = f \cdot \nu$, on a $\mu \ll \nu$. De plus, $\mu \simeq \nu$ si et seulement si $f \neq 0$* μ-pp, *auquel cas $\nu = (1/f) \cdot \mu$.*

Cela résulte du paragraphe 3.

5. — Théorème de J. Radon

Si μ est absolument continu par rapport à ν, il existe f localement ν-intégrable tel que

$$\mu = f \cdot \nu.$$

Cet f est unique ν-pp.

A. Si f existe, son unicité découle trivialement du théorème d'annulation a), p. 143.

B. Soient μ et ν deux mesures réelles.

Posons $\mu \leqq \nu$ si $\mu(I) \leqq \nu(I)$ pour tout I dans Ω. Il est immédiat qu'on a alors $\mu(e) \leqq \nu(e)$ pour tout e borélien et d'adhérence compacte dans Ω. En effet, l'ensemble des e boréliens tels que

$$\mu(e \cap Q) \leqq \nu(e \cap Q)$$

pour tout Q étagé dans Ω contient visiblement les ensembles étagés et les unions et intersections dénombrables et monotones de ses éléments.

C. La démonstration de l'existence de f comporte cinq étapes, selon les hypothèses faites sur μ et ν.

a) Supposons $\mu, \nu \geqq 0$ et $\mu(\Omega) < \infty$.

Soit $\mathscr{F}$ l'ensemble des f boréliens, positifs, ν-intégrables et tels que $f \cdot \nu \leqq \mu$. Remarquons qu'on peut se borner à supposer f localement ν-intégrable, puisque la majoration $f \cdot \nu \leqq \mu$ implique que Ω soit $(f \cdot \nu)$-intégrable, donc que f soit ν-intégrable.

Si $f_1, \ldots, f_N \in \mathscr{F}$, alors $\sup(f_1, \ldots, f_N) \in \mathscr{F}$. De fait, si on pose

$$e_i = \{x : f_i(x) > f_j(x), (j < i);\ f_i(x) \geqq f_j(x), (j > i)\},$$

on a

$$\sup(f_1, \dots, f_N) = \sum_{i=1}^{N} f_i \delta_{e_i}$$

et

$$[\sup(f_1, \dots, f_N) \cdot \nu](I) = \sum_{i=1}^{N} (f_i \cdot \nu)(I \cap e_i) \leqq \sum_{i=1}^{N} \mu(I \cap e_i) = \mu(I), \quad \forall I.$$

Posons

$$M = \sup_{f \in \mathscr{F}} \int_{\Omega} f \, d\nu \leqq \mu(\Omega).$$

Cet M existe puisque $\mathscr{F}$ n'est pas vide (il contient 0) et que tout $f \in \mathscr{F}$ est ν-intégrable.

Il existe une suite $f_m \in \mathscr{F}$ telle que

$$\int_{\Omega} f_m \, d\nu \to M.$$

On peut supposer la suite f_m croissante, quitte à lui substituer la suite $f'_m = \sup_{i \leqq m} f_i$. Donc, par le théorème de Levi, f_m converge ν-pp vers f ν-intégrable, qui est visiblement tel que $f \cdot \nu \leqq \mu$ et que

$$\int_{\Omega} f \, d\nu = M.$$

Prouvons que $f \cdot \nu = \mu$. Si ce n'est pas le cas, il existe I dans Ω tel que $(f \cdot \nu)(I) < \mu(I)$. Il existe alors $\varepsilon > 0$ tel que

$$\mu(I) - (f \cdot \nu)(I) - \varepsilon \nu(I) > 0.$$

Soit e_0 borélien tel que

$$\mu(e_0) - (f \cdot \nu)(e_0) - \varepsilon \nu(e_0) = \sup_{e \subset I} [\mu(e) - (f \cdot \nu)(e) - \varepsilon \nu(e)], \qquad (*)$$

e désignant un ensemble μ-, $(f \cdot \nu)$- et ν- mesurable. L'existence d'un e_s μ-, $(f \cdot \nu)$- et ν-mesurable qui vérifie cette relation résulte de la remarque h), p. 102. Si e_0 borélien est égal à e_s ν-pp, il lui est aussi égal μ- et $(f \cdot \nu)$-pp, donc il répond à la question. Cet e_0 n'est pas ν-négligeable, sinon l'expression (*) serait nulle, ce qui est faux.

On a

$$(f + \varepsilon \delta_{e_0}) \cdot \nu \leqq \mu.$$

En effet, pour tout J dans Ω,

$$\mu(J) - [(f + \varepsilon \delta e_0) \cdot \nu](J)$$

$$= [\mu(J \setminus e_0) - (f \cdot \nu)(J \setminus e_0)] + [\mu(J \cap e_0) - (f \cdot \nu)(J \cap e_0) - \varepsilon \nu(J \cap e_0)].$$

10*

Le premier terme entre crochets est supérieur ou égal à 0, vu B. Le second s'écrit encore

$$[\mu(e_0)-(f\cdot\nu)(e_0)-\varepsilon\nu(e_0)]-[\mu(e_0\setminus J)-(f\cdot\nu)(e_0\setminus J)-\varepsilon\nu(e_0\setminus J)]$$

et est donc supérieur ou égal à 0, vu (*).

Donc $f+\varepsilon\delta_{e_0}\in\mathscr{F}$, alors que

$$\int(f+\varepsilon\delta_{e_0})\,d\nu = \int f\,d\nu+\varepsilon\nu(e_0) > M,$$

ce qui est absurde.

b) Supposons μ réel, $\nu\geqq 0$ et $V\mu(\Omega)<\infty$.

Soit e borélien tel que

$$\mu(e) = \sup_{e'\subset\Omega}\mu(e'),$$

e' désignant un ensemble borélien quelconque. Alors $\delta_e\cdot\mu$ et $-\delta_{\Omega\setminus e}\cdot\mu$ sont des mesures positives car, pour tout I dans Ω,

$$(\delta_e\cdot\mu)(I) = \mu(I\cap e) = \mu(e)-\mu(e\setminus I)\geqq 0$$

et

$$(-\delta_{\Omega\setminus e}\cdot\mu)(I) = -\mu(I\setminus e) = \mu(e)-\mu(e\cup I)\geqq 0.$$

Donc $\delta_e\cdot\mu=f\cdot\nu$, $-\delta_{\Omega\setminus e}\cdot\mu = g\cdot\nu$ et $\mu=(f-g)\cdot\nu$.

c) Supposons μ complexe, $\nu\geqq 0$ et $V\mu(\Omega)<\infty$.

Les lois

$$(\mathscr{R}\mu)(I)=\mathscr{R}[\mu(I)] \quad\text{et}\quad (\mathscr{I}\mu)(I)=\mathscr{I}[\mu(I)]$$

sont visiblement des mesures dans Ω telles que $\mathscr{R}\mu$, $\mathscr{I}\mu\ll\nu$. Donc $\mathscr{R}\mu=f\cdot\nu$, $\mathscr{I}\mu=g\cdot\nu$ et $\mu=(f+ig)\cdot\nu$.

d) Supposons μ quelconque, $\nu\geqq 0$.

Soit F μ-intégrable et strictement positif (cf. c), p. 60).

Par d), p. 146, $\mu\simeq F\cdot\mu$, donc $F\cdot\mu\ll\nu$. Par b), $F\cdot\mu=f\cdot\nu$ et

$$\mu = \frac{1}{F}\cdot(F\cdot\mu) = \frac{1}{F}\cdot(f\cdot\nu) = \frac{f}{F}\cdot\nu.$$

e) Supposons μ et ν quelconques.

On note d'abord que $\nu\simeq V\nu$, d'où, par d), $\nu=F\cdot V\nu$ où $F\neq 0$ ν-pp, et $V\nu=(1/F)\cdot\nu$. De plus, $\mu\ll V\nu$, d'où $\mu=f\cdot V\nu=(f/F)\cdot\nu$.

* *Variante.* Voici une autre démonstration du théorème de Radon, qui recourt aux éléments de la théorie des espaces de Hilbert.

Nous indiquons comment modifier le point a) de C. Les autres restent inchangés.

a_1) Soient d'abord $\mu,\nu\geqq 0$, $\mu\leqq\nu$ et $\mu(\Omega)<\infty$.

Si f est borélien et appartient à ν-$L_2(\Omega)$, on a $f \in \mu$-$L_1(\Omega)$ et μ-$L_2(\Omega)$ et on a

$$\left|\int f d\mu\right| \leqq \sqrt{\mu(\Omega)} \, \|f\|_{\mu\text{-}L_2(\Omega)} \leqq \sqrt{\mu(\Omega)} \, \|f\|_{\nu\text{-}L_2(\Omega)}.$$

En vertu du théorème de Riesz de la théorie des espaces de Hilbert, il existe alors g appartenant à ν-$L_2(\Omega)$, donc localement ν-intégrable, tel que

$$\int f d\mu = \int fg \, d\nu, \quad \forall f \in \nu\text{-}L_2(\Omega),$$

d'où on déduit $\mu = g \cdot \nu$, en prenant pour f les δ_I tels que $\bar{I} \subset \Omega$.

a$_2$) Soient $\mu, \nu \geqq 0$ et $\mu(\Omega) < \infty$.

Soit F strictement positif et ν-intégrable. On a $F \cdot \nu \simeq \nu$.

Posons $\lambda = \sup(\mu, F \cdot \nu)$. On a $\mu, F \cdot \nu \leqq \lambda$ et $\mu(\Omega), (F \cdot \nu)(\Omega) < \infty$. De là, par a$_1$), il existe f et g localement λ-intégrables tels que

$$\mu = f \cdot \lambda \quad \text{et} \quad F \cdot \nu = g \cdot \lambda.$$

Or $F \cdot \nu \simeq \lambda$, donc $g \neq 0$ $(F \cdot \nu)$-pp et

$$\lambda = \frac{1}{g} \cdot (F \cdot \nu),$$

d'où

$$\mu = f \cdot \left[\frac{1}{g} \cdot (F \cdot \nu)\right] = \left(f \frac{1}{g} F\right) \cdot \nu.$$

Signalons un cas particulier utile du théorème de Radon: *il existe J μ-mesurable tel que $|J| = 1$ μ-pp et que*

$$\mu = J \cdot V\mu \quad et \quad V\mu = \frac{1}{J} \cdot \mu.$$

Vu le théorème de Radon, il existe J localement μ-intégrable tel que $\mu = J \cdot V\mu$.

On a $|J| = 1$ μ-pp car $V\mu = |J| \cdot V\mu$, d'où $(1 - |J|) \cdot V\mu = 0$ et la conclusion par a), p. 143.

Dès lors, il vient $V\mu = \frac{1}{J} \cdot \mu$ vu une remarque précédente (cf. d), p. 146).

6. — Dans le cas particulier de la mesure de Lebesgue dans E_n, on peut préciser le théorème de Radon en donnant la forme de f.

Dans ce qui suit, $B(x, R)$ désigne la boule ouverte ou fermée de centre x et de rayon R.

Si $\mu \ll l$, on a $\mu = f \cdot l$, où

$$f(x) = \lim_{R \to 0+} \frac{\mu[B(x, R)]}{l[B(x, R)]}$$

pour tout x pris hors d'un ensemble l-négligeable.

Par le théorème de Radon, on a $\mu = f \cdot l$ avec f localement l-intégrable. Le théorème résulte alors immédiatement du paragraphe 42, p. 94.

Comparaison des mesures réelles

7. — On peut définir des relations de comparaison entre mesures réelles. Soient μ et ν deux mesures réelles; on dit que μ est *plus grand* (resp. *plus petit*) que ν et on écrit

$$\mu \geqq (\text{resp. } \leqq) \nu$$

si et seulement si

$$\mu(I) \geqq [\text{resp. } \leqq] \nu(I)$$

pour tout I dans Ω.

a) *Si* $V\mu \leqq V\nu$, *on a* $\mu \ll \nu$. *De plus, on a* $\mu = f \cdot \nu$ *avec* $|f| \leqq 1$ ν-pp.

Si $V\mu \leqq V\nu$, on a évidemment $\mu \ll \nu$. Par le théorème de Radon, il existe alors f localement ν-intégrable tel que $\mu = f \cdot \nu$. De là,

$$V\mu = |f| \cdot V\nu \leqq V\nu,$$

d'où $(1 - |f|) \cdot V\nu \geqq 0$, c'est-à-dire $1 \geqq |f|$ ν-pp.

b) *Si* $V\mu \leqq V\nu$,

— *tout ensemble* ν-*négligeable est* μ-*négligeable,*

— *toute fonction* ν-*mesurable est* μ-*mesurable,*

— *toute fonction* F ν-*intégrable est* μ-*intégrable et on a*

$$\int |F| \, dV\mu \leqq \int |F| \, dV\nu.$$

Les deux premiers points résultent immédiatement de a).

Passons au troisième. Vu a), on a $\mu = f \cdot \nu$, où f est ν-mesurable et où $|f| \leqq 1$ ν-pp. Cela étant, si F est ν-intégrable, Ff est ν-intégrable, donc F est μ-intégrable et on a

$$\int |F| \, dV\mu = \int |Ff| \, dV\nu \leqq \int |F| \, dV\nu.$$

c) *Si* $\mu \leqq \nu$, *on a* $[\mu] \subset [\nu]$.

Cela résulte de a) et de b), p. 146.

Combinaison linéaire de mesures

8. — Si $\mu_1, \ldots, \mu_N$ sont des mesures et si $c_1, \ldots, c_N \in \mathbf{C}$, on appelle *combinaison linéaire*

$$\sum_{i=1}^{N} c_i \mu_i$$

la loi qui, à tout I dans Ω, associe le nombre

$$\left(\sum_{i=1}^{N} c_i \mu_i \right)(I) = \sum_{i=1}^{N} c_i \mu_i(I).$$

a) *Toute combinaison linéaire de mesures est une mesure.*
De plus, on a

$$V\left(\sum_{i=1}^{N} c_i \mu_i\right) \leqq \sum_{i=1}^{N} |c_i| \, V\mu_i$$

et

$$V(c\mu) = |c| \, V\mu.$$

Soit $\sum_{i=1}^{N} c_i \mu_i$ une combinaison linéaire de mesures dans Ω.
C'est une loi additive dans Ω car

$$\begin{aligned}\sum_{J \in \mathscr{P}(I)} \left(\sum_{i=1}^{N} c_i \mu_i\right)(J) &= \sum_{J \in \mathscr{P}(I)} \sum_{i=1}^{N} c_i \mu_i(J) = \sum_{i=1}^{N} c_i \sum_{J \in \mathscr{P}(I)} \mu_i(J) \\ &= \sum_{i=1}^{N} c_i \mu_i(I) = \left(\sum_{i=1}^{N} c_i \mu_i\right)(I)\end{aligned}$$

pour tout I dans Ω et toute partition finie $\mathscr{P}(I)$.
Elle est à variation finie et vérifie la condition annoncée car

$$\begin{aligned}\sum_{J \in \mathscr{P}(I)} \left|\sum_{i=1}^{N} c_i \mu_i(J)\right| &\leqq \sum_{J \in \mathscr{P}(I)} \sum_{i=1}^{N} |c_i| \, |\mu_i(J)| \\ &\leqq \sum_{i=1}^{N} |c_i| \sum_{J \in \mathscr{P}(I)} |\mu_i(J)| \leqq \sum_{i=1}^{N} |c_i| \, V\mu_i(I)\end{aligned}$$

pour tout I dans Ω et toute partition finie $\mathscr{P}(I)$, d'où, pour tout I dans Ω,

$$V\left(\sum_{i=1}^{N} c_i \mu_i\right)(I) \leqq \sum_{i=1}^{N} |c_i| \, V\mu_i(I).$$

De là, pour $c \neq 0$, $Vc(\mu) = |c| \, V\mu$ car

$$V(c\mu) \leqq |c| \, V\mu = |c| V\left(\frac{1}{c} c\mu\right) \leqq V(c\mu).$$

Elle est continue dans Ω car, si $I_m \to I$ dans Ω,

$$\sum_{i=1}^{N} c_i \mu_i(I_m) \to \sum_{i=1}^{N} c_i \mu_i(I).$$

b) *Si μ_1 et μ_2 sont deux mesures, on a*

$$|V\mu_1(I) - V\mu_2(I)| \leqq V(\mu_1 - \mu_2)(I)$$

pour tout I dans Ω.

En effet, l'inégalité proposée résume les suivantes:

$$\begin{Bmatrix} V\mu_1(I) \\ V\mu_2(I) \end{Bmatrix} \leqq \begin{Bmatrix} V\mu_2(I) \\ V\mu_1(I) \end{Bmatrix} + V(\mu_1 - \mu_2)(I).$$

c) *Soient* $\mu_1, \ldots, \mu_N$ *des mesures dans* Ω *et* $c_1, \ldots, c_N \in \mathbf{C}$. *Posons*

$$\mu = \sum_{i=1}^{N} c_i \mu_i .$$

— *Si* e *est* μ_i*-négligeable,* $(i=1, \ldots, N)$, *il est* μ*-négligeable.*
— *Si* F *est* μ_i*-mesurable,* $(i=1, \ldots, N)$, *il est* μ*-mesurable.*
— *Si* F *est* μ_i*-intégrable,* $(i=1, \ldots, N)$, *il est* μ*-intégrable et on a*

$$\int F\, d\mu = \sum_{i=1}^{N} c_i \int F\, d\mu_i .$$

La réciproque de chaque point est vraie si $c_i > 0$ *et* $\mu_i \geqq 0$, $(i=1, \ldots, N)$.

Posons $\nu = \sum_{i=1}^{N} V\mu_i$. Comme $V\mu_i \leqq \nu$, on a $\mu_i = f_i \cdot \nu$, $(i=1, \ldots, N)$, et, de là,

$$\sum_{i=1}^{N} c_i \mu_i = \left(\sum_{i=1}^{N} c_i f_i\right) \cdot \nu .$$

Cela étant, si e est μ_i-négligeable, $(i=1, \ldots, N)$, $f_i \delta_e$ est nul ν-pp, $(i=1, \ldots, N)$, donc $\left(\sum_{i=1}^{N} c_i f_i\right) \delta_e$ est nul ν-pp et e est μ-négligeable.

Réciproquement, si $c_i > 0$ et $\mu_i \geqq 0$, $(i=1, \ldots, N)$, on a $f_i \geqq 0$ ν-pp vu b), p. 143 et

$$\left(\sum_{i=1}^{N} c_i f_i\right) \delta_e = 0 \quad \nu\text{-pp} \Rightarrow f_i \delta_e = 0 \quad \nu\text{-pp}, \quad (i=1, \ldots, N).$$

On raisonne de la même manière pour les deux autres cas.

En particulier,

$$f \cdot \sum_{i=1}^{N} c_i \mu_i = \sum_{i=1}^{N} c_i f \cdot \mu_i .$$

d) *On a*

$$\left[\sum_{i=1}^{N} c_i \mu_i\right] \subset \bigcup_{i=1}^{N} [\mu_i].$$

De fait, $\Omega \setminus \bigcup_{i=1}^{N} [\mu_i]$ est ouvert et tout semi-intervalle I dans cet ouvert est tel que $V\mu_i(I) = 0$ pour tout i, donc tel que

$$V\left(\sum_{i=1}^{N} c_i \mu_i\right)(I) = \sum_{i=1}^{N} |c_i| V\mu_i(I) = 0.$$

EXERCICES

1. — Une mesure μ dans E_n est *invariante par translation,* c'est-à-dire telle que

$$\mu(]a+x, b+x]) = \mu(]a, b]), \quad \forall a, b, x \in E_n,$$

si et seulement si c'est un multiple de la mesure de Lebesgue.

Suggestion. Les multiples de la mesure de Lebesgue sont évidemment invariants par translation.

Inversement, soit μ invariant par translation.

Quels que soient $p_1, \ldots, p_n$ entiers et $q_1, \ldots, q_n$ entiers et non nuls, posons $p/q = (p_1/q_1, \ldots, p_n/q_n)$. En comparant $\mu(]0, p/q])$ et $\mu(]0, 1])$ à $\mu(]0, 1/q])$, on voit que

$$\mu(]0, p/q]) = \frac{p_1 \ldots p_n}{q_1 \ldots q_n} \mu(]0, 1]).$$

Pour $b_1, \ldots, b_n > 0$ quelconques, il existe $p_i^{(m)}/q_i^{(m)} \to b_i+$, d'où par continuité

$$\mu(]0, b]) = b_1 \ldots b_n \, \mu(]0, 1]).$$

Enfin, quel que soit $]a, b]$,

$$\mu(]a, b]) = \mu(]0, b-a]) = \prod_{i=1}^{n} (b_i - a_i) \mu(]0, 1]).$$

2. — Une mesure μ dans E_n vérifie la relation

$$\mu(]a+x, b+x]) = C(x)\mu(]a, b]), \quad \forall\, a, b, x \in E_n,$$

où $C(x)$ est une fonction de x différente de 1 si $x \neq 0$, si et seulement si c'est un multiple de la mesure de Stieltjes associée à $e^{\alpha_1 x_1}, \ldots, e^{\alpha_n x_n}$, avec $\alpha_1, \ldots, \alpha_n \in \mathbf{C}$.

Suggestion. On note que $C(x) = C_1(x_1) \ldots C_n(x_n)$ où $C_i(x)$ est continu à droite et tel que $C_i(x+y) = C_i(x) C_i(y)$ pour tous $x, y \in E_n$ et $i = 1, \ldots, n$. Les $C_i(x_i)$ sont donc de la forme $e^{\alpha_i x_i}$, $\alpha_i \neq 0$, (cf. FVR I, ex. 3, p. 476) [1].

De là, avec les notations de l'ex. précédent, en exprimant $\mu(]0, p/q])$ et $\mu(]0, 1])$ en fonction de $\mu(]0, 1/q])$, on obtient

$$\mu(]0, p/q]) = \prod_{i=1}^{n} \frac{1 - e^{\alpha_i p_i/q_i}}{1 - e^{\alpha_i}} \mu(]0, 1])$$

d'où, vu la continuité de μ,

$$\mu(]0, b]) = C \prod_{i=1}^{n} (e^{\alpha_i b_i} - 1)$$

et

$$\mu(]a, b]) = C(a)\mu(]0, b-a]) = C \prod_{i=1}^{n} (e^{\alpha_i b_i} - e^{\alpha_i a_i}).$$

3. — Si μ est une mesure dans E_n telle que $[\mu]$ soit réduit au point x_0, μ est un multiple de δ_{x_0}.

De même, si μ est une mesure dans E_n telle que $[\mu]$ soit un ensemble fini $\{x_1, \ldots, x_N\}$, μ est une combinaison linéaire des mesures de Dirac $\delta_{x_1}, \ldots, \delta_{x_N}$.

Suggestion. Si $x_0 \notin I$, on a $\mu(I) = 0$. On a même $\mu(I) = 0$ si $x_0 \notin \bar{I}$. En effet, si $I =]a, b] \not\ni x_0$, $[a+h, b] \not\ni x_0$ quel que soit $h > 0$. Donc $\mu(]a+h, b]) = 0$ et, en passant à la limite pour $h \to 0+$, $\mu(]a, b]) = 0$.

Si $I \ni x_0$, il existe c tel que $\mu(I) = c$. En effet, si les semi-intervalles I et J contiennent x_0,

$$\mu(I) = \mu(I \cap J) = \mu(J).$$

[1] On désigne par FVR I et II, les tomes I et II de H. G. Garnir, *Fonctions de variables réelles* 1970 et 1965, Vander, Louvain.

Donc $\mu = c\delta_{x_0}$.
Démonstration analogue dans le deuxième cas.

4. — Si μ est une mesure dans E_n telle que $\mu(I)$ ne prend que les valeurs 0 et 1, μ est une mesure de Dirac.

Suggestion. Vu l'ex. 3, il suffit d'établir que $[\mu]$ est réduit à un point. S'il n'en est pas ainsi, il existe deux points distincts x_1 et x_2 qui appartiennent à $[\mu]$. Il existe alors des semi-intervalles $I_1 \ni x_1$ et $I_2 \ni x_2$, disjoints et tels que $\mu(I_1)$ et $\mu(I_2) \neq 0$. Alors $\mu(I_1) = \mu(I_2) = 1$ et, si $I \supset I_1 \cup I_2$, $\mu(I) \geqq 2$; d'où une contradiction.

9. — Etant donné une mesure μ, on appelle *mesure conjuguée* de μ et on note $\bar{\mu}$, la loi qui, à tout I dans Ω, associe

$$\bar{\mu}(I) = \overline{\mu(I)}.$$

Il est immédiat que *si μ est une mesure, $\bar{\mu}$ est une mesure telle que $V\mu = V\bar{\mu}$. De plus,*
— *e est μ-négligeable si et seulement si e est $\bar{\mu}$-négligeable.*
— *F est μ-mesurable si et seulement si F est $\bar{\mu}$-mesurable.*
— *F est μ-intégrable si et seulement si F est $\bar{\mu}$-intégrable et on a*

$$\overline{\int F\, d\mu} = \int \bar{F}\, d\bar{\mu}.$$

En particulier, $\overline{f \cdot \mu} = \bar{f} \cdot \bar{\mu}$.
Enfin, *on a* $[\mu] = [\bar{\mu}]$.

10. — Etant donné une mesure μ, on appelle

partie réelle	*partie imaginaire*

de μ et on note

$\mathscr{R}\mu$,	$\mathscr{I}\mu$,

les mesures réelles définies par les relations

$\mathscr{R}\mu = \dfrac{\mu + \bar{\mu}}{2}$,	$\mathscr{I}\mu = \dfrac{\mu - \bar{\mu}}{2i}$.

Notons immédiatement que

$$\mu = \mathscr{R}\mu + i\mathscr{I}\mu, \quad \bar{\mu} = \mathscr{R}\mu - i\mathscr{I}\mu,$$

et que, pour tout I dans Ω,

$$\mathscr{R}\mu(I) = \mathscr{R}[\mu(I)], \quad \mathscr{I}\mu(I) = \mathscr{I}[\mu(I)].$$

Les mesures $V(\mathscr{R}\mu)$ et $V(\mathscr{I}\mu)$ donnent lieu aux relations suivantes.
a) $V(\mathscr{R}\mu), V(\mathscr{I}\mu) \leqq V\mu$.

En effet,

$$V(\mathscr{R}\mu), V(\mathscr{I}\mu) \leqq \frac{V\mu + V\bar{\mu}}{2} = V\mu.$$

b) $V[V(\mathscr{R}\mu) + iV(\mathscr{I}\mu)] = V\mu$.

De là, si μ et ν sont deux mesures dans Ω telles que $V(\mathscr{R}\mu) = V(\mathscr{R}\nu)$ et que $V(\mathscr{I}\mu) = V(\mathscr{I}\nu)$, on a $V\mu = V\nu$.

Pour tout I dans Ω, on a

$$|\mu(I)| = |\mathscr{R}\mu(I) + i\mathscr{I}\mu(I)| \leqq |V(\mathscr{R}\mu)(I) + iV(\mathscr{I}\mu)(I)| \leqq V[V(\mathscr{R}\mu) + iV(\mathscr{I}\mu)](I),$$

d'où

$$V\mu \leqq V[V(\mathscr{R}\mu) + iV(\mathscr{I}\mu)].$$

Pour conclure, il suffit donc d'établir que

$$|[V(\mathscr{R}\mu) + iV(\mathscr{I}\mu)](I)| \leqq V\mu(I),$$

pour tout I dans Ω.

Pour tout $\varepsilon > 0$, il existe $\mathscr{P}(I)$ et $\mathscr{P}'(I)$ finis tels que

$$V(\mathscr{R}\mu)(I) \leqq \sum_{J \in \mathscr{P}(I)} |\mathscr{R}\mu(J)| + \varepsilon/\sqrt{2} \quad \text{et} \quad V(\mathscr{I}\mu)(I) \leqq \sum_{J \in \mathscr{P}'(I)} |\mathscr{I}\mu(J)| + \varepsilon/\sqrt{2}.$$

Il existe alors, vu c), p. 11, une partition finie $\mathscr{P}''(I)$ plus fine que $\mathscr{P}(I)$ et $\mathscr{P}'(I)$. Ces majorations restent donc vraies si on y remplace $\mathscr{P}(I)$ et $\mathscr{P}'(I)$ par $\mathscr{P}''(I)$; on obtient alors

$$\begin{aligned} |V(\mathscr{R}\mu)(I) + iV(\mathscr{I}\mu)(I)| &\leqq \Big| \sum_{J \in \mathscr{P}''(I)} \big(|\mathscr{R}\mu(J)| + i|\mathscr{I}\mu(J)|\big)\Big| + \varepsilon \\ &\leqq \sum_{J \in \mathscr{P}''(I)} |\mu(J)| + \varepsilon \leqq V\mu(I) + \varepsilon, \end{aligned}$$

d'où la conclusion.

c) *Quel que soit μ,*

— *e est μ-négligeable si et seulement si il est $\mathscr{R}\mu$- et $\mathscr{I}\mu$-négligeable.*

— *F est μ-mesurable si et seulement si il est $\mathscr{R}\mu$- et $\mathscr{I}\mu$-mesurable.*

— *F est μ-intégrable si et seulement si il est $\mathscr{R}\mu$- et $\mathscr{I}\mu$-intégrable et on a*

$$\int F\,d\mu = \int F\,d\mathscr{R}\mu + i\int F\,d\mathscr{I}\mu.$$

Cela résulte immédiatement de b), p. 151 et c), p. 152, vu que

$$V(\mathscr{R}\mu),\ V(\mathscr{I}\mu) \leqq V\mu \quad \text{et} \quad \mu = \mathscr{R}\mu + i\mathscr{I}\mu.$$

De là,

$$\mathscr{R}(f\cdot\mu) = \mathscr{R}f\cdot\mathscr{R}\mu - \mathscr{I}f\cdot\mathscr{I}\mu \quad \text{et} \quad \mathscr{I}(f\cdot\mu) = \mathscr{R}f\cdot\mathscr{I}\mu + \mathscr{I}f\cdot\mathscr{R}\mu.$$

d) *Quel que soit μ, on a $[\mathscr{R}\mu], [\mathscr{I}\mu] \subset [\mu]$.*

11. — Si μ est une mesure réelle, on appelle

partie positive	*partie négative*

de μ et on note

μ_+,	μ_-,

les mesures

$\frac{V\mu+\mu}{2}$,	$\frac{V\mu-\mu}{2}$.

a) Voici quelques propriétés utiles de μ_+ et μ_-:

— $0 \leqq \mu_+, \mu_- \leqq V\mu$.

— $\mu = \mu_+ - \mu_-$, $V\mu = \mu_+ + \mu_-$.

— *si* ν_1 *et* ν_2 *sont des mesures positives telles que* $\mu = \nu_1 - \nu_2$, *on a*

$$0 \leqq \mu_+ \leqq \nu_1 \quad et \quad 0 \leqq \mu_- \leqq \nu_2.$$

De fait, de

$$\mu = \nu_1 - \nu_2,$$

et de

$$V\mu \leqq V\nu_1 + V\nu_2 = \nu_1 + \nu_2,$$

on tire

$$\mu_+ = \frac{\mu + V\mu}{2} \leqq \nu_1, \quad \mu_- = \frac{V\mu - \mu}{2} \leqq \nu_2.$$

— *on a*

$$\mu = (\mathscr{R}\mu)_+ - (\mathscr{R}\mu)_- + i(\mathscr{I}\mu)_+ - i(\mathscr{I}\mu)_-$$

avec

$$V(\mathscr{R}\mu)_\pm \leqq V\mu \quad et \quad V(\mathscr{I}\mu)_\pm \leqq V\mu.$$

Cela résulte trivialement de ce qui précède.

Le théorème de Radon permet de donner une autre expression de μ_+ et μ_-.

b) *Si* μ *est réel, il existe deux ensembles boréliens* Ω_+ *et* Ω_- *tels que* $\Omega = \Omega_+ \cup \Omega_-$ *et* $\Omega_+ \cap \Omega_- = \varnothing$ μ-pp *et que*

$$\mu_+ = \mu_{\Omega_+} \quad et \quad \mu_- = -\mu_{\Omega_-}.$$

De fait, il existe J tel que $V\mu = J \cdot \mu$ et $|J| = 1$ μ-pp. Comme $\mathscr{I}\mu = 0$, J est réel; il prend donc les valeurs 1 ou -1 μ-pp, ce qui permet de l'écrire sous la forme $J = \delta_{\Omega_+} - \delta_{\Omega_-}$, où $\Omega = \Omega_+ \cup \Omega_-$ et $\Omega_+ \cap \Omega_- = \varnothing$ μ-pp. On a alors

$$\mu_\pm = \frac{\delta_{\Omega_+} - \delta_{\Omega_-} \pm 1}{2} \cdot \mu = \pm \delta_{\Omega_\pm} \cdot \mu.$$

c) *Si* μ *est une mesure réelle,*

— *e est* μ*-négligeable si et seulement si il est* μ_+*- et* μ_-*-négligeable,*

— *F est μ-mesurable si et seulement si il est μ_+- et μ_--mesurable,*
— *F est μ-intégrable si et seulement si il est μ_+- et μ_--intégrable et on a*

$$\int F\,d\mu = \int F\,d\mu_+ - \int F\,d\mu_- .$$

Cela résulte immédiatement de b), p. 151 et de c), p. 152, vu que $V(\mu_+), V(\mu_-) \leqq V\mu$ et $\mu = \mu_+ - \mu_-$.

De là, si f et μ sont réels

$$(f\cdot\mu)_+ = f_+\cdot\mu_+ + f_-\cdot\mu_- \quad et \quad (f\cdot\mu)_- = f_+\cdot\mu_- + f_-\cdot\mu_+ .$$

d) *Pour toute mesure réelle μ, on a* $[\mu_+], [\mu_-] \subset [\mu]$.

EXERCICE

Avec les notations de l'énoncé b) précédent, établir que si e est μ-intégrable et si e' désigne un sous-ensemble μ-mesurable arbitraire de e,

$$\sup_{e'\subset e} \mu(e') = \mu(e\cap\Omega_+) = \mu_+(e)$$

et

$$\inf_{e'\subset e} \mu(e') = \mu(e\cap\Omega_-) = -\mu_-(e).$$

Suggestion. Quel que soit $e'\subset e$, on a, par exemple,

$$\mu(e') = \mu(e'\cap\Omega_-) + \mu(e\cap\Omega_+) - \mu[(e\setminus e')\cap\Omega_+] \leqq \mu(e\cap\Omega_+)$$

puisque $\mu(e'\cap\Omega_-)$ et $-\mu[(e\setminus e')\cap\Omega_+] \leqq 0$.

Bornes supérieure et inférieure de mesures

12. — Soit M un ensemble de mesures réelles.

On appelle *meilleure borne*

supérieure	*inférieure*

de M, une mesure ν_0 telle que

$\mu \leqq \nu_0, \ \forall \mu \in M,$	$\mu \geqq \nu_0, \ \forall \mu \in M,$

et que, pour toute mesure ν telle que

$\mu \leqq \nu, \ \forall \mu \in M,$	$\mu \geqq \nu, \ \forall \mu \in M,$

on ait

$\nu \geqq \nu_0 .$	$\nu \leqq \nu_0 .$

Par sa définition, si une telle mesure ν_0 existe, elle est unique; on la note

$\sup_{\mu\in M} \mu .$	$\inf_{\mu\in M} \mu .$

Si M est un ensemble fini $\{\mu_1, \ldots, \mu_N\}$, on la note encore

$\sup(\mu_1, \ldots, \mu_N)$. | $\inf(\mu_1, \ldots, \mu_N)$.

13. — *Tout ensemble fini $\{\mu_1, \ldots, \mu_N\}$ de mesures réelles admet une meilleure borne*

supérieure | *inférieure*

et il existe une partition $\{e_1, \ldots, e_N\}$ de Ω en ensembles μ_1-, ..., μ_N-mesurables telle que cette meilleure borne s'écrive $\sum_{i=1}^{N} (\mu_i)_{e_i}$.

De plus, si $\mu \geqq 0$ et si $\mu_i = f_i \cdot \mu$, $(i=1, \ldots, N)$, on a

$\sup(\mu_1, \ldots, \mu_N) = \sup(f_1, \ldots, f_N) \cdot \mu$. | $\inf(\mu_1, \ldots, \mu_N) = \inf(f_1, \ldots, f_N) \cdot \mu$.

Soit $\mu \geqq 0$ et soient $\mu_i = f_i \cdot \mu$ pour tout i.

Si on pose

$$e_i = \left\{x : f_i(x) \begin{Bmatrix} \geqq \\ \leqq \end{Bmatrix} f_j(x),\ \forall j > i;\ f_i(x) \begin{Bmatrix} > \\ < \end{Bmatrix} f_j(x),\ \forall j < i \right\},$$

il vient

$$\begin{Bmatrix} \sup \\ \inf \end{Bmatrix} (f_1, \ldots, f_N) = \sum_{i=1}^{N} f_i \delta_{e_i}$$

et

$$\begin{Bmatrix} \sup \\ \inf \end{Bmatrix} (f_1, \ldots, f_N) \cdot \mu = \sum_{i=1}^{N} (f_i \delta_{e_i}) \cdot \mu = \sum_{i=1}^{N} (\mu_i)_{e_i}.$$

De là, la mesure

$\sup(f_1, \ldots, f_N) \cdot \mu$ | $\inf(f_1, \ldots, f_N) \cdot \mu$

est une borne

supérieure | inférieure

de $\mu_1, \ldots, \mu_N$ et est

majorée | minorée

par toute borne

supérieure | inférieure

de $\mu_1, \ldots, \mu_N$.

Pour conclure, on note que $\mu_1, \ldots, \mu_N$ peuvent toujours s'écrire sous la forme indiquée, en prenant par exemple $\mu = V\mu_1 + \ldots + V\mu_N$.

Si $\mu_1, \ldots, \mu_N$ sont réels et si $\mu = \sup(\mu_1, \ldots, \mu_N)$ [resp. $\inf(\mu_1, \ldots, \mu_N)$],

— *e est μ-négligeable s'il est μ_i-négligeable pour tout i,*

— *f est μ-mesurable s'il est μ_i-mesurable pour tout i,*

— *f est μ-intégrable s'il est μ_i-intégrable pour tout i.*

Il suffit de noter que

$$V\begin{Bmatrix}\sup\\ \inf\end{Bmatrix}(\mu_1, \ldots, \mu_N) \leqq \sum_{i=1}^{N} V\mu_i$$

et d'appliquer b), p. 151 et c), p. 152.

EXERCICES

1. — Si μ, ν sont des mesures réelles, établir les relations suivantes:

$$\mu_+ = \sup(\mu, 0), \; \mu_- = \sup(-\mu, 0),$$

$$\mu_+ = (-\mu)_-, \; \mu_- = (-\mu)_+,$$

$$V\mu = \sup(-\mu, \mu), \; \inf(\mu_+, \mu_-) = 0,$$

$$\mu+\nu = \sup(\mu, \nu)+\inf(\mu, \nu),$$

$$\begin{aligned}\sup(\mu, \nu) &= \mu+(\nu-\mu)_+ = \mu+(\mu-\nu)_-\\ &= \nu+(\mu-\nu)_+ = \nu+(\nu-\mu)_-,\\ \inf(\mu, \nu) &= \mu-(\mu-\nu)_+ = \mu-(\nu-\mu)_-\\ &= \nu-(\nu-\mu)_+ = \nu-(\mu-\nu)_-.\end{aligned}$$

2. — Si μ et ν sont tels que $\inf(V\mu, V\nu)=0$, alors $V(\mu+\nu) = V\mu+V\nu$.

Suggestion. Soient $\mu = f\cdot(V\mu+V\nu)$ et $\nu = g\cdot(V\mu+V\nu)$. On a $\inf(|f|,|g|)\cdot(V\mu+V\nu) = \inf(V\mu, V\nu)=0$, donc $\inf(|f|,|g|)=0$ $(V\mu+V\nu)$-pp. De là, $|f+g| = |f|+|g|$ $(V\mu+V\nu)$-pp et $V(\mu+\nu) = V\mu+V\nu$.

3. — Soit F une fonction homogène d'ordre 1 dans $\mathbf{C}_N$. Si $\mu_i = f_i\cdot\nu$, $(i=1, \ldots, N)$, où $\nu\geqq 0$, posons

$$F(\mu_1, \ldots, \mu_N) = F(f_1, \ldots, f_N)\cdot\nu.$$

Etablir que cette expression ne dépend que de $\mu_1, \ldots, \mu_N$ et pas de ν.

Suggestion. Soient ν et $\nu'\geqq 0$ tels que $\mu_1, \ldots, \mu_N \ll \nu$ et ν'. On a

$$\mu_i = f_i\cdot\nu = f_i'\cdot\nu'; \quad \nu = J\cdot(\nu+\nu'); \quad \nu' = J'\cdot(\nu+\nu').$$

Il vient alors $Jf_i=J'f_i'$ $(\nu+\nu')$-pp pour tout i, d'où

$$\begin{aligned}F(f_1, \ldots, f_N)\cdot\nu &= F(f_1, \ldots, f_N)J\cdot(\nu+\nu') = F(f_1J, \ldots, f_NJ)\cdot(\nu+\nu')\\ &= F(f_1'J', \ldots, f_N'J')\cdot(\nu+\nu') = F(f_1', \ldots, f_N')\cdot\nu'.\end{aligned}$$

4. — Donner une démonstration élémentaire de l'existence de

$\sup(\mu_1, \ldots, \mu_N)$. | $\inf(\mu_1, \ldots, \mu_N)$.

Suggestion. Pour μ_1 et μ_2 donnés, les mesures

$$\sup(\mu_1, \mu_2) = \frac{\mu_1+\mu_2}{2} + \frac{V(\mu_1-\mu_2)}{2}, \qquad \inf(\mu_1, \mu_2) = \frac{\mu_1+\mu_2}{2} - \frac{V(\mu_1-\mu_2)}{2},$$

répondent à la question.

D'une part,

$$\begin{Bmatrix}\mu_1\\ \mu_2\end{Bmatrix} = \frac{\mu_1+\mu_2}{2} \pm \frac{\mu_1-\mu_2}{2} \begin{Bmatrix} \leqq \dfrac{\mu_1+\mu_2}{2} + \dfrac{V(\mu_1-\mu_2)}{2} \\ \geqq \dfrac{\mu_1-\mu_2}{2} - \dfrac{V(\mu_1-\mu_2)}{2} \end{Bmatrix}.$$

D'autre part, si ν est une mesure réelle dans Ω telle que

$$\mu_1, \mu_2 \leqq \nu, \qquad \nu \leqq \mu_1, \mu_2,$$

on a encore

$$\pm\frac{\mu_1-\mu_2}{2} \leqq \nu - \frac{\mu_1+\mu_2}{2}, \qquad \pm\frac{\mu_1-\mu_2}{2} \leqq \frac{\mu_1+\mu_2}{2} - \nu,$$

d'où

$$V\left(\frac{\mu_1-\mu_2}{2}\right) \leqq \nu - \frac{\mu_1+\mu_2}{2} \qquad V\left(\frac{\mu_1-\mu_2}{2}\right) \leqq \frac{\mu_1+\mu_2}{2} - \nu$$

et

$$\frac{\mu_1+\mu_2}{2} + V\left(\frac{\mu_1-\mu_2}{2}\right) \leqq \nu. \qquad \nu \leqq \frac{\mu_1+\mu_2}{2} - V\left(\frac{\mu_1-\mu_2}{2}\right).$$

On passe alors au cas de N mesures réelles par la relation triviale

$$\sup(\mu_1, \ldots, \mu_N) = \sup[\sup(\mu_1, \ldots, \mu_{N-1}), \mu_N]. \qquad \inf(\mu_1, \ldots, \mu_N) = \inf[\inf(\mu_1, \ldots, \mu_{N-1}), \mu_N].$$

5. — Si $\mu_1, \ldots, \mu_N$ sont réels, pour tout e μ_1-, ..., μ_N-intégrable, on a

$$\begin{Bmatrix}\sup\\ \inf\end{Bmatrix} (\mu_1, \ldots, \mu_N)(e) = \begin{Bmatrix}\sup\\ \inf\end{Bmatrix}_{\mathscr{P}(e)} \sum_{e' \in \mathscr{P}(e)} \begin{Bmatrix}\sup\\ \inf\end{Bmatrix}_{i=1, \ldots, N} \mu_i(e'),$$

où $\mathscr{P}(e)$ désigne une partition finie arbitraire de e en ensembles μ_1-, ..., μ_N-intégrables.

Suggestion. Si $N=2$, cela résulte de la formule

$$\begin{Bmatrix}\sup\\ \inf\end{Bmatrix} (\mu_1, \mu_2) = \frac{\mu_1+\mu_2}{2} \pm \frac{V(\mu_1-\mu_2)}{2},$$

établie dans l'ex. 4.

Si c'est vrai pour $N-1$, la formule se maintient pour N. L'inégalité $\geqq$ étant triviale, traitons le cas $\leqq$. On a

$$\sup(\mu_1, \ldots, \mu_N)(e) = \sup_{\mathscr{P}(e)} \sum_{e' \in \mathscr{P}(e)} \sup[\sup(\mu_1, \ldots, \mu_{N-1})(e'), \mu_N(e')]$$

$$= \sup_{\mathscr{P}(e)} \sum_{e' \in \mathscr{P}(e)} \sup\left\{\sup_{\mathscr{P}'(e')} \sum_{e'' \in \mathscr{P}'(e')} [\sup[\mu_1(e''), \ldots, \mu_{N-1}(e'')], \mu_N(e')]\right\}.$$

Pour tout $\varepsilon > 0$, il existe $\mathscr{P}(e)$ puis $\mathscr{P}'(e')$, $e' \in \mathscr{P}(e)$, tels que

$$\sum_{e' \in \mathscr{P}(e)} \sup \left\{ \sum_{e'' \in \mathscr{P}'(e')} \sup [\mu_1(e''), \ldots, \mu_{N-1}(e'')], \mu_N(e') \right\}$$

approche $\sup(\mu_1, \ldots, \mu_N)(e)$ à ε; dès lors, comme $\mu_N(e') = \sum_{e'' \in \mathscr{P}'(e')} \mu_N(e'')$ et

$$\sup \left(\sum_{i=1}^{n} a_i, \sum_{i=1}^{n} b_i \right) \leq \sum_{i=1}^{n} \sup(a_i, b_i),$$

l'expression considérée est majorée par

$$\sum_{e' \in \mathscr{P}(e)} \sum_{e'' \in \mathscr{P}'(e')} \sup [\mu_1(e''), \ldots, \mu_N(e'')] + \varepsilon,$$

alors que

$$\bigcup_{e' \in \mathscr{P}(e)} \mathscr{P}(e')$$

est une partition finie de e.

Limite de mesures

14. — Soient μ et μ_m, $(m = 1, 2, \ldots)$, des mesures.

On dit que la suite μ_m *tend* ou *converge fortement vers* μ et on écrit $\mu_m \to \mu$ si

$$V(\mu_m - \mu)(I) \to 0$$

pour tout I dans Ω. On dit également que μ est la *limite forte* de μ_m.

Si la suite μ_m converge fortement vers μ, on a

$$\mu_m(I) \to \mu(I)$$

et

$$V\mu_m(I) \to V\mu(I)$$

pour tout I dans Ω.

Cela découle immédiatement des formules

$$\left.\begin{array}{r} |\mu_m(I) - \mu(I)| \\ |V\mu_m(I) - V\mu(I)| \end{array}\right\} \leq V(\mu_m - \mu)(I),$$

valables pour tout I dans Ω.

15. — Voici le critère de Cauchy relatif à la convergence forte des mesures.

Si la suite μ_m de mesures est telle que

$$V(\mu_r - \mu_s)(I) \to 0$$

pour tout I dans Ω si $\inf(r, s) \to \infty$, *alors il existe une mesure μ telle que μ_m converge fortement vers μ.*

Pour tout I dans Ω, on a

$$\left.\begin{array}{r}|\mu_r(I)-\mu_s(I)|\\ |V\mu_r(I)-V\mu_s(I)|\end{array}\right\} \leqq V(\mu_r-\mu_s)(I)\to 0$$

si $\inf(r,s)\to\infty$, d'où les suites $\mu_m(I)$ et $V\mu_m(I)$ convergent.

Posons

$$\mu(I)=\lim_m \mu_m(I)$$

et

$$\nu(I)=\lim_m V\mu_m(I).$$

La loi μ est additive dans Ω.

C'est immédiat.

Elle est à variation finie.

De fait, pour I fixé dans Ω et pour toute partition finie $\mathscr{P}(I)$,

$$\sum_{J\in\mathscr{P}(I)}|\mu(J)|=\lim_m \sum_{J\in\mathscr{P}(I)}|\mu_m(J)|\leqq \lim_m V\mu_m(I)=\nu(I),$$

d'où $V\mu$ existe et

$$V\mu(I)\leqq \nu(I).$$

Pour tout I dans Ω, on a

$$V(\mu_m-\mu)(I)\to 0$$

si $m\to\infty$.

De fait, si

$$V(\mu_r-\mu_s)(I)\leqq\varepsilon,\ \forall r,s\geqq N,$$

il vient

$$\sum_{J\in\mathscr{P}(I)}|(\mu_r-\mu_s)(J)|\leqq\varepsilon,\ \ \forall r,s\geqq N,$$

pour toute partition finie $\mathscr{P}(I)$ et, en passant à la limite sur s,

$$\sum_{J\in\mathscr{P}(I)}|(\mu_r-\mu)(J)|\leqq\varepsilon,\ \ \forall r,s\geqq N,$$

d'où

$$V(\mu_r-\mu)(I)\leqq\varepsilon,\ \ \forall r\geqq N.$$

Pour conclure, il suffit d'établir que μ est continu.

Soit $I_m\to I$ dans Ω. Il existe I_0 dans Ω tel que I et $I_m\subset I_0$ pour m assez grand. Il vient alors

$$\begin{aligned}|\mu(I_m)-\mu(I)| &\leqq |\mu(I_m)-\mu_r(I_m)|+|\mu_r(I_m)-\mu_r(I)|+|\mu_r(I)-\mu(I)|\\ &\leqq 2V(\mu_r-\mu)(I_0)+|\mu_r(I_m)-\mu_r(I)|.\end{aligned}$$

Pour $\varepsilon>0$ arbitraire, le premier terme du dernier membre est majoré par

$\varepsilon/2$ pour r assez grand. Pour cet r fixé, le second est alors majoré par $\varepsilon/2$ pour m assez grand; d'où la conclusion.

Voici quelques conséquences intéressantes de ce théorème.

a) *Si les* μ_m *sont des mesures et si les* $c_m \in \mathbf{C}$ *sont tels que*

$$\sum_{m=1}^{\infty} |c_m| V\mu_m(I) < \infty$$

pour tout I *dans* Ω, *la loi*

$$\mu = \sum_{m=1}^{\infty} c_m \mu_m$$

qui, à tout I *dans* Ω, *associe le nombre complexe*

$$\mu(I) = \sum_{m=1}^{\infty} c_m \mu_m(I)$$

est une mesure. De plus, $\sum_{m=1}^{\infty} |c_m| V\mu_m$ *est une mesure telle que*

$$V\mu = V\left(\sum_{m=1}^{\infty} c_m \mu_m\right) \leqq \sum_{m=1}^{\infty} |c_m| V\mu_m.$$

D'une part, μ et $\sum_{m=1}^{\infty} |c_m| V\mu_m$ sont des mesures, par application immédiate du théorème.

D'autre part, on a

$$V\left(\sum_{m=1}^{N} c_m \mu_m\right) \leqq \sum_{m=1}^{N} |c_m| V\mu_m \leqq \sum_{m=1}^{\infty} |c_m| V\mu_m, \quad \forall N,$$

d'où la conclusion par passage à la limite sur N.

b) *Si la suite* μ_m *de mesures réelles est croissante* (resp. *décroissante*) *et telle que*

$$\sup_m \mu_m(I) < \infty \quad [\text{resp. } \inf_m \mu_m(I) > -\infty]$$

pour tout I *dans* Ω, *alors il existe une mesure* μ *telle que la suite* μ_m *converge fortement vers* μ. *De plus, on a*

$$\sup_m \mu_m = \mu \quad [\text{resp. } \inf_m \mu_m = \mu].$$

D'une part, vu la monotonie de la suite μ_m, on a

$$V(\mu_r - \mu_s)(I) = |(\mu_r - \mu_s)(I)|$$

et le second membre tend vers 0 si $\inf(r, s) \to \infty$. Il existe donc une mesure μ telle que la suite μ_m converge fortement vers μ.

Etablissons d'autre part que, par exemple, μ est la meilleure borne supérieure de $\{\mu_m: m=1, 2, \dots\}$ si la suite μ_m est croissante. De fait, pour tout I dans Ω, on a

$$\mu_r(I) \leqq \lim_m \mu_m(I) = \mu(I), \ \forall r,$$

et, si ν est une mesure dans Ω telle que $\mu_m \leqq \nu$ pour tout m,

$$\mu(I) = \lim_m \mu_m(I) \leqq \nu(I).$$

16. — a) *Si μ_m tend fortement vers μ,*
— *il existe ν tel que $\mu_m, \mu \ll \nu$ et f_m, f tels que $\mu_m = f_m \cdot \nu$, $\mu = f \cdot \nu$,*
— *il existe une sous-suite $f_{m'}$ de ces f_m qui converge ν-pp vers f.*

On prend pour ν la mesure

$$\nu = V\mu + \sum_{m=1}^{\infty} c_m V\mu_m,$$

où $c_m > 0$ et

$$\sum_{m=1}^{\infty} c_m < \infty.$$

Pour voir que ν existe, il suffit de s'assurer que les séries

$$\sum_{m=1}^{\infty} c_m V\mu_m(I)$$

convergent pour tout I dans Ω. Or, comme $V\mu_m(I) \to V\mu(I)$, chaque suite $V\mu_m(I)$ est bornée.

Il est immédiat que $V\mu \leqq \nu$ et que $V\mu_m \leqq \dfrac{1}{c_m}\,\nu$, donc $\mu, \mu_m \ll \nu$. Soient f, f_m localement ν-intégrables et tels que

$$\mu = f \cdot \nu \quad \text{et} \quad \mu_m = f_m \cdot \nu, \ m = 1, 2, \dots .$$

Soit $\{I_i: i=1, 2, \dots\}$ une partition de Ω en semi-intervalles. Pour tout i,

$$\int_{I_i} |f - f_m| \, d\nu = V(\mu - \mu_m)(I_i) \to 0$$

quand $m \to \infty$.

Prenons d'abord $i=1$. En vertu du théorème b, p. 60, il existe une sous-suite $f_m^{(1)}$ de f_m telle que

$$f_m^{(1)} \to f \quad \nu\text{-pp dans } I_1.$$

De cette suite, on peut extraire une nouvelle sous-suite $f_m^{(2)}$ telle que

$$f_m^{(2)} \to f \quad \nu\text{-pp dans } I_2.$$

Et ainsi de suite. La sous-suite $f_m^{(m)}$ de f_m converge alors vers f ν-pp dans chaque I_i, donc ν-pp.

b) *Si μ_m tend fortement vers μ,*

— *tout ensemble μ_m-négligeable pour tout m est μ-négligeable,*

— *toute fonction μ_m-mesurable pour tout m est μ-mesurable,*

— *toute fonction F μ_m-intégrable pour tout m et telle que*

$$\int |F|\, dV\mu_m \leqq C, \quad \forall m,$$

est μ-intégrable et telle que

$$\int |F| dV\mu \leqq C.$$

Attention! Dans la dernière assertion de l'énoncé, on ne peut pas affirmer que

$$\int F\, d\mu_m \to \int F\, d\mu.$$

Ainsi, dans E_1, si $\mu_m = l_{]m,m+1]}$, la suite μ_m tend vers $\mu=0$ fortement, $F=\delta_{E_1}$ est μ_m-intégrable et tel que $\int F\, d\mu_m = 1$ pour tout m, alors que $\int F\, d\mu = 0$.

Employons les notations de a).

Si e est μ_m-négligeable pour tout m, $f_m\delta_e = 0$ ν-pp pour tout m et

$$f\delta_e = \lim_m f_{m'}\delta_e \quad \nu\text{-pp}$$

est aussi nul ν-pp, donc e est μ-négligeable.

Si F est μ_m-mesurable pour tout m, chaque Ff_m est ν-mesurable et

$$Ff = \lim_m Ff_{m'} \quad \nu\text{-pp}$$

est ν-mesurable.

Si F est μ_m-intégrable pour tout m et si

$$\int |F|\, dV\mu_m \leqq C,$$

les fonctions $|Ff_{m'}|$ sont ν-intégrables, tendent ν-pp vers $|Ff|$ et on a

$$\int |Ff_{m'}|\, d\nu \leqq C, \quad \forall m.$$

De là, par le théorème de Fatou, $|Ff|$ est ν-intégrable, donc $|F|$ est μ-intégrable. On conclut en notant que F est ν-mesurable.

c) *Si μ_m converge fortement vers μ et s'il existe ν tel que $V\mu_m \leqq \nu$ pour tout m, toute fonction F ν-intégrable est μ-intégrable et on a*

$$\int |F|\, dV(\mu - \mu_m) \to 0$$

et, en particulier,

$$\int F\,d\mu_m \to \int F\,d\mu$$

quand $m \to \infty$.

Il est trivial que $V\mu \leqq \nu$. Il existe alors f et f_m localement ν-intégrables et majorés par 1 ν-pp tels que $\mu = f \cdot \nu$ et $\mu_m = f_m \cdot \nu$ pour tout m.

Supposons que $\int |F|\,dV(\mu - \mu_m)$ ne tende pas vers 0. Il existe alors $\varepsilon > 0$ et une sous-suite $f_{m'}$ des f_m telle que

$$\int |F(f_{m'} - f)|\,d\nu \geqq \varepsilon$$

pour tout m'.

Des $f_{m'}$, extrayons une nouvelle sous-suite $f_{m''}$ qui tend vers f ν-pp. Il vient

$$Ff_{m''} \to Ff \quad \nu\text{-pp}$$

et

$$|Ff_{m''}| \leqq |F|$$

d'où, par le théorème de Lebesgue,

$$\int |F(f_{m''} - f)|\,d\nu \to 0$$

quand $m'' \to \infty$, ce qui est absurde.

Voici les deux cas particuliers qui correspondent à a) et b), p. 163.

— *Si les* μ_m *sont des mesures réelles et telles que* $\mu_m \leqq \mu_{m+1}$ *pour tout* m *et que*

$$\sup_m \mu_m(I) < \infty, \quad \forall I,$$

toute fonction F μ_m*-intégrable pour tout* m *et telle que*

$$\sup_m \int |F|\,d\mu_m < \infty$$

est intégrable par rapport à $\sup_m \mu_m$ *et on a*

$$\int F\,d\mu_m \to \int F\,d(\sup_m \mu_m).$$

Vu b), p. 163, la suite μ_m tend fortement vers $\sup_m \mu_m$. Quitte à leur retirer μ_1, on peut supposer les mesures μ_m positives. Alors, comme

$$\sup_m \int |F|\,d\mu_m < \infty,$$

il résulte de b) que F est $(\sup_m \mu_m)$-intégrable. On conclut par c).

— *Si les mesures* μ_m *et les nombres* $c_m \in \mathbf{C}$ *sont tels que*

$$\sum_{m=1}^{\infty} |c_m| V\mu_m(I) < \infty, \quad \forall I,$$

toute fonction F μ_m-intégrable pour tout m et telle que

$$\sum_{m=1}^{\infty} |c_m| \int |F| \, dV\mu_m < \infty$$

est intégrable par rapport à $\sum_{m=1}^{\infty} c_m \mu_m$ *et on a*

$$\int F \, d\left(\sum_{m=1}^{\infty} c_m \mu_m\right) = \sum_{m=1}^{\infty} c_m \int F \, d\mu_m .$$

Par a), p. 163, la série de mesures converge fortement.

En appliquant le théorème précédent à la suite

$$\sum_{m=1}^{N} |c_m| \, V\mu_m ,$$

on voit que F est $\left(\sum_{m=1}^{\infty} |c_m| V\mu_m\right)$-intégrable. Or

$$V\left(\sum_{m=1}^{N} c_m \mu_m\right) \leqq \sum_{m=1}^{\infty} |c_m| V\mu_m , \quad \forall N,$$

d'où la conclusion, par c).

17. — a) La notion de limite forte d'une suite de mesures permet de donner un théorème d'existence des bornes supérieures d'ensembles de mesures.

Soit M un ensemble de mesures réelles dans Ω tel que

— *quels que soient μ' et $\mu'' \in M$, il existe $\mu \in M$ tel que* $\sup(\mu', \mu'') \leqq \mu$,

— *pour tout I dans Ω,*

$$\nu(I) = \sup_{\mu \in M} \mu(I) < \infty .$$

La loi ν qui, à tout I dans Ω, associe ν(I), est une mesure. C'est la borne supérieure de M. C'est aussi la limite forte d'une suite $\mu_m \in M$.

On peut supposer que M est constitué de mesures positives dans Ω.

En effet, soit $\mu_0 \in M$. On peut substituer à M l'ensemble $M' = \{\mu \in M : \mu \geqq \mu_0\}$ De fait, pour tout $\mu' \in M$, il existe $\mu \in M$ tel que $\mu \geqq \sup(\mu_0, \mu')$, d'où

$$\sup_{\mu \in M} \mu(I) = \sup_{\mu \in M'} \mu(I).$$

L'ensemble $M'' = \{\mu - \mu_0 : \mu \in M'\}$ vérifie encore les conditions de l'énoncé et est formé de mesures positives dans Ω. Si la loi ν'' correspondante possède les propriétés annoncées, il est trivial que $\nu = \nu'' + \mu_0$ les possède aussi.

Cela étant, démontrons d'abord que ν est une mesure dans Ω.

Comme $\nu(I) \geqq 0$ pour tout I dans Ω, il suffit d'établir que ν est dénombrablement additif dans Ω. Soit I dans Ω et soit $\{I_i : i=1, 2, \ldots\}$ une partition dénombrable de I.

D'une part, soient $\varepsilon > 0$ fixé et N arbitraire. Pour tout $i \leqq N$, il existe $\mu_i \in M$ tel que

$$\nu(I_i) \leqq \mu_i(I_i) + \varepsilon/N.$$

Or il existe $\mu \in M$ tel que $\mu_1, \ldots, \mu_N \leqq \mu$. Alors

$$\sum_{i=1}^{N} \nu(I_i) \leqq \sum_{i=1}^{N} \mu(I_i) + \varepsilon \leqq \mu(I) + \varepsilon \leqq \nu(I) + \varepsilon.$$

Comme N et ε sont arbitraires, on a donc bien

$$\sum_{i=1}^{\infty} \nu(I_i) \leqq \nu(I).$$

Il suffit alors de noter que l'inégalité inverse est immédiate.

Il est trivial que ν est la meilleure borne supérieure de M.

Démontrons qu'il est limite d'une suite $\mu_m \in M$.

Soient I_i les semi-intervalles dans Ω d'extrémités rationnelles; ils sont dénombrables et, pour tout I dans Ω, il en existe une suite qui tend vers I dans Ω.

Dès lors, pour tout i, il existe $\mu_i \in M$ tel que

$$\nu(I_j) \leqq \mu_i(I_j) + 1/i, \ \forall j \leqq i.$$

La suite μ_i converge vers ν.

De fait, pour tout I dans Ω et tout $\varepsilon > 0$, il existe I_{i_0} tel que

$$\nu(I \setminus I_{i_0}) \leqq \varepsilon/2.$$

Pour cet I_0, on a

$$(\nu - \mu_i)(I_0) \leqq \varepsilon/2$$

pour i assez grand. Il vient alors

$$(\nu - \mu_i)(I) \leqq (\nu - \mu_i)(I \setminus I_{i_0}) + (\nu - \mu_i)(I_{i_0}) \leqq \nu(I \setminus I_{i_0}) + (\nu - \mu_i)(I_{i_0}) \leqq \varepsilon.$$

Or, comme $\nu - \mu_i \geqq 0$, $\nu - \mu_i = V(\nu - \mu_i)$, d'où la conclusion.

b) *Soit M un ensemble de mesures réelles qui admet une meilleure borne supérieure μ_0.*

— *Tout ensemble μ-négligeable pour tout $\mu \in M$ est μ_0-négligeable.*

— *Toute fonction μ-mesurable pour tout $\mu \in M$ est μ_0-mesurable.*

— *Si M est tel que, pour tous $\mu', \mu'' \in M$, il existe $\mu \in M$ tel que* $\sup(\mu', \mu'') \leqq \mu$, *alors toute fonction f μ-intégrable pour tout $\mu \in M$ et telle que*

$$\sup_{\mu \in M} \int |f| \, d\mu < \infty$$

est μ_0-intégrable et on a

$$\int |f| \, d\mu_0 = \sup_{\mu \in M} \int |f| \, d\mu.$$

Notons que l'ensemble M' des

$$\sup(\mu_1, \ldots, \mu_N),$$

où les $\mu_1, \ldots, \mu_N$ appartiennent à M et où N est un entier arbitraire est tel que, pour tous $\mu', \mu'' \in M'$, il existe $\mu \in M$ tel que $\sup(\mu', \mu'') \leqq \mu$. De plus, μ_0 est évidemment la meilleure borne supérieure de M'; il existe donc une suite $\mu_m \in M'$ qui converge fortement vers μ_0.

Il suffit alors d'appliquer b) et c), p. 165 car un ensemble est μ'-négligeable pour tout $\mu' \in M'$ s'il est μ-négligeable pour tout $\mu \in M$ et une fonction est μ'-mesurable pour tout $\mu' \in M'$ si elle est μ-mesurable pour tout $\mu \in M$.

c) *Si la meilleure borne* $\left\{\begin{matrix}\textit{supérieure} \\ \textit{inférieure}\end{matrix}\right\}$ ν_0 *d'un ensemble M de mesures réelles existe, son support est contenu dans* $\overline{\bigcup_{\mu \in M} [\mu]}$.

Si ces mesures sont $\left\{\begin{matrix}\textit{positives} \\ \textit{négatives}\end{matrix}\right\}$, *on a l'égalité.*

De fait, $e = \overline{\bigcup_{\mu \in M} [\mu]}$ est fermé dans Ω et on a $\mu = \mu_e \leqq (\nu_0)_e \leqq \nu_0$ pour toute mesure $\mu \in M$, donc ν_0 est porté par e.

Si en outre, par exemple, les mesures sont positives, on a $[\nu_0] \supset \bigcup_{\mu \in M} [\mu]$, car, pour tout $x \in \bigcup_{\mu \in M} [\mu]$, il existe $\mu \in M$ tel que $x \in [\mu]$ et, dans tout voisinage de x, il existe un semi-intervalle I dans Ω tel que $\mu(I) > 0$, donc tel que $\nu_0(I) \geqq \mu(I) > 0$.

EXERCICES

1. — Soit M un ensemble de mesures réelles telles que, pour tous $\mu', \mu'' \in M$, il existe $\mu \in M$ tel que $\sup(\mu', \mu'') \leqq \mu$.

S'il existe une mesure positive μ_0 telle que $\mu = f_\mu \cdot \mu_0$, avec f_μ μ_0-intégrable pour tout $\mu \in M$, et que

$$\sup_{\mu \in M} \int f_\mu \, d\mu_0 < \infty,$$

établir que la fonction F déterminée par c), p. 57, à partir de l'ensemble $\mathscr{F} = \{f_\mu : \mu \in M\}$ est telle que

$$\sup_{\mu \in M} \mu = F \cdot \mu_0 .$$

En particulier, si $M = \{\mu_m : m=1, 2, \ldots\}$, on a

$$\sup_m \mu_m = (\sup_m f_{\mu_m}) \cdot \mu_0 .$$

Suggestion. On vérifie aisément que $\{f_\mu : \mu \in M\}$ satisfait aux hypothèses de c), p. 57. Dès lors, comme $f_\mu \leqq F$ μ_0-pp pour tout $\mu \in M$, $F \cdot \mu_0$ est une borne supérieure de M. C'est la meilleure borne supérieure de M car si $\mu' \leqq F \cdot \mu_0$ est tel que $\mu \leqq \mu'$ pour tout $\mu \in M$, il s'écrit $F' \cdot \mu_0$ avec $F' \leqq F$ et $f_\mu \leqq F'$ μ_0-pp pour tout $\mu \in M$, d'où $F = F'$ μ_0-pp.

Dans le cas d'une suite, il suffit de vérifier que

$$\sup_m f_{\mu_m} = F \quad \mu_0\text{-pp}.$$

2. — Si $\mu, \nu \geqq 0$, on a $\mu \ll \nu$ si et seulement si

$$\mu = \sup_m \inf(\mu, m\nu).$$

Suggestion. Si $\mu \ll \nu$, par le théorème de Radon, il existe f localement ν-intégrable tel que $\mu = f \cdot \nu$. Alors

$$\inf(\mu, m\nu) = [\inf(f, m)] \cdot \nu$$

et

$$\sup_m \inf(\mu, m\nu) = [\sup_m \inf(f, m)] \cdot \nu = f \cdot \nu = \mu.$$

Inversement, si $\mu = \sup_m \inf(\mu, m\nu)$, pour tout e borélien ν-négligeable, on a $[\inf(\mu, m\nu)](e) = 0$ pour tout m et $\mu(e) = 0$, donc e est μ-négligeable.

Restriction et prolongement de mesures

18. — *Soient Ω_0 et Ω deux ouverts de E_n tels que $\Omega_0 \subset \Omega$ et $\Omega_0 \neq \Omega$.*

a) *Toute mesure μ dans Ω définit une mesure μ_0 dans Ω_0, telle que*

$$\mu_0(I) = \mu(I), \ \forall I \text{ dans } \Omega_0.$$

On dit que μ_0 est la *restriction* de μ à Ω_0. Dans ce cas, μ est un *prolongement* de Ω_0 à Ω.

b) *Une mesure μ_0 dans Ω_0 n'est pas nécessairement la restriction à Ω_0 d'une mesure μ dans Ω.*

Un contre-exemple nous éclairera sur ce point.

Ainsi, la mesure de Stieltjes μ_0 définie dans $]0, +\infty[$ par la fonction $1/x$ n'est la restriction à $]0, +\infty[$ d'aucune mesure μ définie dans un ouvert $]-\varepsilon, +\infty[$ avec $\varepsilon > 0$.

De fait, sinon, si $m \to \infty$,

$$\mu\left(\left]0, \frac{1}{m}\right]\right) = \mu(]0, 1]) - \mu_0\left(\left]\frac{1}{m}, 1\right]\right) = \mu(]0, 1]) + m - 1 \to \infty,$$

ce qui contredit le fait que μ est continu.

c) *Toute mesure bornée μ_0 dans Ω_0 est la restriction d'une mesure bornée μ dans Ω.*

On définit μ en posant $\mu(I)=\mu_0(I\cap\Omega_0)$ pour tout I dans Ω. On obtient visiblement une mesure bornée dans Ω.

19. — *Soient μ une mesure dans Ω et μ_0 sa restriction à $\Omega_0\subset\Omega$.*
— *Si e est μ-négligeable, $e\cap\Omega_0$ est μ_0-négligeable,*
— *Si f est μ-mesurable, la restriction f_0 de f à Ω_0 est μ_0-mesurable,*
— *Si f est μ-intégrable, la restriction f_0 de f à Ω_0 est μ_0-intégrable et*

$$\int f_0\, d\mu_0 = \int_{\Omega_0} f\, d\mu.$$

Si e est μ-négligeable, $e\cap\Omega_0$ est μ-négligeable, donc il est contenu dans une union dénombrable de semi-intervalles I_m dans Ω, tels que $\sum_{m=1}^{\infty} V\mu(I_m)\leqq\varepsilon$. Comme Ω_0 est union dénombrable de semi-intervalles J_i dans Ω_0, on a alors $e\cap\Omega_0\subset\bigcup_{i,m=1}^{\infty}(I_m\cap J_i)$ où

$$\sum_{i,m=1}^{\infty} V\mu_0(I_m\cap J_i) = \sum_{i,m=1}^{\infty} V\mu(I_m\cap J_i) \leqq \varepsilon,$$

d'où la conclusion.

Si f est μ-mesurable, il existe une suite α_m de fonctions étagées dans Ω, telles que $\alpha_m\to f$ μ-pp. Si les Q_m sont étagés dans Ω_0 et croissants vers Ω_0, on a alors $\alpha_m\delta_{Q_m}\to f_0$ μ_0-pp, les $\alpha_m\delta_{Q_m}$ étant étagés dans Ω_0.

Si f est μ-intégrable, on peut supposer en outre que

$$\int |\alpha_{m+1}-\alpha_m|\, dV\mu \leqq 2^{-m}.$$

Par le théorème de Levi, la fonction

$$F = |\alpha_1| + \sum_{m=1}^{\infty} |\alpha_{m+1}-\alpha_m|$$

est définie μ-pp et μ-intégrable. Comme $|\alpha_m\delta_{Q_m}|\leqq F$ pour tout m, en vertu du théorème de Lebesgue, on a

$$\int |\alpha_r\delta_{Q_r}-\alpha_s\delta_{Q_s}|\, dV\mu_0 = \int |\alpha_r\delta_{Q_r}-\alpha_s\delta_{Q_s}|\, dV\mu \to 0$$

si $\inf(r,s)\to\infty$. Donc f_0 est μ_0-intégrable. De plus,

$$\int f_0\, d\mu_0 = \lim_m \int \alpha_m\delta_{Q_m}\, d\mu_0 = \lim_m \int \alpha_m\delta_{Q_m}\, d\mu = \int_{\Omega_0} f\, d\mu.$$

Dès lors, *si* μ_0 *est la restriction à* Ω_0 *de la mesure* μ *dans* Ω, *on a*

$$[\mu_0] = [\mu] \cap \Omega_0.$$

Inversement, si μ *est un prolongement de* μ_0 *à* Ω, *on a*

$$[\mu] \supset \overline{[\mu_0]} \cap \Omega.$$

Intégrale de mesures

20. — *Soient* Ω *et* Ω' *des ouverts de* E_n *et* $E_{n'}$ *respectivement et soit* μ *une mesure dans* Ω.

Si, pour μ*-presque tout* $x \in \Omega$, λ_x *est une mesure dans* Ω' *telle que* $\lambda_x(I)$ *et* $V\lambda_x(I)$ *soient* μ*-intégrables pour tout* I *dans* Ω', *les lois*

$$\left(\int \lambda_x \, d\mu\right)(I) = \int \lambda_x(I) \, d\mu$$

et

$$\left(\int V\lambda_x \, dV\mu\right)(I) = \int V\lambda_x(I) \, dV\mu$$

sont des mesures dans Ω' *telles que*

$$V\left(\int \lambda_x \, d\mu\right) \leqq \int V\lambda_x \, dV\mu.$$

On dit que $\int \lambda_x \, d\mu$ est l'*intégrale de* λ_x *par rapport à* μ ou une *intégrale de mesures* si on ne désire pas préciser davantage.

Démontrons d'abord que $\int \lambda_x \, d\mu$ est une mesure dans Ω'.

On en déduit, en remplaçant μ par $V\mu$ et λ_x par $V\lambda_x$ qu'il en est de même pour $\int V\lambda_x \, dV\mu$.

Elle est additive.

De fait, pour toute partition finie $\mathscr{P}(I)$,

$$\lambda_x(I) = \sum_{J \in \mathscr{P}(I)} \lambda_x(J) \quad \mu\text{-pp},$$

d'où

$$\int \lambda_x(I) \, d\mu = \sum_{J \in \mathscr{P}(I)} \int \lambda_x(J) \, d\mu.$$

Elle est à variation finie.

De fait, quel que soit $\mathscr{P}(I)$,

$$\sum_{J \in \mathscr{P}(I)} \left| \int \lambda_x(J) \, d\mu \right| \leqq \int \sum_{J \in \mathscr{P}(I)} |\lambda_x(J)| \, dV\mu$$
$$\leqq \int V\lambda_x(I) \, dV\mu, \qquad (*)$$

où le dernier membre ne dépend que de I.

Elle est continue.

De fait, si $I_m \to I$ et si $I_0 \supset I_m$ pour tout m, on a

$$\lambda_x(I_m) \to \lambda_x(I) \ \mu\text{-pp}$$

et

$$|\lambda_x(I_m)| \leqq V\lambda_x(I_m) \leqq V\lambda_x(I_0), \ \forall m,$$

d'où, par le théorème de Lebesgue,

$$\int \lambda_x(I_m)\, d\mu \to \int \lambda_x(I)\, d\mu.$$

Pour conclure, on note enfin que, vu (*),

$$V\left(\int \lambda_x(I)\, d\mu\right) \leqq \int V\lambda_x(I)\, dV\mu.$$

21. — Voici le théorème principal relatif à l'intégration par rapport à une intégrale de mesures.

Soit $\int \lambda_x\, d\mu$ *une intégrale de mesures.*

a) *Si* $e \subset \Omega'$ *est* $\left(\int V\lambda_x\, dV\mu\right)$*-négligeable, il est* λ_x*-négligeable pour* μ*-presque tout* $x \in \Omega$.

b) *Si* f *est* $\left(\int V\lambda_x dV\mu\right)$*-mesurable, il est* λ_x*-mesurable pour* μ*-presque tout* $x \in \Omega$. *Si, en outre,* f *est* λ_x*-intégrable pour* μ*-presque tout* x, $\int f\, d\lambda_x$ *est* μ*-mesurable.*

c) *Si* f *est* $\left(\int V\lambda_x\, dV\mu\right)$*-intégrable,*
— f *est* λ_x*-intégrable pour* μ*-presque tout* $x \in \Omega$,
— $\int f\, d\lambda_x$ *est* μ*-intégrable,*
— *on a*

$$\int\left(\int f\, d\lambda_x\right) d\mu = \int f\, d\left(\int \lambda_x\, d\mu\right).$$

A. On établit d'abord c) dans le cas de fonctions boréliennes.

Les fonctions boréliennes bornées et à support compact dans Ω' vérifient c).

De fait, considérons l'ensemble des φ qui vérifient c).

Il contient les fonctions étagées.

De plus, s'il contient les φ_m et si les φ_m sont tels que $\varphi_m \to \varphi$ et $|\varphi_m| \leqq C\,\delta_Q$ pour tout m, montrons qu'il contient φ. Evidemment, φ est λ_x-intégrable pour μ-presque tout $x \in \Omega$ et, par le théorème de Lebesgue,

$$\int \varphi\, d\lambda_x = \lim_m \int \varphi_m\, d\lambda_x \ \text{ et } \ \int \varphi\, d\left(\int \lambda_x\, d\mu\right) = \lim_m \int \varphi_m\, d\left(\int \lambda_x\, d\mu\right).$$

En outre,

$$\left|\int \varphi_m\, d\lambda_x\right| \leqq C\, V\lambda_x(Q),$$

où le second membre est μ-intégrable, donc, par une nouvelle application du théorème de Lebesgue, $\int \varphi \, d\lambda_x$ est μ-intégrable et

$$\int \left(\int \varphi \, d\lambda_x \right) d\mu = \lim_m \int \left(\int \varphi_m \, d\lambda_x \right) d\mu$$

$$= \lim_m \int \varphi_m \, d\left(\int \lambda_x \, d\mu \right) = \int \varphi \, d\left(\int \lambda_x \, d\mu \right).$$

On conclut par le paragraphe 3, p. 114.

Cela étant, passons aux fonctions boréliennes.

Soit φ borélien et $\left(\int V\lambda_x \, dV\mu \right)$-intégrable. Posons

$$\varphi_m = \varphi \delta_{\{x' \in Q_m : |\varphi(x')| \leq m\}},$$

où $Q_m \uparrow \Omega'$. On a

$$\int \left(\int |\varphi_m| \, dV\lambda_x \right) dV\mu = \int |\varphi_m| \, d\left(\int V\lambda_x \, dV\mu \right) \leq \int |\varphi| \, d\left(\int V\lambda_x \, dV\mu \right).$$

Par le théorème de Levi, pour μ-presque tout x, la suite $\int |\varphi_m| dV\lambda_x$ converge et est donc bornée. Appliquons alors le théorème de Levi à la suite $|\varphi_m| \uparrow |\varphi|$: on obtient que $|\varphi|$ est λ_x-intégrable pour μ-presque tout x. Il résulte alors du théorème de Lebesgue que

$$\int \varphi \, d\lambda_x = \lim_m \int \varphi_m \, d\lambda_x \quad \mu\text{-pp}.$$

Comme les fonctions du second membre sont μ-mesurables, le premier membre est μ-mesurable. En outre, il est majoré par $\int |\varphi| dV\lambda_x$, μ-intégrable par le théorème de Levi appliqué à la suite $\int |\varphi_m| dV\lambda_x$. Enfin, par le théorème de Lebesgue,

$$\int \left(\int \varphi \, d\lambda_x \right) d\mu = \lim_m \int \left(\int \varphi_m \, d\lambda_x \right) d\mu$$

$$= \lim_m \int \varphi_m \, d\left(\int \lambda_x \, d\mu \right) = \int \varphi \, d\left(\int \lambda_x \, d\mu \right).$$

B. On peut maintenant prouver a).

Si e est $\left(\int V\lambda_x \, dV\mu \right)$-négligeable, il appartient à e_0 borélien et $\left(\int V\lambda_x \, dV\mu \right)$-négligeable. Vu A, cet e_0 est $V\lambda_x$-intégrable μ-pp, son intégrale par rapport à $V\lambda_x$ est $V\mu$-intégrable et

$$\int V\lambda_x(e_0) \, dV\mu = \left(\int V\lambda_x \, dV\mu \right)(e_0) = 0$$

d'où, par le théorème d'annulation a), p. 60, $V\lambda_x(e_0) = 0$ μ-pp, ce qu'il fallait démontrer.

C. Passons à la première partie de b).

Si f est $\left(\int V\lambda_x \, dV\mu\right)$-mesurable, il est égal $\left(\int V\lambda_x \, dV\mu\right)$-pp, donc λ_x-pp pour μ-presque tout x, à f_0 borélien, d'où la conclusion.

D. Traitons c) dans le cas général.

Si f est $\left(\int V\lambda_x \, dV\mu\right)$-intégrable et si f_0 borélien lui est égal $\left(\int V\lambda_x \, dV\mu\right)$-pp,
— $f=f_0$ λ_x-pp pour μ-presque tout x et est λ_x-intégrable pour μ-presque tout x,
— $\int f \, d\lambda_x = \int f_0 \, d\lambda_x$ est μ-intégrable,
— on a

$$\int\left(\int f \, d\lambda_x\right) d\mu = \int\left(\int f_0 \, d\lambda_x\right) d\mu = \int f_0 \, d\left(\int \lambda_x \, d\mu\right) = \int f \, d\left(\int \lambda_x \, d\mu\right).$$

E. Complétons b).

Soit f $\left(\int V\lambda_x \, dV\mu\right)$-mesurable. Posons

$$f_m = f\delta_{\{x' \in Q_m : |f(x')| \leqq m\}},$$

où $Q_m \uparrow \Omega'$. Par a),

$$f_m \to f$$

λ_x-pp pour μ-presque tout x. Si f est λ_x-intégrable pour μ-presque tout x, par le théorème de Lebesgue,

$$\int f_m \, d\lambda_x \to \int f \, d\lambda_x \quad \mu\text{-pp}.$$

Or les $\int f_m \, d\lambda_x$ sont μ-mesurables par c), d'où la thèse.

Voici encore une réciproque partielle du point c) de l'énoncé précédent, analogue au critère de L. Tonelli.

Soit $\int \lambda_x \, d\mu$ *une intégrale de mesures.*

Si f *est* $\left(\int V\lambda_x \, dV\mu\right)$*-mesurable et si*
— f *est* λ_x*-intégrable pour* μ*-presque tout* x,
— $\int |f| \, dV\lambda_x$ *est* μ*-intégrable,*
alors f *est* $\left(\int V\lambda_x \, dV\mu\right)$*-intégrable.*

On pose

$$f_m = |f| \, \delta_{\{x' \in Q_m : |f(x')| \leqq m\}}$$

où $Q_m \uparrow \Omega'$.

Les f_m vérifient les hypothèses du point c) du théorème précédent, d'où

$$\int f_m \, d\left(\int V\lambda_x \, dV\mu\right) = \int\left(\int f_m \, dV\lambda_x\right) dV\mu$$

$$\leqq \int\left(\int |f| \, dV\lambda_x\right) dV\mu.$$

Comme la suite f_m croît vers $|f|$, il résulte alors du théorème de Levi que f est $\left(\int V\lambda_x \, dV\mu\right)$-intégrable.

EXERCICES

1. — Noter que, si f est localement μ-intégrable,

$$f\cdot\mu = \int f(x)\delta_x\, d\mu.$$

En déduire les propriétés de $f\cdot\mu$.

Suggestion. Pour tout I dans Ω, noter que

$$(f\cdot\mu)(I) = \int_I f(x)\,d\mu = \int f(x)\delta_x(I)\,d\mu = \Big(\int f(x)\delta_x\, d\mu\Big)(I).$$

* 2. — Soit

$$\nu = \sum_{k=1}^{\infty} c_k \delta_{x_k}$$

une mesure atomique dans Ω et soit μ_k une suite de mesures dans Ω' telles que

$$\sum_{k=1}^{\infty} |c_k|\, V\mu_k(I) < \infty, \quad \forall I.$$

Si on pose

$$\mu_x = \begin{cases} \mu_k & \text{si } x = x_k, \\ 0 & \text{si } x \neq x_k, \quad \forall k, \end{cases}$$

montrer que

$$\sum_{k=1}^{\infty} c_k \mu_k = \int \mu_x\, d\nu.$$

En déduire les propriétés des séries de mesures.

Image de mesures

22. — Soient Ω et Ω' des ouverts de E_n et $E_{n'}$ respectivement et soit $x'(x)$ une loi qui, à μ-presque tout (resp. tout) $x \in \Omega$, associe $x' \in \Omega'$.

On dit que $x'(x)$ *est μ-mesurable* (resp. *borélien*), si c'est le cas pour $x_i'(x)$, $(i = 1, \ldots, n')$.

On pose, pour tout $e \subset \Omega$,

$$x'(e) = \{x'(x) : x \in e\}$$

et, pour tout $e' \subset \Omega'$,

$$x'_{-1}(e') = \{x : x'(x) \in e'\} \quad \text{ou} \quad \emptyset \quad \text{si} \quad x'(\Omega) \cap e' = \emptyset.$$

La condition nécessaire et suffisante pour que $x'(x)$ soit $\left\{\begin{matrix}\mu\text{-mesurable}\\ \text{borélien}\end{matrix}\right\}$ est que $x'_{-1}(e')$ soit $\left\{\begin{matrix}\mu\text{-mesurable}\\ \text{borélien}\end{matrix}\right\}$ pour tout borélien $e' \subset \Omega'$.

Pour la condition suffisante, on peut se limiter à prendre pour e' les semi-intervalles dans Ω'.

La démonstration de la condition nécessaire est analogue à celle de b), p. 119 et c), p. 120 en considérant l'ensemble des $e' \subset \Omega'$ tels que $x'_{-1}(e')$ soit μ-mesurable (resp. borélien).

La condition suffisante résulte de e), p. 74 et c), p. 118.

EXERCICE

Si $x'(x)$ est continu dans Ω et biunivoque entre Ω et Ω', $x(x')$ est borélien.

Suggestion. Vu l'énoncé précédent, pour que $x(x')$ soit borélien, il suffit que $x_{-1}(I)=x'(I)$ soit borélien pour tout semi-intervalle I dans Ω. Or, il existe K_0 et K_1 compacts tels que $I=K_0 \setminus K_1$. Puisque $x'(x)$ est biunivoque, $x'(I)=x'(K_0) \setminus x'(K_1)$, où $x'(K_0)$ et $x'(K_1)$ sont compacts, vu la continuité de $x'(x)$.

Cela étant, quel que soit e borélien, $x'(e)=x_{-1}(e)$ est borélien.

23. — Soient μ une mesure dans Ω et $x'(x)$ une fonction μ-mesurable définie μ-pp de Ω dans Ω'.

On dit que $x'(x)$ est *μ-propre* ou que μ est *transformable par* $x'(x)$ si $x'_{-1}(I')$ est μ-intégrable pour tout I' dans Ω'.

On appelle alors *image de μ par* $x'(x)$ et on note $x'(\mu)$ l'intégrale de mesures

$$x'(\mu) = \int \delta_{x'(x)}\, d\mu.$$

Evidemment, il faut s'assurer que c'est une mesure, ce qui est trivial puisque, pour tout I' dans Ω',

$$\delta_{x'(x)}(I') = \delta_{x'_{-1}(I')}(x)$$

est μ-intégrable.

De la théorie des intégrales de mesures, on tire immédiatement que

$$V[x'(\mu)] \leqq x'(V\mu).$$

Si aucune confusion n'est possible, on pose

$$\mu' = x'(\mu) \quad \text{et} \quad (V\mu)' = x'(V\mu).$$

Le théorème qui régit l'intégration par rapport aux intégrales de mesures conduit immédiatement au résultat suivant.

a) *Soit μ' la mesure image de μ par $x'(x)$.*

— *Si $e' \subset \Omega'$ est $(V\mu)'$-négligeable, $x'_{-1}(e')$ est μ-négligeable.*

— *Si $f(x')$ est $(V\mu)'$-mesurable, $f[x'(x)]$ est μ-mesurable.*

— *Si $f(x')$ est $(V\mu)'$-intégrable, $f[x'(x)]$ est μ-intégrable et on a*

$$\int f(x')\, d\mu' = \int f[x'(x)]\, d\mu$$

et

$$\int f(x')\, d(V\mu)' = \int f[x'(x)]\, dV\mu.$$

De fait, si e' est $(V\mu)'$-négligeable, il est $\delta_{x'(x)}$-négligeable pour μ-presque tout x, soit pour tout $x \notin e$, avec e μ-négligeable. Donc, si $x \notin e$, $x'(x) \notin e'$ et $x'_{-1}(e') \subset e$ μ-négligeable.

Si $f(x')$ est $(V\mu)'$-mesurable, pour μ-presque tout x, f est défini en $x'(x)$ et

$$\int f \, d\delta_{x'(x)} = f[x'(x)]$$

est μ-mesurable, vu b), p. 173.

Enfin, si $f(x')$ est $(V\mu)'$-intégrable, de façon analogue, $f[x'(x)]$ est défini μ-pp et est μ-intégrable.

Le théorème a) admet une réciproque importante.

b) *Soit μ' la mesure image de μ par $x'(x)$.*

— *Si e' est tel que $x'_{-1}(e')$ soit μ-négligeable, e' est μ'- et $(V\mu)'$-négligeable. En particulier, si $x'_{-1}(e') = \emptyset$, e' est μ'- et $(V\mu)'$-négligeable.*

— *Si $f(x')$ est tel que $f[x'(x)]$ soit μ-mesurable, il est μ'- et $(V\mu)'$-mesurable.*

— *Si $f(x')$ est tel que $f[x'(x)]$ soit μ-intégrable, il est μ'- et $(V\mu)'$-intégrable et on a*

$$\int f(x') \, d\mu' = \int f[x'(x)] \, d\mu$$

et

$$\int f(x') \, d(V\mu)' = \int f[x'(x)] \, dV\mu.$$

Le cas des fonctions μ-intégrables se ramène immédiatement à celui des fonctions μ-mesurables.

En effet, soit $f[x'(x)]$ μ-intégrable.

Comme $f[x'(x)]$ est μ-mesurable, $f(x')$ est $(V\mu)'$-mesurable.

De plus, $f[x'(x)]$ est défini μ-pp; $f(x')$ est donc $\delta_{x'(x)}$-intégrable pour μ-presque tout x.

Enfin,

$$\int |f(x')| \, d\delta_{x'(x)} = |f[x'(x)]|$$

est μ-intégrable.

De là, par le théorème p. 175, $f(x')$ est $(V\mu)'$-intégrable et a fortiori μ'-intégrable.

L'égalité des intégrales résulte alors du théorème c), p. 173.

Le cas des ensembles négligeables se ramène à celui des fonctions intégrables.

En effet, si $x'_{-1}(e')$ est μ-intégrable, $\delta_{e'}$ est $(V\mu)'$-intégrable et

$$(V\mu)'(e') = V\mu[x'_{-1}(e')] = 0,$$

donc e' est $(V\mu)'$- et μ'-négligeable.

Traitons à présent le cas où $f[x'(x)]$ est μ-mesurable.

Soit $\varepsilon > 0$ fixé. Vu c), p. 81, il existe des fermés $F_0, F_1, \ldots, F_{n'}$ tels que $V\mu(\Omega \setminus F_i) \leqq \varepsilon/(n'+1)$ pour tout i et que $f[x'(x)]$, $x'_1(x), \ldots, x'_{n'}(x)$ soient continus dans $F_0, F_1, \ldots, F_{n'}$ respectivement. Alors $F = F_0 \cap \ldots \cap F_{n'}$ est fermé, tel que $V\mu(\Omega \setminus F) \leqq \varepsilon$ et que $f[x'(x)]$ et $x'(x)$ soient continus dans F.

Montrons que $x'(F)$ et $f(x')\delta_{x'(F)}$ sont boréliens dans Ω'.

D'une part, F est union dénombrable de compacts K_m. Comme x' est continu dans F, $x'(K_m)$ est compact dans Ω' pour tout m et

$$x'(F) = \bigcup_{m=1}^{\infty} x'(K_m)$$

est borélien.

D'autre part, pour tout m, $f(x')$ est continu dans chaque $x'(K_m)$.

En effet, si ce n'est pas le cas, il existe $x'_k \to x'_0$ dans $x'(K_m)$, tels que $|f(x'_k) - f(x'_0)| \geqq \varepsilon'$ pour au moins un $\varepsilon' > 0$. Soient $x_k \in K_m$ tels que $x'_k = x'(x_k)$. Des x_k, on peut extraire $x_{k'} \to x \in K$. Il vient alors $x'(x_{k'}) \to x'(x) = x'_0$ et

$$f[x'(x_{k'})] \to f[x'(x)] = f(x'_0),$$

ce qui est absurde.

Dès lors, $f\delta_{x'(K_m)}$ est borélien pour tout m et aussi

$$f\delta_{x'(F)} = \lim_m f\delta_{x'(K_m)}.$$

Cela étant, soient F_m des fermés emboîtés en croissant, tels que $V\mu(\Omega \setminus F_m) \leqq 1/m$ et que $x'(F_m)$ et $f\delta_{x'(F_m)}$ soient boréliens dans Ω'.

On a

$$f = \lim_m f\delta_{x'(F_m)},$$

sauf aux point de $e' = \Omega' \setminus \left[\bigcup_{m=1}^{\infty} x'(F_m)\right]$.

Si on prouve que e' est $(V\mu)'$-négligeable, on aura établi que $f(x')$ est $(V\mu)'$-mesurable.

Chaque $\Omega' \setminus x'(F_m)$ est $(V\mu)'$-intégrable et de $(V\mu)'$-mesure inférieure à $1/m$.

De fait, si $Q'_N \uparrow \Omega'$, pour tout m fixé, les ensembles

$$Q'_N \setminus x'(F_m)$$

sont $(V\mu)'$-intégrables, croissants vers $\Omega' \setminus x'(F_m)$ et tels que

$$(V\mu)'\,[Q'_N \setminus x'(F_m)] = V\mu\{x'_{-1}[Q'_N \setminus x'(F_m)]\} \leqq V\mu(\Omega \setminus F_m) \leqq 1/m,$$

d'où, par le théorème de Levi, $(V\mu)'\,[\Omega' \setminus x'(F_m)] \leqq 1/m$.

Dès lors, e' est $(V\mu)'$-négligeable et la conclusion s'ensuit.

c) Dans le cas où $(V\mu)' = V\mu'$, les théorèmes a) et b) précédents se résument comme suit.

Soit μ' la mesure image de μ par $x'(x)$. Si $(V\mu)' = V\mu'$,

— $e' \subset \Omega'$ est μ'-négligeable si et seulement si $x'_{-1}(e')$ est μ-négligeable,

— $f(x')$ est μ'-mesurable si et seulement si $f[x'(x)]$ est μ-mesurable.

— $f(x')$ est μ'-intégrable si et seulement si $f[x'(x)]$ est μ-intégrable et on a

$$\int f(x')\,d\mu' = \int f[x'(x)]\,d\mu$$

et

$$\int f(x')\,dV\mu' = \int f[x'(x)]\,dV\mu.$$

C'est le cas en particulier si μ est une mesure positive. On donne au paragraphe suivant une autre condition pour qu'il en soit ainsi.

24. — Examinons à présent la possibilité de représenter μ comme une intégrale de mesures par rapport à μ'.

Si $x'(x)$ est μ-propre et tel que

$$x'(x) = x'(y) \Rightarrow x = y,$$

— on a

$$(V\mu)' = V\mu',$$

*— $x(x')$ est défini μ'-*pp *dans Ω' et μ'-propre,*

— on a

$$\mu = x(\mu') = \int \delta_{x(x')}\,d\mu'$$

et

$$V\mu = x(V\mu') = \int \delta_{x(x')}\,dV\mu'.$$

Démontrons que

$$(V\mu)' = V\mu'.$$

On sait déjà que

$$V\mu' \leqq (V\mu)'.$$

Il reste à établir la majoration inverse, soit

$$(V\mu)'(I') = V\mu[x'_{-1}(I')] \leqq V\mu'(I'),$$

pour tout I' dans Ω'.

Or

$$V\mu[x'_{-1}(I')] = \sup_{\mathscr{P}} \sum_{e \in \mathscr{P}} |\mu(e)|,$$

où $\mathscr{P}$ désigne une partition finie de $x'_{-1}(I')$ en ensembles μ-intégrables.

Soit e μ-intégrable. Vu les hypothèses sur $x'(x)$, $x'_{-1}[x'(e)] = e$ μ-pp, donc, par b), p. 178, $x'(e)$ est μ'-intégrable et

$$\mu'[x'(e)] = \mu\{x'_{-1}[x'(e)]\} = \mu(e).$$

De là, si $\mathscr{P}'$ est la partition de $I' \cap x'(\Omega)$ en les $x'(e)$, $e \in \mathscr{P}$, on a

$$\sum_{e \in \mathscr{P}} |\mu(e)| = \sum_{e' \in \mathscr{P}'} |\mu'(e')| \leqq V\mu'(I),$$

d'où

$$V\mu[x'_{-1}(I')] \leqq V\mu'(I').$$

Vérifions à présent que $x(x')$ est défini μ'-pp.

Cela résulte de b), p. 178, puisque $x'_{-1}[\Omega' \setminus x'(\Omega)] = \emptyset$.

En outre, la fonction $x(x')$ est μ'-mesurable puisque $x_i[x'(x)] = x_i$ μ-pp est μ-mesurable pour tout i.

Enfin, pour tout I dans Ω, $x'(I)$ est μ'-intégrable, donc $x(x')$ est μ'-propre.

Il reste à vérifier que $\mu = x(\mu')$, ce qui est trivial, car

$$\mu(I) = \mu\{x'_{-1}[x'(I)]\} = \mu'[x'(I)],$$

pour tout I dans Ω.

*25. — Dans ce paragraphe, nous utilisons librement les espaces μ-$L_1(\Omega)$, μ-$L_\infty(\Omega)$, et la structure du dual de μ-$L_1(\Omega)$ et $D_0(\Omega)$.

Théorème de désintégration des mesures positives

Soient Ω et Ω' des ouverts de E_n et $E_{n'}$ respectivement.

Si μ est une mesure positive dans Ω et si $x'(x)$ est μ-propre, il existe des mesures positives $\lambda_{x'}$ dans Ω, $x' \in \Omega'$, telles que

— *$\lambda_{x'}$ soit porté par l'image inverse de x' par $x'(x)$,*

— *$\lambda_{x'}(\Omega) = 1$ pour μ'-presque tout x', $\lambda_{x'}(\Omega) = 0$ pour les autres x',*

— *$\lambda_{x'}(I)$ soit μ'-intégrable pour tout I dans Ω et*

$$\mu = \int \lambda_{x'} \, d\mu'.$$

De plus, si $\lambda_{x'}$ et $\nu_{x'}$ vérifient les conditions de l'énoncé, on a $\lambda_{x'} = \nu_{x'}$ μ'-pp.

A. Soit $\varphi \in D_0(\Omega)$. Pour tout $f \in \mu'$-$L_1(\Omega')$, on a

$$\left| \int \varphi(x) f[x'(x)] \, d\mu \right| \leqq \sup_{x \in \Omega} |\varphi(x)| \int |f[x'(x)]| \, d\mu = \sup_{x \in \Omega} |\varphi(x)| \int |f(x')| \, d\mu'.$$

Dès lors,

$$\int \varphi(x) f[x'(x)] \, d\mu$$

est une fonctionnelle linéaire bornée dans μ'-$L_1(\Omega')$ et s'écrit sous la forme

$$\int \varphi'(x') f(x') \, d\mu',$$

avec $\varphi' \in \mu'$-$L_\infty(\Omega')$. De plus, on a $\varphi' \geqq 0$ si $\varphi \geqq 0$ et

$$\|\varphi'\|_{\mu'\text{-}L_\infty(\Omega')} \leqq \sup_{x \in \Omega} |\varphi(x)|.$$

Démontrons que φ' est μ'-intégrable.

Soient Q'_m des ensembles étagés croissant vers Ω'. Posons

$$\psi_m(x') = e^{-i\arg\varphi'(x')}\delta_{Q'_m}(x').$$

Il vient

$$0 \leqq \varphi'(x')\psi_m(x') \uparrow |\varphi'(x')|$$

et

$$\int \varphi'(x')\psi_m(x')\,d\mu' = \int \varphi(x)\psi_m[x'(x)]\,d\mu \leqq \int |\varphi(x)|\,d\mu,$$

d'où, par le théorème de Levi, $\varphi'(x')$ est μ'-intégrable et

$$\int |\varphi'(x')|\,d\mu' \leqq \int |\varphi(x)|\,d\mu.$$

Cela étant, on a aussi

$$\int \varphi(x)f[x'(x)]\,d\mu = \int \varphi'(x')f(x')\,d\mu' \qquad (*)$$

pour tout $f' \in \mu'\text{-}L_\infty(\Omega')$.

En effet, on a

$$\int \varphi(x)f[x'(x)]\delta_{x'_{-1}(Q'_m)}(x)\,d\mu = \int \varphi'(x')f(x')\delta_{Q'_m}(x')\,d\mu', \quad \forall m,$$

d'où la conclusion, par le théorème de Lebesgue.

B. Comme $D_0(\Omega)$ est séparable pour la norme

$$\sup_{x\in\Omega}|\varphi(x)|$$

et que

$$\|\varphi'\|_{\mu'\text{-}L_\infty(\Omega')} \leqq \sup_{x\in\Omega}|\varphi(x)|,$$

l'ensemble $\{\varphi' : \varphi \in D_0(\Omega)\}$ est séparable pour la norme de $\mu'\text{-}L_\infty(\Omega')$.

De là, en vertu du théorème de relèvement (cf. p. 44), on peut supposer que les $\varphi'(x')$ sont définis partout et tels que

$$\varphi = \sum_{(i)} c_i\varphi_i \ \mu\text{-pp} \Rightarrow \varphi' = \sum_{(i)} c_i\varphi'_i,$$

$$\varphi \geqq 0 \ \mu\text{-pp} \Rightarrow \varphi' \geqq 0$$

et

$$\sup_{x'\in\Omega'}|\varphi'(x')| = \|\varphi'\|_{\mu'\text{-}L_\infty(\Omega')} \leqq \sup_{x\in\Omega}|\varphi(x)|.$$

Quel que soit $x' \in \Omega'$, la loi $\mathscr{T}_{x'}(\varphi)$ qui, à $\varphi \in D_0(\Omega)$, associe $\varphi'(x')$, est une fonctionnelle linéaire, positive et bornée, de norme inférieure ou égale à 1. Cette fonctionnelle s'écrit

$$\varphi'(x') = \mathscr{T}_{x'}(\varphi) = \int \varphi(x)\,d\lambda_{x'},$$

où $\lambda_{x'}$ est une mesure dans Ω, positive et telle que $\lambda_{x'}(\Omega) \leqq 1$.

C. Montrons que $\lambda_{x'}(I)$ est μ'-intégrable pour tout I dans Ω et que

$$\mu = \int \lambda_{x'} \, d\mu' .$$

Soit I fixé. Il existe φ_0 et $\varphi_m \in D_0(\Omega)$, positifs et tels que

$$\varphi_m \leqq \varphi_0 \quad \text{et} \quad \varphi_m \to \delta_I .$$

Par le théorème de Lebesgue, il vient alors

$$\lambda_{x'}(I) = \lim_m \int \varphi_m(x) \, d\lambda_{x'} = \lim_m \varphi'_m(x'), \quad \forall x' \in \Omega',$$

d'où $\lambda_{x'}(I)$ est μ'-mesurable. De plus, comme les $\varphi'_m(x')$ sont majorés par $\varphi'_0(x')$, $\lambda_{x'}(I)$ l'est aussi, donc il est μ'-intégrable. Enfin, par le théorème de Lebesgue,

$$\int \lambda_{x'}(I) \, d\mu' = \lim_m \int \varphi'_m(x') \, d\mu' = \lim_m \int \varphi_m(x) \, d\mu = \mu(I),$$

d'où la conclusion. Pour la deuxième égalité, on utilise la relation (*).

D. On a

$$\int g(x) f[x'(x)] \, d\mu = \int f(x') \left[\int g(x) \, d\lambda_{x'} \right] d\mu' \qquad (**)$$

pour tout $g \in \mu\text{-}L_\infty(\Omega)$ et tout $f \in \mu'\text{-}L_1(\Omega')$.

En effet, soit $g \in \mu\text{-}L_\infty(\Omega)$ et soient $\varphi_m \in D_0(\Omega)$ tels que $\varphi_m \to g$ μ-pp et que $|\varphi_m|$ soit borné par une constante. Si $\psi_m \to g$ μ-pp, il suffit de prendre

$$\varphi_m(x) = \begin{cases} \psi_m(x) \text{ si } |\psi_m(x)| \leqq \|g\|_{\mu\text{-}L_\infty(\Omega)} + 1 \\ \dfrac{\psi_m(x)}{|\psi_m(x)|} (\|g\|_{\mu\text{-}L_\infty(\Omega)} + 1) \text{ sinon.} \end{cases}$$

On a alors

$$\begin{aligned} \int g(x) f[x'(x)] \, d\mu &= \lim_m \int \varphi_m(x) f[x'(x)] \, d\mu \\ &= \lim_m \int f(x') \varphi'_m(x') \, d\mu' \\ &= \lim_m \int f(x') \left[\int \varphi_m(x) \, d\lambda_{x'} \right] d\mu' . \end{aligned}$$

Comme

$$\mu = \int \lambda_{x'} \, d\mu'$$

et que μ et $\lambda_{x'}$ sont positifs, tout ensemble μ-négligeable est $\lambda_{x'}$-négligeable pour μ'-presque tout x' (cf. a), p. 173). De là, pour μ'-presque tout x',

$$\varphi_m(x) \to g(x) \quad \lambda_{x'}\text{-pp},$$

d'où, par le théorème de Lebesgue,

$$\int \varphi_m(x)\, d\lambda_{x'} \to \int g(x)\, d\lambda_{x'} \quad \mu'\text{-pp.}$$

Une nouvelle application de ce théorème donne alors

$$\int f(x') \left[\int \varphi_m(x)\, d\lambda_{x'}\right] d\mu' \to \int f(x') \left[\int g(x)\, d\lambda_{x'}\right] d\mu',$$

d'où la relation annoncée.

E. Démontrons que, pour tout x' n'appartenant pas à un ensemble μ'-négligeable e' de Ω', $\lambda_{x'}$ est transformable par $x'(x)$ et $(\lambda_{x'})' = \delta_{x'}$. Il en résulte que, pour tout $x' \notin e'$,

$$\lambda_{x'}[\Omega \setminus x'_{-1}(x')] = \delta_{x'}(\Omega' \setminus x') = 0,$$

ce qui entraîne que $\lambda_{x'}$ est porté par $x'_{-1}(x')$. De plus,

$$\lambda_{x'}(\Omega) = \delta_{x'}(\Omega') = 1.$$

Si on pose $\lambda_{x'} = 0$ pour tout $x' \in e'$, ce qui ne modifie pas l'égalité

$$\mu = \int \lambda_{x'}\, d\mu',$$

les mesures $\lambda_{x'}$ satisfont alors aux conditions de l'énoncé.

Pour que $\lambda_{x'}$ soit transformable par $x'(x)$, il suffit que $x'_{-1}(I')$ soit $\lambda_{x'}$-mesurable pour tout I' dans Ω', puisque $\lambda_{x'}(\Omega) \leqq 1$.

Pour tout I' fixé dans Ω', $x'_{-1}(I')$ est μ-mesurable, donc $\lambda_{x'}$-mesurable pour μ'-presque tout x'.

Désignons par I_i, $i = 1, 2, \ldots$, les semi-intervalles rationnels dans Ω'.

L'ensemble des x' pour lesquels les $x'_{-1}(I'_i)$ ne sont pas tous $\lambda_{x'}$-mesurables est μ'-négligeable.

Pour tout x' n'appartenant pas à cet ensemble, $\lambda_{x'}$ est transformable par $x'(x)$.

En effet, quel que soit I' dans Ω', il existe une sous-suite I'_{i_m} des I'_i telle que $I'_{i_m} \to I'$. On voit alors que

$$\delta_{x'_{-1}(I'_{i_m})} \to \delta_{x'_{-1}(I')},$$

d'où $x'_{-1}(I')$ est $\lambda_{x'}$-mesurable.

Déterminons l'image de $\lambda_{x'}$ par $x'(x)$.

Pour i fixé, vu (**), on a

$$\int f(x')\, \delta_{I'_i}(x')\, d\mu' = \int f[x'(x)]\, \delta_{x'_{-1}(I'_i)}(x)\, d\mu$$

$$= \int f(x')\, \lambda_{x'}[x'_{-1}(I'_i)]\, d\mu', \quad \forall f \in \mu'\text{-}L_1(\Omega'),$$

d'où

$$\delta_{I_i'}(x') = \lambda_{x'}[x'_{-1}(I_i')] = (\lambda_{x'})'(I_i') \quad \mu\text{-pp}.$$

Il existe donc un ensemble μ'-négligeable e' tel que, pour tout $x' \notin e'$, $\lambda_{x'}$ soit transformable par $x'(x)$ et vérifie les égalités

$$(\lambda_{x'})'(I_i') = \delta_{x'}(I_i'), \ \forall i,$$

donc tel que $\lambda_{x'}$ soit transformable par $x'(x)$ et que

$$(\lambda_{x'})' = \delta_{x'}, \ \forall x' \notin e'.$$

F. Enfin, soient $\lambda_{x'}$ et $\nu_{x'}$ des mesures qui satisfont aux conditions de l'énoncé. Pour tout I dans Ω, on a

$$\mu(I) = \int \lambda_{x'}(I)\, d\mu' = \int \nu_{x'}(I)\, d\mu',$$

donc

$$\int (\lambda_{x'} - \nu_{x'})(I)\, d\mu' = 0$$

et

$$(\lambda_{x'} - \nu_{x'})(I) = 0$$

hors d'un ensemble μ'-négligeable qui dépend de I.

Si I_i, $i = 1, 2, \ldots$, désignent les semi-intervalles rationnels dans Ω, il existe alors un ensemble μ'-négligeable e' tel que

$$(\lambda_{x'} - \nu_{x'})(I_i) = 0, \ \forall i, \ \forall x' \notin e',$$

donc tel que

$$\lambda_{x'} = \nu_{x'}, \ \forall x' \notin e'.$$

EXERCICES

1. — *Projection de mesure*

Soient Ω', Ω'' deux ouverts. Posons $\Omega = \Omega' \times \Omega''$, $x = (x', x'')$, $x' \in \Omega'$, $x'' \in \Omega''$.

Une mesure μ dans Ω est *projetable* sur Ω' si $I' \times \Omega''$ est μ-intégrable pour tout I' dans Ω'.

On appelle alors *projection de μ sur Ω'*, la loi

$$\mu_{\Omega'}(I') = \mu(I' \times \Omega''), \ \forall I' \subset \Omega'.$$

Montrer que

— $\mu_{\Omega'}$ est une mesure telle que $V(\mu_{\Omega'}) \leqq (V\mu)_{\Omega'}$,

— $e' \subset \Omega'$ est $(V\mu)_{\Omega'}$-négligeable si et seulement si $e' \times \Omega''$ est μ-négligeable,

— $f'(x')$ est $(V\mu)_{\Omega'}$-mesurable si et seulement si il est μ-mesurable,

— $f'(x')$ est $(V\mu)_{\Omega'}$-intégrable si et seulement si il est μ-intégrable et, dans ce cas,

$$\int_{\Omega'} f'(x')\, d\mu_{\Omega'} = \int_{\Omega} f'(x')\, d\mu.$$

Suggestion. Noter que la fonction qui, à $x=(x', x'')$, associe x' est μ-propre et que $\mu_{\Omega'}=x'(\mu)$.

2. — *Intégration de fonctions séparées*

Soit μ une mesure dans $\Omega = \Omega' \times \Omega''$ et soit $f''(x'')$ μ-intégrable dans $I' \times \Omega''$ pour tout I' dans Ω'.

Posons

$$\mu_{f''}(I') = \int_{I' \times \Omega''} f''(x'') \, d\mu.$$

Montrer que

— la loi $\mu_{f''}$ est une mesure dans Ω', telle que

$$V(\mu_{f''}) \leqq (V\mu)_{|f''|},$$

— $e' \subset \Omega'$ est $(V\mu)_{|f''|}$-négligeable si et seulement si $f''\delta_{e'}=0$ μ-pp,

— $f'(x')$ est $(V\mu)_{|f''|}$-mesurable si et seulement si $f'(x')f''(x'')$ est μ-mesurable,

— $f'(x')$ est $(V\mu)_{|f''|}$-intégrable si et seulement si $f'(x')f''(x'')$ est μ-intégrable et, dans ce cas,

$$\int f'(x') \, d\mu_{f''} = \int f'(x') f''(x'') \, d\mu.$$

Suggestion. Noter que $\mu_{f''}$ est la projection sur Ω' de $f'' \cdot \mu$.

3. — *Changement de variables*

Soient μ et ν des mesures définies dans Ω et Ω' respectivement et soit $x'(x)$ une fonction μ-propre définie de Ω dans Ω', telle que

$$x'(x)=x'(y) \Rightarrow x=y,$$

pour μ-presque tous $x, y \in \Omega$.

Posons

$$f'(x')=f[x(x')] \quad \text{et} \quad f(x)=f'[x'(x)]$$

et, en particulier, $e'=x'(e)$ et $e=x(e')$.

Si

$$e \ \mu\text{-négligeable} \Leftrightarrow e' \ \nu\text{-négligeable},$$

— f' est ν-mesurable si et seulement si f est μ-mesurable,

— il existe J localement μ-intégrable tel que f' soit ν-intégrable si et seulement si fJ est μ-intégrable, auquel cas

$$\int f' \, d\nu = \int fJ \, d\mu,$$

— pour ce J,

$$\nu = x'(J \cdot \mu) \quad \text{et} \quad \mu = x[(1/J') \cdot \nu].$$

Suggestion. Comme tout ensemble $e' \subset \Omega'$ est ν-négligeable si et seulement si e est μ-négligeable, donc si et seulement si e' est $x'(\mu)$-négligeable, les mesures ν et $x'(\mu)$ sont équivalentes.

De là, f' est ν-mesurable si et seulement si il est $x'(\mu)$-mesurable donc si et seulement si f est μ-mesurable, vu c), p. 179.

De plus, il existe G' localement ν-intégrable tel que $x'(\mu) = G' \cdot \nu$ et $\nu = (1/G') \cdot x'(\mu)$.

De même, les mesures μ et $x(\nu)$ sont équivalentes dans Ω, donc il existe J localement μ-intégrable tel que $x(\nu) = J \cdot \mu$ d'où $\nu = x'(J \cdot \mu)$.

On a donc

$$x'(J\cdot\mu) = \nu = (1/G')\cdot x'(\mu) = x'\{(1/G)\cdot\mu\},$$

ce qui entraîne

$$J(x) = 1/G(x) \ \mu\text{-pp}.$$

4. — Soit μ une mesure positive dans Ω. Si $x'(x)$ est μ-propre et si $x''(x')$ est $x'(\mu)$-propre, alors $x''[x'(x)]$ est μ-propre et on a

$$x''[x'(\mu)] = \{x''[x'(\cdot)]\}(\mu).$$

Suggestion. Comme $x''(x')$ est $x'(\mu)$-mesurable, $x''[x'(x)]$ est μ-mesurable.

De plus, quel que soit I'', $x''_{-1}(I'')$ est $x'(\mu)$-intégrable, donc $x'_{-1}[x''_{-1}(I'')]$ est μ-intégrable et

$$x''[x'(\mu)](I'') = x'(\mu)[x''_{-1}(I'')] = \mu\{x'_{-1}[x''_{-1}(I'')]\},$$

d'où

$$x''[x'(\mu)] = \{x''[x'(\cdot)]\}(\mu).$$

5. — Soient μ une mesure dans Ω, $x'(x)$ une fonction μ-propre à valeurs dans Ω' et soient ν une mesure dans ω, $y'(y)$ une fonction ν-propre à valeurs dans ω'.

La fonction $\big(x'(x), y'(y)\big)$, définie de $\Omega\times\omega$ dans $\Omega'\times\omega'$, est $\mu\otimes\nu$-propre et

$$(x', y')(\mu\otimes\nu) = x'(\mu)\otimes y'(\nu).$$

6. — Soient $b(x_m, \varepsilon_m)$ une suite de boules ouvertes deux à deux disjointes et contenues dans Ω. Posons

$$\varphi_m(x) = \frac{\varepsilon_m x}{1+|x|} + x_m, \quad \forall x\in\Omega,$$

et

$$\omega_m = \{\varphi_m(x) : x\in\Omega\}.$$

Vérifier que les φ_m sont des fonctions bicontinues et biunivoques de Ω sur ω_m.

Pour toute suite μ_m de mesures bornées dans Ω et telles que $\sum_{m=1}^{\infty} V\mu_m(\Omega) < \infty$, $\mu = \sum_{m=1}^{\infty} \varphi_m(\mu_m)$ est une mesure bornée dans Ω. De plus, une fonction f est μ-intégrable si et seulement si $f_m(x) = f[\varphi_m(x)]$ est μ_m-intégrable pour tout m et tel que

$$\sum_{m=1}^{\infty} \int |f_m|\, dV\mu_m < \infty.$$

De plus, on a alors

$$\int f\, d\mu = \sum_{m=1}^{\infty} \int f_m\, d\mu_m \quad \text{et} \quad \int |f|\, dV\mu = \sum_{m=1}^{\infty} \int |f_m|\, dV\mu_m.$$

Inversement, si μ est une mesure bornée dans Ω, portée par $\bigcup_{m=1}^{\infty} \omega_m$, on a

$$\mu = \sum_{m=1}^{\infty} \varphi_m^{-1}(\mu_m),$$

où les $\mu_m = \varphi_m(\mu_{\omega_m})$ sont des mesures bornées dans Ω telles que

$$\sum_{m=1}^{\infty} V[\varphi_m^{-1}(\mu_m)](\Omega) < \infty.$$

7. — Quels que soient μ et e μ-intégrable, on a

$$V\mu(e) \leqq \pi \sup_{e' \subset e} |\mu(e')|,$$

la borne supérieure portant sur les ensembles e' μ-mesurables.

De plus, la constante π ne peut être améliorée.

Suggestion. Supposons que μ soit borné et que $e = \Omega$, quitte à substituer μ_e à μ. Soit J tel que $\mu = J \cdot V\mu$; posons $\varphi = \arg J$ (0 si $J = 0$). Les images de mesures $\varphi(\mu)$ et $\varphi(V\mu)$ ont leur support dans $[0, 2\pi]$. De plus, on a $\varphi(\mu) = e^{i\theta} \cdot \varphi(V\mu)$. En effet, quel que soit $]a, b]$,

$$\begin{aligned}
\varphi(\mu)(]a, b]) &= \lim_N \sum_{k=0}^{N-1} \varphi(\mu)\left(\left]a + \frac{k(b-a)}{N}, a + \frac{(k+1)(b-a)}{N}\right]\right) \\
&= \lim_N \sum_{k=0}^{N-1} \mu\left(\left\{x : a + \frac{k(b-a)}{N} < \varphi(x) \leqq a + \frac{(k+1)(b-a)}{N}\right\}\right) \\
&= \lim_N \sum_{k=0}^{N-1} e^{i\left[a + \frac{k(b-a)}{N}\right]} V\mu\left(\left\{x : a + \frac{k(b-a)}{N} < \varphi(x) \leqq a + \frac{(k+1)(b-a)}{N}\right\}\right) \\
&= [e^{i\theta} \cdot \varphi(V\mu)](]a, b]).
\end{aligned}$$

On a alors

$$V\mu(\Omega) = \varphi(V\mu)([0, 2\pi]) = \frac{1}{2} \int_0^{2\pi} d\varphi(V\mu) \int_{I_\lambda} \cos(\theta - \lambda) d\theta,$$

si

$$I_\lambda = \{\theta \in [0, 2\pi] : |\theta - \lambda| \leqq \pi/2 \text{ ou } |\theta - \lambda \pm 2\pi| \leqq \pi/2\}.$$

Permutons les intégrales dans le dernier terme: on obtient

$$\frac{1}{2} \int_0^{2\pi} d\theta \int_{I_\theta} \cos(\theta - \lambda) d\varphi(V\mu) \leqq \pi \sup_{\theta \in [0, 2\pi]} \left| \int_{I_\theta} e^{i\lambda} d\varphi(V\mu) \right|,$$

d'où la majoration annoncée.

La constante π est la meilleure possible.

En effet, considérons $\mu = e^{i\theta} \cdot l$ et $e = [0, 2\pi]$. On a $V(e^{i\theta} \cdot l)([0, 2\pi]) = 2\pi$. Calculons

$$\sup_{e \subset [0, 2\pi]} |e^{i\theta} \cdot l(e)|,$$

e désignant un ensemble l-mesurable quelconque. Pour cela, notons que

$$\left| z + \int_e e^{i\theta} dl \right| \quad \left(\text{resp. } \left| z - \int_e e^{i\theta} dl \right|\right) \geqq |z| \tag{*}$$

pour tout e non l-négligeable contenu dans $I_{\arg z}$ (resp. $[0, 2\pi] \setminus I_{\arg z}$). En effet,

$$\left| z \pm \int_e e^{i\theta} dl \right| = \left| |z| \pm \int_e e^{i(\theta - \arg z)} dl \right|$$

et, sous les conditions indiquées,

$$\pm\mathscr{R}\int_e e^{i(\theta-\arg z)}\,dl > 0.$$

Dès lors, il existe θ_0 tel que

$$\sup_{e\subset[0,\,2\pi]} |e^{i\theta}\cdot l(e)| = |e^{i\theta}\cdot l(I_{\theta_0})|.$$

En effet, pour tout e_0, il découle de (*)

$$|e^{i\theta}\cdot l(e_0)| \leqq |e^{i\theta}\cdot l(I_{\theta_0})|,$$

où $\theta_0 = \arg[e^{i\theta}\cdot l(e_0)]$. Or $e^{i\theta}\cdot l(I_{\theta_0}) = 2$, d'où la conclusion.

Produit de composition de mesures dans E_n

Dans ce qui suit, on utilise des faits particuliers, relatifs à la mesure de Lebesgue et au produit de composition des fonctions, qui ne sont pas repris ici. On se référera par exemple à F.V.R. II pour ce qui les concerne.

26. — Soient $\mu_1, \ldots, \mu_p$ des mesures dans E_n.

Posons $x = (x^{(1)}, \ldots, x^{(p)}) \in E_{pn}$, où $x^{(1)}, \ldots, x^{(p)} \in E_n$, et considérons la loi

$$x'(x) = x^{(1)} + \cdots + x^{(p)},$$

définie de E_{pn} dans E_n.

On dit que $\mu_1, \ldots, \mu_p$ sont *composables* si $\mu_1 \otimes \cdots \otimes \mu_p$ est transformable par $x'(x)$, donc si

$$\{(x^{(1)}, \ldots, x^{(p)}) : x^{(1)} + \cdots + x^{(p)} \in I\}$$

est $\mu_1 \otimes \cdots \otimes \mu_p$-intégrable pour tout $I \subset E_n$.

Dans le cas où $p = 2$, on dit encore que μ_1 est composable avec μ_2 si μ_1 et μ_2 sont composables.

Si $\mu_1, \ldots, \mu_p$ sont composables, l'image par $x'(x)$ de $\mu_1 \otimes \cdots \otimes \mu_p$ est appelée *produit de composition* de $\mu_1, \ldots, \mu_p$ et notée $\mu_1 * \cdots * \mu_p$.

Des propriétés des mesures images, on déduit immédiatement les propriétés suivantes.

Si $\mu_1, \ldots, \mu_p$ sont composables,

a) *on a*

$$V(\mu_1 * \cdots * \mu_p) \leqq (V\mu_1) * \cdots * (V\mu_p).$$

b) *$e \subset E_n$ est $(V\mu_1) * \cdots * (V\mu_p)$-négligeable si et seulement si*

$$\{(x^{(1)}, \ldots, x^{(p)}) : x^{(1)} + \cdots + x^{(p)} \in e\}$$

est $\mu_1 \otimes \cdots \otimes \mu_p$-négligeable.

c) *$f(x)$ est $(V\mu_1) * \cdots * (V\mu_p)$-mesurable si et seulement si $f(x^{(1)} + \cdots + x^{(p)})$ est $\mu_1 \otimes \cdots \otimes \mu_p$-mesurable.*

d) *$f(x)$ est $(V\mu_1)*\cdots*(V\mu_p)$-intégrable si et seulement si $f(x^{(1)}+\cdots+x^{(p)})$ est $\mu_1\otimes\cdots\otimes\mu_p$-intégrable. Dans ce cas,*

$$\int f(x)\,d(\mu_1*\cdots*\mu_p)=\int f(x^{(1)}+\cdots+x^{(p)})\,d(\mu_1\otimes\cdots\otimes\mu_p).$$

Il suffit de noter que

$$V(\mu_1\otimes\cdots\otimes\mu_p)=(V\mu_1)\otimes\cdots\otimes(V\mu_p).$$

Voici un cas particulier intéressant de c).

Si $a\in\mathbf{C}_n$ et si $(a,x)=\sum_{i=1}^{n}a_ix_i$, $e^{(a,x)}$ est $(V\mu_1)*\cdots*(V\mu_p)$-intégrable si $e^{(a,x)}$ est μ_i-intégrable pour tout i et on a

$$\int e^{(a,x)}\,d(\mu_1*\cdots*\mu_p)=\prod_{i=1}^{p}\int e^{(a,x)}\,d\mu_i.$$

De fait,

$$e^{(a,x^{(1)}+\cdots+x^{(p)})}=\prod_{i=1}^{p}e^{(a,x^{(i)})}$$

est $(\mu_1\otimes\cdots\otimes\mu_p)$-intégrable si chaque $e^{(a,x^{(i)})}$ est μ_i-intégrable et on a

$$\int e^{(a,x^{(1)}+\cdots+x^{(p)})}\,d(\mu_1\otimes\cdots\otimes\mu_p)=\prod_{i=1}^{p}\int e^{(a,x)}\,d\mu_i.$$

27. — Examinons les conditions de composabilité de deux mesures.

Les théorèmes du paragraphe 28 permettent de passer au cas de $p>2$ mesures.

a) *Pour que μ et ν soient composables, il faut et il suffit que*

$$V\mu(I-x)$$

soit ν-intégrable pour tout I, ou que

$$V\nu(I-x)$$

soit μ-intégrable pour tout I. On a alors

$$\mu*\nu(I)=\int\mu(I-x)\,d\nu=\int\nu(I-x)\,d\mu,\ \forall I.$$

En effet,

$$\{(x^{(1)},x^{(2)}):x^{(1)}+x^{(2)}\in I\}$$

est $\mu\otimes\nu$-mesurable quel que soit I donc, en vertu du théorème de Fubini-Tonelli, pour qu'il soit $\mu\otimes\nu$-intégrable, il faut et il suffit que

$$\{x^{(1)}:x^{(1)}+x^{(2)}\in I\}=I-x^{(2)}$$

soit μ-intégrable pour ν-presque tout $x^{(2)}$, ce qui est toujours le cas, et que $V\mu(I-x^{(2)})$ soit ν-intégrable.

Voici quelques conséquences intéressantes de a).

— *Si μ et ν sont bornés, ils sont composables.*

— *Si μ et ν sont à support compact et, plus généralement, si $[\mu]\cap(I\text{-}[\nu])$ est borné pour tout I, ils sont composables.*

— *Si μ est borné, μ et l sont composables et on a $\mu * l = \mu(E_n)l$.*

De fait,

$$l(I-x) = l(I), \ \forall x,$$

d'où

$$\int l(I-x)\, dV\mu = l(I)V\mu(E_n).$$

— *Quel que soit μ, δ_{x_0} et μ sont composables et $\mu * \delta_{x_0}(I) = \mu(I-x_0)$ pour tout I.*

En particulier, $\mu * \delta_0 = \mu$ et $\delta_x * \delta_y = \delta_{x+y}$.

En effet,

$$\delta_{x_0}(I-x) = \delta_{I-x_0}(x), \ \forall I.$$

— *Si μ et ν sont composables et si $V\mu' \leqq V\mu$ et $V\nu' \leqq V\nu$, μ' et ν' sont composables.*

En particulier, si μ et ν sont composables, $\mathscr{R}\mu$, $\mathscr{I}\mu$, $(\mathscr{R}\mu)_\pm$ et $(\mathscr{I}\mu)_\pm$ sont composables avec $\mathscr{R}\nu$, $\mathscr{I}\nu$, $(\mathscr{R}\nu)_\pm$ et $(\mathscr{I}\nu)_\pm$.

En effet,

$$V\nu'(I-x) \leqq V\nu(I-x)$$

est μ- donc μ'-intégrable pour tout I.

Examinons la composabilité de mesures de type $F \cdot l$.

b) *Les mesures μ et $F \cdot l$ sont composables si et seulement si $F(x-y)$ est μ-intégrable en y pour l-presque tout x et tel que*

$$\int |F(x-y)|\, dV\mu(y)$$

soit localement l-intégrable par rapport à x.

On appelle alors *produit de composition* de F et μ et on note $F * \mu$ la fonction

$$(F*\mu)(x) = \int F(x-y)\, d\mu(y).$$

De plus, on a

$$\mu * (F \cdot l) = (F * \mu) \cdot l.$$

De fait, on a

$$\begin{aligned}\int \delta_{\{(x,y):x+y\in I\}}\, d(|F|\cdot l)\otimes V\mu &= \int \Big[\int_{I-y} |F(x)|\, dl(x)\Big]\, dV\mu(y) \\ &= \int \Big[\int_I |F(x-y)|\, dl(x)\Big]\, dV\mu(y) \\ &= \int_I \Big[\int |F(x-y)|\, dV\mu(y)\Big]\, dl(x),\end{aligned}$$

où chaque membre est défini pour autant que le premier ou le dernier le soit.

La même relation, où on remplace $|F|$ par F et $V\mu$ par μ, conduit à l'égalité

$$\mu*(F\cdot l)=(F*\mu)\cdot l.$$

c) *Les mesures $F\cdot l$ et $G\cdot l$ sont composables si et seulement si F et G sont composables et tels que $|F|*|G|$ soit localement l-intégrable.*
On a alors

$$(F\cdot l)*(G\cdot l)=(F*G)\cdot l.$$

Vu b), pour que $F\cdot l$ et $G\cdot l$ soient composables, il faut et il suffit que $|F(x-y)|$ soit $(G\cdot l)$-intégrable en y pour l-presque tout x et que

$$\int |F(x-y)|\, d(|G|\cdot l)(y)$$

soit localement l-intégrable.

Or, $|F(x-y)|$ est $(G\cdot l)$-intégrable si et seulement si $F(x-y)G(y)$ est l-intégrable, ce qui est la condition pour que $F*G$ existe, et

$$\int |F(x-y)|\, d(|G|\cdot l)(y) = \int |F(x-y)|\,|G(y)|\, dl(y) = |F|*|G|.$$

28. — Passons à présent aux propriétés du produit de composition des mesures.

a) *Si $\mu_1, \ldots, \mu_p$ sont composables et réels* (resp. *positifs*), $\mu_1*\cdots*\mu_p$ *est réel* (resp. *positif*).

b) *Supposons $\mu_1, \ldots, \mu_p$ composables.*
— *Pour toute permutation $\nu_1, \ldots, \nu_p$ de* 1, ..., p, *$\mu_{\nu_1}, \ldots, \mu_{\nu_p}$ sont composables et*

$$\mu_{\nu_1}*\cdots*\mu_{\nu_p} = \mu_1*\cdots*\mu_p.$$

— *Si en outre les μ_i diffèrent de* 0 *et si $1<a<\cdots<k<p$, les mesures $\mu_1, \ldots, \mu_a$* (resp. $\mu_{a+1}, \ldots, \mu_b; \ldots; \mu_{k+1}, \ldots, \mu_p$) *sont composables, les mesures $\mu_1*\cdots*\mu_a$, $\mu_{a+1}*\cdots*\mu_b, \ldots, \mu_{k+1}*\cdots*\mu_p$ sont également composables et on a*

$$(\mu_1*\cdots*\mu_a)*\cdots*(\mu_{k+1}*\cdots*\mu_p) = \mu_1*\cdots*\mu_p.$$

En résumé, dans le produit de composition de p mesures, on peut grouper et permuter arbitrairement les facteurs.

La première partie de l'énoncé résulte du fait que la définition et la condition d'existence de $\mu_1*\cdots*\mu_p$ sont symétriques par rapport aux μ_i.

Pour la seconde partie, montrons que, si $1<q<p$, $\mu_1, \ldots, \mu_q$ sont composables, de même que $\mu_{q+1}, \ldots, \mu_p$ et $\mu_1*\cdots*\mu_q$, $\mu_{q+1}*\cdots*\mu_p$. On passe sans difficulté au cas général.

On peut supposer les mesures considérées positives, quitte à leur substituer les $V\mu_i$.

Pour tout $I \subset E_n$,

$$\left\{(x^{(1)}, \ldots, x^{(p)}) : \sum_{i=1}^{p} x^{(i)} \in I\right\}$$

est $\mu_1 \otimes \cdots \otimes \mu_p$-intégrable. De là, par le théorème de Fubini,

$$\left\{(x^{(1)}, \ldots, x^{(q)}) : \sum_{i=1}^{q} x^{(i)} \in I - \sum_{i=q+1}^{p} x^{(i)}\right\} \qquad (*)$$

est $\mu_1 \otimes \ldots \otimes \mu_q$-intégrable pour $\mu_{q+1} \otimes \cdots \otimes \mu_p$-presque tout $(x^{(q+1)}, \ldots, x^{(p)})$.

Il existe un semi-intervalle $]-a, a]$ de E_n qui n'est négligeable pour aucune des mesures $\mu_{q+1}, \ldots, \mu_p$. Alors $]-a, a] \times \cdots \times]-a, a]$, ($q-p$ fois), n'est pas négligeable pour $\mu_{q+1} \otimes \cdots \otimes \mu_p$ et, pour tout I, il existe $x^{(q+1)}, \ldots, x^{(p)} \in]-a, a]$ tels que (*) soit $\mu_1 \otimes \ldots \otimes \mu_q$-intégrable.

Or, quel que soit le semi-intervalle J de E_n, on peut déterminer N pour que

$$J \subset]-Na, Na] - \sum_{i=q+1}^{p} x^{(i)},$$

quels que soient $x^{(q+1)}, \ldots, x^{(p)} \in]-a, a]$. Donc

$$\left\{(x^{(1)}, \ldots, x^{(q)}) : \sum_{i=1}^{q} x^{(i)} \in J\right\}$$

est $\mu_1 \otimes \cdots \otimes \mu_q$-intégrable et $\mu_1, \ldots, \mu_q$ sont composables.

En changeant l'ordre des facteurs, on en déduit que $\mu_{q+1}, \ldots, \mu_p$ sont aussi composables.

Vérifions maintenant que $\mu_1 * \cdots * \mu_q$ et $\mu_{q+1} * \cdots * \mu_p$ sont composables. Il faut pour cela que

$$(\mu_1 * \cdots * \mu_q)(I-x)$$

soit $\mu_{q+1} * \cdots * \mu_p$-intégrable pour tout I. Or on a

$$\int \mu_1 * \cdots * \mu_q(I-x)\, d(\mu_{q+1} * \cdots * \mu_p)$$

$$= \int \mu_1 \otimes \cdots \otimes \mu_q \left(\left\{(x^{(1)}, \ldots, x^{(q)}) : \sum_{i=1}^{q} x^{(i)} \in I - x\right\}\right) d(\mu_{q+1} * \cdots * \mu_p)$$

$$= \int \mu_1 \otimes \cdots \otimes \mu_q \left(\left\{(x^{(1)}, \ldots, x^{(q)}) : \sum_{i=1}^{q} x^{(i)} \in I - \sum_{i=q+1}^{p} x^{(i)}\right\}\right) d(\mu_{q+1} \otimes \cdots \otimes \mu_p)$$

$$= \int \delta_{\left\{(x^{(1)}, \ldots, x^{(p)}) : \sum_{i=1}^{p} x^{(i)} \in I\right\}} d(\mu_1 \otimes \cdots \otimes \mu_p),$$

où l'existence du dernier membre assure l'existence de ceux qui précèdent, par les théorèmes de Fubini et de Tonelli.

Cette relation prouve en outre que

$$(\mu_1 * \cdots * \mu_q) * (\mu_{q+1} * \cdots * \mu_p) = \mu_1 * \cdots * \mu_p,$$

d'où la conclusion.

c) *Si* $\mu_1, \ldots, \mu_k^{(i)}, \ldots, \mu_p$ *sont composables pour* $i=1, \ldots, q$, *quels que soient* $c_1, \ldots, c_q \in \mathbf{C}$, $\mu_1, \ldots, \sum_{i=1}^{q} c_i \mu_k^{(i)}, \ldots, \mu_p$ *sont composables et*

$$\mu_1 * \cdots * \left(\sum_{i=1}^{q} c_i \mu_k^{(i)} \right) * \cdots * \mu_p = \sum_{i=1}^{q} c_i \mu_1 * \cdots * \mu_k^{(i)} * \cdots * \mu_p.$$

C'est immédiat.

d) *Si* $\mu_1, \ldots, \mu_p$ *sont composables, on a*

$$[\mu_1 * \cdots * \mu_p] \subset [(V\mu_1) * \cdots * (V\mu_p)] = \overline{[\mu_1] + \cdots + [\mu_p]}.$$

L'appartenance résulte de la relation

$$V(\mu_1 * \cdots * \mu_p) \leqq (V\mu_1) * \cdots * (V\mu_p).$$

Pour établir l'égalité, supposons les $\mu_i \geqq 0$.

Si I ne rencontre pas $[\mu_1] + \cdots + [\mu_p]$, on a

$$\left\{ (x^{(1)}, \ldots, x^{(p)}) : \sum_{i=1}^{p} x^{(i)} \in I \right\} \cap ([\mu_1] \times \cdots \times [\mu_p]) = \varnothing,$$

donc

$$(\mu_1 * \cdots * \mu_p)(I) = (\mu_1 \otimes \cdots \otimes \mu_p) \left(\left\{ (x^{(1)}, \ldots, x^{(p)}) : \sum_{i=1}^{p} x^{(i)} \in I \right\} \right) = 0.$$

De là, $\complement \overline{[\mu_1] + \cdots + [\mu_p]}$ est un ouvert d'annulation de $\mu_1 * \cdots * \mu_p$ et

$$[\mu_1 * \cdots * \mu_p] \subset \overline{[\mu_1] + \cdots + [\mu_p]}. \tag{*}$$

Inversement, si Ω est un ouvert d'annulation pour $\mu_1 * \ldots * \mu_p$, on a

$$\mu_1 \otimes \cdots \otimes \mu_p \left(\left\{ (x^{(1)}, \ldots, x^{(p)}) : \sum_{i=1}^{p} x^{(i)} \in \Omega \right\} \right) = (\mu_1 * \cdots * \mu_p)(\Omega) = 0$$

et

$$\Omega' = \left\{ (x^{(1)}, \ldots, x^{(p)}) : \sum_{i=1}^{p} x^{(i)} \in \Omega \right\}$$

est $\mu_1 \otimes \cdots \otimes \mu_p$-négligeable. Or Ω' est un ouvert. C'est donc un ouvert d'annulation pour $\mu_1 \otimes \cdots \otimes \mu_p$ et il ne rencontre pas

$$[\mu_1 \otimes \cdots \otimes \mu_p] = [\mu_1] \times \cdots \times [\mu_p],$$

ce qui entraîne

$$\Omega \cap ([\mu_1] + \cdots + [\mu_p]) = \varnothing.$$

Pour $\Omega = \complement[\mu_1 * \ldots * \mu_p]$, on obtient

$$[\mu_1] + \cdots + [\mu_p] \subset [\mu_1 * \cdots * \mu_p]$$

ce qui, compte tenu de la relation (*) et du fait que $[\mu_1 * \cdots * \mu_p]$ est fermé, fournit l'égalité annoncée.

EXERCICES

On appelle *transformée de Fourier* d'une mesure μ bornée dans E_n et on note $\mathscr{F}_x^{\pm} \mu$ la fonction

$$\mathscr{F}_x^{\pm} \mu = \int e^{\pm i(x,y)} \, d\mu(y).$$

1. — Si $\mu = F \cdot l$, où F est l-intégrable,

$$\mathscr{F}_x^{\pm} \mu = \mathscr{F}_x^{\pm} F.$$

2. — $\mathscr{F}_x^{\pm} \mu$ est uniformément continu dans E_n et on a

$$\sup_{x \in E_n} |\mathscr{F}_x^{\pm} \mu| \leqq V\mu(E_n).$$

3. — Si $x_1^{\alpha_1} \ldots x_n^{\alpha_n}$, $\left(\sum_{i=1}^{n} \alpha_i \leqq p\right)$, sont μ-intégrables, alors $\mathscr{F}_x^{\pm} \mu \in C_p(E_n)$ et on a

$$D_{x_1}^{\alpha_1} \ldots D_{x_n}^{\alpha_n} \mathscr{F}_x^{\pm} \mu = \int (\pm iy_1)^{\alpha_1} \ldots (\pm iy_n)^{\alpha_n} e^{\pm i(x,y)} \, d\mu(y),$$

si $\sum_{i=1}^{n} \alpha_i \leqq p$.

Suggestion. Il suffit de traiter le cas d'une dérivée d'ordre 1, par exemple D_{x_1}.

Or, si $|h| \leqq h_0$,

$$\frac{e^{\pm i(x+he_1, y)} - e^{\pm i(x,y)}}{h} \mp iy_1 e^{\pm i(x,y)} \to 0$$

si $h \to 0$ et on voit facilement que le premier membre est majoré en module par une fonction μ-intégrable qui ne dépend que de h_0, d'où la conclusion par le théorème de Lebesgue.

4. — Quels que soient $\mu_1, \ldots, \mu_p$ bornés et $c_1, \ldots, c_p \in \mathbf{C}$,

$$\mathscr{F}_x^{\pm} \left(\sum_{i=1}^{p} c_i \mu_i \right) = \sum_{i=1}^{p} c_i \mathscr{F}_x^{\pm} \mu_i.$$

5. — Quels que soient $\mu_1, \ldots, \mu_p$ bornés,

$$\mathscr{F}_x^{\pm} (\mu_1 * \cdots * \mu_p) = \prod_{i=1}^{p} \mathscr{F}_x^{\pm} \mu_i.$$

6. — Quels que soient μ et ν bornés,

$$\int \mathscr{F}^{\pm} \mu \, d\nu = \int \mathscr{F}^{\pm} \nu \, d\mu$$

et, en particulier, si f est l-intégrable,

$$\int (\mathscr{F}^{\pm}\mu) f\,dl = \int \mathscr{F}^{\pm} f\,d\mu.$$

De là,

$$\left|\int (\mathscr{F}^{\pm}\mu) f\,dl\right| \leqq V\mu(E_n) \sup_{x\in E_n} |\mathscr{F}^{\pm}_x f|.$$

Suggestion. Simple application du théorème de Fubini.

7. — Si $\mathscr{F}^{\pm}\mu$ est l-intégrable et si f est l- et μ-intégrable, on a

$$(2\pi)^n \int f\,d\mu = \int \mathscr{F}^{\pm}\mu \cdot \mathscr{F}^{\mp} f\,dl.$$

En particulier, si $\mathscr{F}^{\pm}\mu$ est l-intégrable,

$$(2\pi)^n \mu(I) = \int \mathscr{F}^{\pm}\mu \cdot \mathscr{F}^{\mp}\delta_I\,dl.$$

Suggestion. Si $\varphi\in D_\infty(E_n)$, on a $(2\pi)^n\varphi = \mathscr{F}^{\pm}(\mathscr{F}^{\mp}\varphi)$ où $\mathscr{F}^{\mp}\varphi$ est l-intégrable. Appliquons l'ex. 6 à $\mathscr{F}^{\mp}\varphi$: il vient

$$(2\pi)^n \int \varphi\,d\mu = \int \mathscr{F}^{\pm}\mu \cdot \mathscr{F}^{\mp}\varphi\,dl.$$

Pour passer au cas général, on note qu'il existe une suite $\varphi_m\in D_\infty(E_n)$ telle que

$$\int |f-\varphi_m|\,d(l+V\mu)\to 0.$$

Il vient alors

$$(2\pi)^n \int f\,d\mu = \lim_m (2\pi)^n \int \varphi_m\,d\mu$$

$$= \lim_m \int \mathscr{F}^{\pm}\mu \cdot \mathscr{F}^{\mp}\varphi_m\,dl = \int \mathscr{F}^{\pm}\mu \cdot \mathscr{F}^{\mp} f\,dl,$$

puisque

$$|\mathscr{F}^{\mp} f - \mathscr{F}^{\mp}\varphi_m| \leqq \int |f-\varphi_m|\,dl \to 0$$

si $m\to\infty$.

8. — Si $\mathscr{F}^{\pm}\mu = 0$, on a $\mu=0$.

Suggestion. Vu l'ex. 7, pour tout I,

$$(2\pi)^n \mu(I) = \int \mathscr{F}^{\pm}\mu \cdot \mathscr{F}^{\mp}\delta_I\,dl = 0,$$

d'où $\mu=0$.

* 9. — Si f est continu et borné dans E_n et si

$$\left|\int fF\,dl\right| \leqq C \sup_{x\in E_n} |\mathscr{F}^{\pm} F|,$$

pour tout F l-intégrable, il existe μ borné dans E_n tel que

$$V\mu(E_n) \leqq C$$

et

$$f(x) = \mathscr{F}^{\pm}_x \mu.$$

De plus, μ est unique.

Suggestion. Considérons la fonctionnelle linéaire définie dans $D_\infty(E_n)$ par

$$\mathscr{C}(\varphi) = \frac{1}{(2\pi)^n} \int f\mathscr{F}^{\mp} \varphi \, dl.$$

Elle est bornée pour la norme $\sup_{x\in E_n} |\varphi(x)|$, puisque

$$|\mathscr{C}(\varphi)| \leqq \frac{C}{(2\pi)^n} \sup_{x\in E_n} |\mathscr{F}_x^{\pm}(\mathscr{F}_y^{\mp}\varphi)| = C \sup_{x\in E_n} |\varphi(x)|.$$

Par le théorème de Riesz, il existe μ borné tel que $V\mu(E_n) \leqq C$ et

$$\mathscr{C}(\varphi) = \int \varphi \, d\mu, \quad \forall \varphi \in D_\infty(E_n).$$

Pour ce μ, quel que soit $\varphi \in D_\infty(E_n)$,

$$\int \mathscr{F}^{\pm}\mu \cdot \mathscr{F}^{\mp}\varphi \, dl = \int \mathscr{F}^{\pm}(\mathscr{F}^{\mp}\varphi) \, d\mu = (2\pi)^n \int \varphi \, d\mu = \int f\mathscr{F}^{\mp}\varphi \, dl,$$

d'où $\mathscr{F}^{\pm}\mu = f$ l-pp et, vu la continuité des deux membres, $\mathscr{F}^{\pm}\mu = f$.

*

* *

On appelle *transformée de Laplace* en p d'une mesure μ dans E_n, l'intégrale

$$\mathscr{L}_p \mu = \int e^{-(p,x)} \, d\mu, \quad p = \xi + i\eta,$$

lorsque $e^{-(p,x)}$ est μ-intégrable.

Les démonstrations des propriétés suivantes sont soit immédiates, soit entièrement analogues à celles des propriétés des transformées de Laplace des fonctions. Cf. par exemple FVR II, chap. XV.

1. — L'ensemble

$$\Gamma_\mu = \{\xi : e^{-(\xi,x)} \ \mu\text{-intégrable}\}$$

est convexe dans E_n.

2. — Si $\xi \in \Gamma_\mu$, la transformée de Laplace $\mathscr{L}_p\mu$ est définie pour tout $\eta \in E_n$ et on a

$$\mathscr{L}_p \mu = \mathscr{F}_\eta^- [e^{-(\xi,x)} \cdot \mu].$$

3. — Si $\mu = F \cdot l$, on a

$$\mathscr{L}_p \mu = \mathscr{L}_p F.$$

4. — Pour tous $\xi_1, \ldots, \xi_N \in \Gamma_\mu$, on a, en notant $\langle\langle A \rangle\rangle$ l'enveloppe convexe de A,

$$\mathscr{L}_p \mu \in C_0(\langle\langle \xi_1, \ldots, \xi_N \rangle\rangle \times E_n)$$

et il existe $C(\xi_1, \ldots, \xi_N)$ tel que

$$\sup_{\xi \in \langle\langle \xi_1, \ldots, \xi_N \rangle\rangle} |\mathscr{L}_p \mu| \leqq C(\xi_1, \ldots, \xi_N).$$

En particulier,

$$\mathscr{L}_p \mu \in C_0(\mathring{\Gamma}_\mu \times E_n).$$

5. — On a

$$\Gamma_{x_1^{\nu_1} \ldots x_n^{\nu_n} \cdot \mu} \supset \mathring{\Gamma}_\mu, \qquad (\nu_1, \ldots, \nu_n = 0, 1, 2, \ldots),$$

et $\mathscr{L}_p\mu \in C_\infty(\mathring{\Gamma}_\mu \times E_n)$, les dérivées par rapport à ξ et η étant données par

$$L(-D_p)\mathscr{L}_p\mu = \mathscr{L}_p(L\cdot\mu),$$

pour tout polynôme L.

En particulier, dans $\mathring{\Gamma}_\mu \times E_n$, $\mathscr{L}_p\mu$ est holomorphe, c'est-à-dire tel que

$$(D_{\xi_j} + iD_{\eta_j})\mathscr{L}_p\mu = 0, \qquad (j=1, \ldots, n).$$

6. — On a

$$\Gamma_{\sum_{(i)} c_i\mu_i} \supset \bigcap_{(i)} \Gamma_{\mu_i}$$

et, dans ce dernier ensemble,

$$\mathscr{L}_p\Big(\sum_{(i)} c_i\mu_i\Big) = \sum_{(i)} c_i \mathscr{L}_p\mu_i.$$

7. — On a

$$\Gamma_{\mu_1 * \cdots * \mu_N} \supset \bigcap_{i=1}^{N} \Gamma_{\mu_i}$$

et, dans ce dernier ensemble,

$$\mathscr{L}_p(\mu_1 * \cdots * \mu_N) = (\mathscr{L}_p\mu_1) \ldots (\mathscr{L}_p\mu_N).$$

8. — Si $\mathscr{L}_\xi\mu = 0$ pour tout $\xi \in \omega$, ω ouvert contenu dans Γ_μ, alors $\mu = 0$.

*

* *

Voici encore deux exercices sur le produit de composition des mesures.

1. — Si μ et ν sont positifs et tels que $\mu * \nu = \delta_{x_0}$, on a $\mu = c\delta_x$ et $\nu = \frac{1}{c}\delta_{x_0}$, $c \neq 0$, $x \in E_n$.

Suggestion. On a

$$[\mu] + [\nu] = \{x_0\},$$

d'où $[\mu] = \{x\}$, $[\nu] = \{x_0 - x\}$. De là, $\mu = c\delta_x$, $\nu = c'\delta_{x_0 - x}$ et $\mu * \nu = \delta_{x_0}$ entraîne $cc' = 1$, d'où $c \neq 0$ et $c' = 1/c$.

2. — Si μ est borné et si $\mu * \mu = \mu$, alors $\mu = \delta_0$ ou 0.

Suggestion. On a $\mathscr{F}_x^+\mu = (\mathscr{F}_x^+\mu)^2$ pour tout x, donc, comme $\mathscr{F}_x^+\mu$ est continu, $\mathscr{F}_x^+\mu = 0$ ou $\mathscr{F}_x^+\mu = 1$.

Vu l'ex. 8, p. 196, si $\mathscr{F}_x^+\mu = 0$, $\mu = 0$ et si $\mathscr{F}_x^+\mu = 1$, $\mathscr{F}_x^+(\mu - \delta_0) = 0$ et $\mu = \delta_0$.

Mesures étrangères

29. — Deux mesures μ et ν sont *étrangères*, ce qu'on note $\mu \perp \nu$, si elles ont des porteurs disjoints.

Voici deux critères utiles pour que deux mesures soient étrangères.

a) *Les mesures μ et ν sont étrangères si et seulement si*

$$\inf(V\mu, V\nu) = 0.$$

La condition est nécessaire.

De fait, soient e et e' disjoints porteurs de μ et ν respectivement. Alors $\inf(V\mu, V\nu)$ est porté à la fois par e et e', donc par leur intersection, ce qui prouve que $\inf(V\mu, V\nu)=0$.

Inversement, soit $\inf(V\mu, V\nu)=0$. Posons $\lambda=V\mu+V\nu$. On a $\mu=f\cdot\lambda$ et $\nu=g\cdot\lambda$, où f et g sont localement λ-intégrables et

$$\inf(V\mu, V\nu)=[\inf(|f|, |g|)]\cdot\lambda.$$

Donc $\inf(|f|, |g|)=0$ λ-pp. Posons $e=\{x: f(x)\neq 0\}$. Evidemment $\mu=\mu_e$. De plus $g=0$ λ-pp dans e, donc $\nu=\nu_{\Omega\setminus e}$, ce qui établit la proposition.

b) *Les mesures μ et ν sont étrangères si et seulement si toute mesure λ telle que $\lambda\ll\mu$ et $\lambda\ll\nu$ est nulle.*

La condition est nécessaire.

Comme dans la démonstration de a), on note que si e, e' portent μ et ν respectivement, λ est porté par $e\cap e'$.

La condition est suffisante.

De fait, $\inf(V\mu, V\nu)\ll\mu$ et ν, d'où la conclusion, par a).

Passons au cas de plus de deux mesures.

c) *Si les mesures μ_i, $(i=1, \ldots, N)$, (N fini ou non), sont étrangères, il existe des ensembles boréliens e_i deux à deux disjoints tels que chaque μ_i soit porté par e_i.*

Tous les ensembles considérés dans la démonstration qui suit sont supposés boréliens.

Pour tout $j>1$, il existe $e_{1,j}$ tel que μ_1 soit porté par $e_{1,j}$ et μ_j par $\Omega\setminus e_{1,j}$. Posons $e_1=\bigcap_{j>1} e_{1,j}$. C'est un porteur de μ_1 et $\Omega\setminus e_1$ porte les μ_j, $(j>1)$.

Par le même procédé, déterminons alors $e_2\subset\Omega\setminus e_1$, porteur de μ_2 et tel que $\Omega\setminus e_2$ porte les μ_j, $(j>2)$. Alors $\Omega\setminus(e_1\cup e_2)$ porte les μ_j, $(j>2)$.

On poursuit la construction de proche en proche. Les e_i ainsi obtenus répondent aux conditions de l'énoncé.

30. — Les premières propriétés des mesures étrangères se règlent par des considérations immédiates sur les porteurs. Les voici.

— *On a $\mu\perp\nu$ si et seulement si $V\mu\perp V\nu$.*

— *Si $\mu\perp\mu$, on a $\mu=0$.*

— *Si $\mu\perp\nu$ et si $\mu'\ll\mu$ et $\nu'\ll\nu$, alors $\mu'\perp\nu'$.*

— *Si $\mu_i\perp\nu_j$ pour $i=1, \ldots, M$ et $j=1, \ldots, N$, quels que soient $c_1, \ldots, c_M$, $c_1', \ldots, c_N'\in\mathbf{C}$,*

$$\sum_{i=1}^{M} c_i\mu_i \perp \sum_{j=1}^{N} c_j'\nu_j.$$

Si, en outre, les μ_i, ν_j *sont réels,*

$$\begin{Bmatrix}\sup\\ \inf\end{Bmatrix}(\mu_1, \ldots, \mu_M) \perp \begin{Bmatrix}\sup\\ \inf\end{Bmatrix}(\nu_1, \ldots, \nu_N).$$

— *Si* μ *est réel, on a* $\mu_+ \perp \mu_-$.

Cela résulte immédiatement du fait que $\mu_+ = \mu_{\Omega_+}$ et $\mu_- = \mu_{\Omega_-}$ où $\Omega_+ \cap \Omega_- = \emptyset$.

La notion de mesures étrangères permet d'apporter des compléments intéressants aux résultats du paragraphe 8, p. 150 et de c), p. 165.

a) *Si les mesures* $\mu_1, \ldots, \mu_N$ *sont étrangères deux à deux, quels que soient* $c_1, \ldots, c_N \neq 0$,

$$V\left(\sum_{i=1}^{N} c_i\mu_i\right) = \sum_{i=1}^{N} |c_i|\, V\mu_i.$$

En outre,

— e *est* $\left(\sum_{i=1}^{N} c_i\mu_i\right)$*-négligeable si et seulement si il est* μ_i*-négligeable pour tout* i.

— F *est* $\left(\sum_{i=1}^{N} c_i\mu_i\right)$*-mesurable si et seulement si il est* μ_i*-mesurable pour tout* i.

— F *est* $\left(\sum_{i=1}^{N} c_i\mu_i\right)$*-intégrable si et seulement si il est* μ_i*-intégrable pour tout* i.

Soient e_i des porteurs des μ_i, deux à deux disjoints.

Pour tout I, il vient

$$V\left(\sum_{i=1}^{N} c_i\mu_i\right)(I) = V\left(\sum_{i=1}^{N} c_i(\mu_i)_{e_i}\right)(I) = \sum_{i=1}^{N} |c_i|\, V\mu_i(I \cap e_i)$$

$$= \sum_{i=1}^{N} |c_i|\, V\mu_i(I) = \left(\sum_{i=1}^{N} |c_i|\, V\mu_i\right)(I).$$

Les autres points de l'énoncé sont alors immédiats. Les conditions suffisantes ont été vues au paragraphe 8 et, pour les conditions nécessaires, on note que

$$V\mu_i \leqq \frac{1}{|c_i|}\left(\sum_{j=1}^{N} |c_j|\, V\mu_j\right) = \frac{1}{|c_i|}\, V\left(\sum_{j=1}^{N} c_j\mu_j\right), \quad \forall i.$$

b) *Enoncé analogue pour une suite de mesures* μ_i *deux à deux étrangères, sous la condition supplémentaire que*

$$\sum_{i=1}^{\infty} |c_i|\, V\mu_i(I)$$

converge pour tout I *dans* Ω.

La dernière assertion devient „*F est* $\left(\sum_{i=1}^{\infty} c_i \mu_i\right)$*-intégrable si et seulement si il est* μ_i*-intégrable pour tout i et tel que*

$$\sum_{i=1}^{\infty} |c_i| \int |F| \, dV\mu_i < \infty\text{''}.$$

Les autres sont inchangées.

EXERCICE

Soit e borélien. La mesure μ est portée par e si et seulement si elle est étrangère à toute mesure portée par $\Omega \setminus e$.

Suggestion. La condition est nécessaire par définition.

La condition est suffisante. De fait, on a

$$V\mu_{\Omega\setminus e} = \inf(V\mu, V\mu_{\Omega\setminus e}) = 0,$$

donc $\mu = \mu_e$.

31. — Voici une décomposition intéressante d'une mesure en deux mesures étrangères.

Théorème de décomposition de H. Lebesgue

Soit ν *une mesure. Toute mesure* μ *se décompose de manière unique en somme de deux mesures étrangères* μ_ν *et* $\mu_\perp$ *telles que*

$$\mu_\nu \ll \nu \quad \textit{et} \quad \mu_\perp \perp \nu.$$

De plus, il existe e μ*-mesurable tel que*

$$\mu_\nu = \mu_e \quad \textit{et} \quad \mu_\perp = \mu_{\Omega\setminus e}.$$

Vérifions d'abord que, si elle existe, cette décomposition est unique. Soit $\mu = \mu_\nu + \mu_\perp = \mu'_\nu + \mu'_\perp$, avec $\mu_\nu, \mu'_\nu \ll \nu$ et $\mu_\perp, \mu'_\perp \perp \nu$. Il vient

$$\mu_\perp - \mu'_\perp = \mu'_\nu - \mu_\nu \ll \nu \quad \text{et} \quad \mu_\perp - \mu'_\perp \perp \nu,$$

d'où $(\mu_\perp - \mu'_\perp)$ est étranger à lui-même et, par conséquent, est nul. Dès lors, $\mu_\nu - \mu'_\nu$ est aussi nul.

Cela étant, soient $\lambda = V\mu + V\nu$ et $\mu = f \cdot \lambda$, $\nu = g \cdot \lambda$. Soit e borélien tel que $e = \{x : g(x) \neq 0\}$ λ-pp.

On a $\mu_{\Omega\setminus e} \perp \nu$, car $\nu = \nu_e$.

De plus, $\mu_e \ll \nu$. De fait, si e_0 borélien est ν-négligeable, $e_0 \cap \complement e$ est λ-négligeable, donc μ-négligeable et, de là, e_0 est μ_e-négligeable.

EXERCICE

Soit M un ensemble de mesures absolument continues par rapport à une même mesure ν_0. Quel que soit ν, il existe e borélien tel que

$$\mu_e \ll \nu \quad \text{et} \quad \mu_{\Omega \setminus e} \perp \nu, \ \forall \mu \in M.$$

Suggestion. Prendre $\lambda = V\nu_0 + V\nu$ dans la démonstration du théorème de décomposition de Lebesgue.

Mesures atomiques et diffuses

32. — Soit x_i, $(i=1, 2, \ldots)$, une suite de points de Ω deux à deux distincts et soit c_i, $(i=1, 2, \ldots)$, une suite de nombres complexes non nuls tels que

$$\sum_{x_i \in I} |c_i| < \infty,$$

pour tout I dans Ω.

Alors la mesure

$$\sum_{i=1}^{\infty} c_i \delta_{x_i}$$

est définie et porte le nom de *mesure atomique* ou *série de Dirac* associée aux suites x_i et c_i.

L'intégration par rapport aux mesures atomiques est régie par le théorème b), p. 200, puisque les δ_{x_i} sont deux à deux étrangers.

a) *On a*

$$V\left(\sum_{i=1}^{\infty} c_i \delta_{x_i}\right) = \sum_{i=1}^{\infty} |c_i| \delta_{x_i}.$$

b) *Un ensemble e est* $\left(\sum_{i=1}^{\infty} c_i \delta_{x_i}\right)$*-négligeable si et seulement si il ne contient aucun* x_i.

En effet, il est δ_{x_i}-négligeable si et seulement si il ne contient pas x_i.

c) *Une fonction est* $\left(\sum_{i=1}^{\infty} c_i \delta_{x_i}\right)$ *-mesurable si et seulement si elle est définie aux points* x_i.

d) *Une fonction f est* $\left(\sum_{i=1}^{\infty} c_i \delta_{x_i}\right)$ *-intégrable si et seulement si elle est définie aux points* x_i *et telle que*

$$\sum_{i=1}^{\infty} |c_i|\, |f(x_i)| < \infty.$$

EXERCICES

1. — Si $\mu \ll \sum_{i=1}^{\infty} c_i \delta_{x_i}$, montrer que $\mu = \sum_{i=1}^{\infty} d_i \delta_{x_i}$. Si, en outre, $V\mu \leqq C \sum_{i=1}^{\infty} |c_i| \delta_{x_i}$, établir que $|d_i| \leqq C|c_i|$ pour tout i.

Suggestion. On a $\mu = f \cdot \left(\sum_{i=1}^{\infty} c_i \delta_{x_i} \right) = \sum_{i=1}^{\infty} f(x_i) c_i \delta_{x_i}$, où $|f| \leqq C$, dans le second cas.

2. — Si $[\mu]$ est dénombrable, μ est atomique.
La réciproque est fausse.

Suggestion. Soit $[\mu] = \{x_i : i = 1, 2, \dots\}$. On a, pour tout I dans Ω,

$$\mu(I) = \mu([\mu] \cap I) = \sum_{x_i \in I} \mu(x_i),$$

donc

$$\mu = \sum_{i=1}^{\infty} \mu(x_i) \delta_{x_i}.$$

Pour nier la réciproque, désignons par r_i les points rationnels de E_n et par μ la mesure atomique $\sum_{i=1}^{\infty} \frac{1}{2^i} \delta_{r_i}$. On vérifie aisément que $[\mu] = E_n$.

3. — Soit $\Omega = \Omega' \times \Omega''$ et soient μ' une mesure dans Ω' et $\mu'' = \sum_{i=1}^{\infty} c_i \delta_{x_i''}$ une mesure atomique dans Ω''.
— Un ensemble $e \subset \Omega' \times \Omega''$ est $\mu' \otimes \mu''$-négligeable si et seulement si $e_i = \{x' : (x', x_i'') \in e\}$ est μ'-négligeable pour tout i.
— Une fonction f est $\mu' \otimes \mu''$-mesurable si et seulement si $f(x', x_i'')$ est μ'-mesurable pour tout i.
— Une fonction f est $\mu' \otimes \mu''$-intégrable si et seulement si $f(x', x_i'')$ est μ'-intégrable pour tout i et tel que

$$\sum_{i=1}^{\infty} |c_i| \int |f(x', x_i'')| \, dV\mu' < \infty.$$

On a alors

$$\int f \, d\mu' \otimes \mu'' = \sum_{i=1}^{\infty} c_i \int f(x', x_i'') \, d\mu'.$$

Suggestion. Notons d'abord que $\Omega' \times (\Omega'' \setminus \{x_i'' : i = 1, 2, \dots\})$ est $\mu' \otimes \mu''$-négligeable. Cela étant,

$$e = \bigcup_{i=1}^{\infty} \{x' : (x', x_i'') \in e\} \times \{x_i''\} \quad \mu' \otimes \mu''\text{-pp}$$

est $\mu' \otimes \mu''$-négligeable si et seulement si $\{x' : (x', x_i'') \in e\}$ est μ'-négligeable pour tout i.
Raisonnement analogue pour

$$f(x', x'') = \sum_{i=1}^{\infty} f(x', x_i'') \delta_{x_i''}(x'') \quad \mu' \otimes \mu''\text{-pp}.$$

33. — Une mesure μ est *diffuse* si tout point appartenant à Ω est μ-négligeable.

Les propriétés des mesures diffuses seront étudiées plus loin. On va d'abord montrer que toute mesure est la somme d'une mesure diffuse et d'une mesure atomique.

Toute mesure μ se décompose de manière unique en somme de deux mesures étrangères μ_a, μ_d respectivement atomique et diffuse.

Comme les points de Ω forment des ensembles μ-mesurables et deux à deux disjoints, vu d), p. 72, ils sont μ-négligeables sauf une infinité dénombrable d'entre eux au plus.

Soit $e=\{x_i: i=1, 2, \ldots\}$ l'ensemble des points de Ω de μ-mesure non nulle ou même un ensemble dénombrable contenant ces points.

Posons

$$\mu_a=\mu_e \quad \text{et} \quad \mu_d=\mu_{\Omega\setminus e}.$$

Visiblement,

$$\mu_a = \sum_{i=1}^{\infty} \mu(x_i)\delta_{x_i}$$

est atomique et μ_d est diffus, puisque tout point non μ_d-négligeable serait distinct des x_i et non μ-négligeable.

Ces deux mesures sont trivialement étrangères.

Enfin, la décomposition est unique. De fait, soit

$$\mu_a+\mu_d = \mu_a'+\mu_d'.$$

Posons $\lambda = \mu_a-\mu_a' = \mu_d'-\mu_d$. La mesure λ est donc à la fois atomique et diffuse. Comme elle est atomique, elle est portée par une union dénombrable de points et, comme elle est diffuse, cette union est λ-négligeable, donc $\lambda=0$.

Voici quelques propriétés de μ_a et μ_d.

— *$V(\mu_a) = (V\mu)_a$ et $V(\mu_d) = (V\mu)_d$, ce qui rend inutile l'usage des parenthèses.*

— *$V\mu = V\mu_a+V\mu_d$.*

— *Si $\mu\leqq\nu$, on a $\mu_a\leqq\nu_a$ et $\mu_d\leqq\nu_d$.*

— *Si $\mu\ll\nu$, on a $\mu_a\ll\nu_a$ et $\mu_d\ll\nu_d$.*

En particulier, si $\mu\ll\nu$ et si ν est atomique (resp. *diffus*), *μ l'est aussi.*

De plus, si $\nu_a=\nu_e$, on a aussi $\mu_a=\mu_e$.

Ces propriétés sont immédiates, si on tient compte de la forme de μ_a et μ_d, obtenue dans la démonstration précédente.

On donne aisément d'autres démonstrations.

Par exemple, pour la première relation, comme $\mu_a\perp\mu_d$,

$$V(\mu_a+\mu_d) = V(\mu_a)+V(\mu_d)$$

et, comme $V(\mu_a)$ et $V(\mu_d)$ sont respectivement atomique et diffus,

$$V(\mu_a)=(V\mu)_a \quad \text{et} \quad V(\mu_d)=(V\mu)_d.$$

EXERCICES

1. — Une fonction $f(x)$ est μ-mesurable si et seulement si elle est définie en tout point de μ-mesure non nulle et μ_d-mesurable.

Elle est μ-intégrable si et seulement si elle est μ_d-intégrable, définie en tout point de μ-mesure non nulle et telle que

$$\sum_{\mu(\{x\})\neq 0} |f(x)|\,|\mu(x)| < \infty.$$

Suggestion. Noter que les mesures μ_a et μ_d sont étrangères et appliquer a), p. 200.

2. — Les mesures atomiques

$$\mu = \sum_{i=1}^{\infty} c_i \delta_{x_i} \quad \text{et} \quad \nu = \sum_{j=1}^{\infty} d_j \delta_{y_j}$$

sont composables si on a

$$\sum_{x_i+y_j\in I} |c_i d_j| < \infty$$

pour tout $I \subset E_n$. Alors $\mu * \nu$ est atomique et s'écrit

$$\mu * \nu = \sum_{i,j=1}^{\infty} c_i d_j \delta_{x_i+y_j}.$$

Suggestion. Il suffit d'appliquer la définition.

3. — Si μ et ν sont composables et si μ ou ν est diffus, $\mu * \nu$ est diffus.

Suggestion. De fait, si, par exemple, μ est diffus,

$$(\mu * \nu)(\{x_0\}) = \int \mu(\{x_0 - x\})\, d\nu = 0,$$

pour tout $x_0 \in E_n$.

4. — Si μ et ν sont composables, μ_a et μ_d sont composables avec ν_a et ν_d et on a

$$(\mu * \nu)_a = \mu_a * \nu_a \quad \text{et} \quad (\mu * \nu)_d = \mu_a * \nu_d + \mu_d * \nu_a + \mu_d * \nu_d.$$

Suggestion. Les composabilités résultent du fait que $V\mu_a$, $V\mu_d \leqq V\mu$ et $V\nu_a$, $V\nu_d \leqq V\nu$. On a alors

$$\mu * \nu = \mu_a * \nu_a + (\mu_a * \nu_d + \mu_d * \nu_a + \mu_d * \nu_d)$$

et, comme $\mu_a * \nu_a$ et $(\mu_a * \nu_d + \mu_d * \nu_a + \mu_d * \nu_d)$ sont respectivement atomique et diffus, ce sont respectivement la partie atomique et la partie diffuse de $\mu * \nu$.

5. — Pour toute mesure diffuse μ, il existe un compact K non dénombrable et μ-négligeable.

Suggestion. Soit $I =]a, b]$ fixé. Posons $I_1 =]a_1, b_1]$, $I_2 =]a_2, b_2]$, où $b_1 = \dfrac{a+b}{2}$, $b_2 = b$ et où a_1, a_2 sont tels que $a < a_1 < b_1 < a_2 < b$ et que

$$|a_1 - b_1|, |a_2 - b_2| \quad \text{et} \quad V\mu(]a_i, b_i]) \leqq 2^{-2}.$$

De proche en proche, on détermine alors des

$$I_{n_1,\ldots,n_k} =]a_{n_1,\ldots,n_k}, b_{n_1,\ldots,n_k}], \qquad (n_1, \ldots, n_k = 1, 2;\ k = 1, 2, \ldots),$$

tels que

$$b_{n_1,\dots,n_{k-1},1} = \frac{a_{n_1,\dots,n_{k-1}} + b_{n_1,\dots,n_{k-1}}}{2},$$

$$b_{n_1,\dots,n_{k-1},2} = b_{n_1,\dots,n_{k-1}},$$

$$a_{n_1,\dots,n_{k-1}} < a_{n_1,\dots,n_{k-1},1} < b_{n_1,\dots,n_{k-1},1} < a_{n_1,\dots,n_{k-1},2} < b_{n_1,\dots,n_{k-1}},$$

$$|a_{n_1,\dots,n_k} - b_{n_1,\dots,n_k}| \text{ et } V\mu(I_{n_1,\dots,n_{k-1},n_k}) \leqq 2^{-2k}.$$

Pour toute suite $n_1, n_2, \dots$, la suite $b_{n_1,\dots,n_k}$ est visiblement convergente.

Appelons $b_{n_1,n_2,\dots}$ sa limite et K l'ensemble des $b_{n_1,n_2,\dots}$. On vérifie aisément que K est compact et non dénombrable. Il est μ-négligeable, car, pour tout k,

$$K \subset \bigcup_{n_1,\dots,n_k=1,2} I_{n_1,\dots,n_k}$$

où

$$\sum_{n_1,\dots,n_k=1,2} V\mu(I_{n_1,\dots,n_k}) \leqq 2^{-k}.$$

* 6. — Pour tout compact non dénombrable K, il existe une mesure diffuse non nulle et portée par K.

Suggestion. Notons d'abord que si K est non dénombrable, on peut trouver deux compacts non dénombrables $K_1, K_2 \subset K$ disjoints et tels que diam $K_i \leqq \varepsilon$, $(i=1, 2)$. En effet, il existe au moins un point x_0 de K tel que $b_{x_0,\eta} = \{x: |x-x_0| \leqq \eta\} \cap K$ soit non dénombrable pour tout $\eta < \varepsilon/2$. Sinon, on pourrait recouvrir K par un nombre fini de $b_{x,\eta} \cap K$ dénombrables et K serait dénombrable. Si $b_{x_0,\eta}$ est non dénombrable, comme

$$b_{x_0,\eta} \setminus \{x_0\} = \bigcup_{m=1}^{\infty} \left\{x \in e: \frac{\eta}{m+1} < |x-x_0| \leqq \frac{\eta}{m}\right\},$$

un des ensembles du second membre est non dénombrable et ainsi, pour un m_0,

$$b_{x_0,\eta/(m_0+1)} \quad \text{et} \quad \left\{x \in e: \frac{\eta}{m_0} \leqq |x-x_0| \leqq \eta\right\}$$

répondent à la question.

Cela étant, déterminons de proche en proche des compacts $K_{n_1,\dots,n_k}$, $(n_1, \dots, n_k = 1, 2)$, tels que

$$K_{n_1,\dots,n_{k-1},1} \cap K_{n_1,\dots,n_{k-1},2} = \varnothing,$$

$K_{n_1,\dots,n_k} \subset K_{n_1,\dots,n_{k-1}}$ et diam $K_{n_1,\dots,n_k} \leqq 2^{-k}$.

Choisissons un point $x_{n_1,\dots,n_k}$ dans chaque $K_{n_1,\dots,n_k}$. Les expressions

$$\mu_k = \sum_{n_1,\dots,n_k=1,2} 2^{-k} \delta_{x_{n_1,\dots,n_k}}$$

sont des mesures à support dans K et les fonctionnelles

$$\mathscr{T}_{\mu_k}(f) = \int f \, d\mu_k, \quad \forall f \in C_0(K),$$

forment une suite de Cauchy dans $[C_0(K)]_s^*$: de fait, pour tout f continu dans K, si $r \leqq s$,

$$\left|\int f \, d(\mu_r - \mu_s)\right| \leqq \sup_{\substack{|x-y| \leqq 2^{-r} \\ x, y \in K}} |f(x) - f(y)| \to 0$$

si $\inf(r, s) \to \infty$.

La suite $\mathscr{T}_{\mu_k}$ converge donc dans $[C_0(K)]_s^*$ vers une fonctionnelle $\mathscr{T}_\mu$.

La mesure μ ainsi déterminée est à support dans K.

Elle est diffuse. De fait, soit $\varphi_\varepsilon \in C_0(E_n)$ tel que $0 \leqq \varphi_\varepsilon \leqq \delta_{b_\varepsilon}$. Si, pour k assez grand,

$$x_0 \notin \bigcup_{n_1, \ldots, n_k = 1, 2} K_{n_1, \ldots, n_k},$$

pour ε assez petit, $[\varphi_\varepsilon(x-x_0)]$ ne rencontre pas les $K_{n_1, \ldots, n_k}$, donc $\int \varphi_\varepsilon(x-x_0)\,d\mu_m = 0$ pour $m \geqq k$ et $\int \varphi_\varepsilon(x-x_0)\,d\mu = 0$. De là, x_0 est μ-négligeable. Si

$$x_0 \in \bigcup_{n_1 + \cdots + n_k = 1, 2} K_{n_1, \ldots, n_k}, \ \forall k,$$

il existe une suite n_k telle que $x_0 \in K_{n_1, \ldots, n_k}$ pour tout k. Si ε est plus petit que la distance de $K_{n_1, \ldots, n_k}$ aux autres $K_{n'_1, \ldots, n'_k}$, on a alors

$$\int \varphi_\varepsilon(x-x_0)\,d\mu_m = \sum_{n_{k+1}, \ldots, n_m = 1, 2} 2^{-m} \varphi_\varepsilon(x_{n_1, \ldots, n_m} - x_0) \leqq 2^{-k}, \ \forall m \geqq k,$$

d'où

$$\int \varphi_\varepsilon(x-x_0)\,d\mu \leqq 2^{-k}$$

et de là, x_0 est μ-négligeable.

* 7. — Pour toute mesure diffuse μ, il existe une mesure diffuse ν étrangère à μ.

Suggestion. Il existe K compact, non dénombrable et μ-négligeable, (cf. ex. 5). Il existe alors ν diffus et porté par K, donc étranger à μ (cf. ex. 6).

Ensembles intégrables par rapport à une mesure diffuse

34. — La propriété essentielle des ensembles intégrables par rapport à une mesure diffuse est la suivante.

a) *Si μ est diffus et si e_0 est μ-intégrable, pour tout $\varepsilon > 0$, il existe $\eta > 0$ tel que, pour tout e μ-mesurable,*

$$\operatorname{diam} e \leqq \eta, \ e \subset e_0 \Rightarrow V\mu(e) \leqq \varepsilon.$$

Si ce n'est pas le cas, il existe $\varepsilon > 0$ et une suite e_m d'ensembles μ-mesurables contenus dans e_0, tels que $\operatorname{diam} e_m \leqq 1/m$ et $V\mu(e_m) \geqq \varepsilon$.

Fixons un point x_m dans chaque e_m. Si la suite x_m est bornée, on peut en extraire une sous-suite x_{m_k} qui converge vers un point x_0. On a $\delta_{e_{m_k}} \to \delta_{x_0}$ ou $\delta_{e_{m_k}} \to 0$ et, dans les deux cas, par le théorème de Lebesgue, $V\mu(e_m) \to 0$, ce qui est absurde.

Si la suite x_m n'est pas bornée, on peut en extraire une sous-suite x_{m_k} telle que $|x_{m_k}| \geqq \sup_{i<k} |x_{m_i}| + 1$. Les e_{m_k} correspondants sont deux à deux disjoints et il vient

$$\sum_{k=1}^{\infty} V\mu(e_{m_k}) \leqq V\mu(e_0),$$

d'où $V\mu(e_{m_k})$ tend vers 0, ce qui est absurde.

Voici deux conséquences intéressantes de a).

b) *Si μ est diffus et si e_0 est μ-intégrable, quel que soit $\varepsilon > 0$, on peut partitionner e_0 en un nombre fini d'ensembles μ-intégrables, de $V\mu$-mesure inférieure à ε.*

Soit η tel que, pour tout e μ-mesurable,

$$\operatorname{diam} e \leqq \eta,\ e \subset e_0 \Rightarrow V\mu(e) \leqq \varepsilon.$$

Partitionnons Ω en semi-intervalles I_i, $(i=1, 2, \ldots)$, de diamètre inférieur à η. Comme

$$e_0 = \bigcup_{i=1}^{\infty} e_0 \cap I_i,$$

pour N assez grand, on a

$$V\mu\left[e_0 \cap \left(\bigcup_{i=N+1}^{\infty} I_i\right)\right] \leqq \varepsilon.$$

De plus

$$V\mu(e_0 \cap I_i) \leqq \varepsilon, \quad \forall i \leqq N,$$

d'où la conclusion.

c) *Quels que soient μ, e_0 μ-intégrable et $\varepsilon > 0$, on peut partitionner e_0 en un nombre fini de points et un nombre fini d'ensembles de $V\mu$-mesure plus petite que ε.*

Soit $e = \{x_i : i=1, 2, \ldots\}$ l'ensemble des points de μ-mesure non nulle et soit $\varepsilon > 0$ fixé. La mesure $\mu_{\Omega \setminus e}$ est diffuse. Vu b), $e_0 \setminus e$ se partitionne en un nombre fini d'ensembles $e_1, \ldots, e_p$ de $V\mu$-mesure plus petite que ε.

D'autre part, comme e_0 est μ_a-intégrable,

$$\sum_{x_i \in e} V\mu(\{x_i\}) < \infty$$

et il existe donc N tel que

$$V\mu(\{x_i \in e : i > N\}) = \sum_{\substack{x_i \in e \\ i > N}} V\mu(\{x_i\}) < \varepsilon.$$

La partition de e_0 en $e_1, \ldots, e_p$, $\{x_i \in e : i > N\}$ et les points $x_1, \ldots, x_N$ satisfait aux conditions de l'énoncé.

EXERCICE

Si $[\mu]$ n'est pas un ensemble fini, il existe une suite d'ensembles e_m μ-mesurables deux à deux disjoints et non μ-négligeables.

Suggestion. S'il existe une infinité de points de μ-mesure non nulle, il suffit de prendre ces points.

Sinon la partie diffuse μ_d de μ n'est pas nulle.

Soit alors I tel que $V\mu(I) \neq 0$. On le partitionne en $I_1, \ldots, I_N$ de diamètre assez petit pour que $V\mu(I_i) \leqq V\mu(I)/2$. Pour deux au moins d'entre eux, soient I_1 et I_2 par exemple, $V\mu(I_i) \neq 0$. On recommence la même opération sur I_2, et ainsi de suite. On obtient de cette manière des I'_k deux à deux disjoints et tels que $V\mu(I'_k) \neq 0$.

35. — On peut donner une forme beaucoup plus précise de l'énoncé a) précédent.

Théorème de P. Halmos

Si $\mu_1, \ldots, \mu_N$ *sont des mesures diffuses et si e est* μ_i*-intégrable pour* $i=1, \ldots, N$, *il existe des ensembles* $e_\theta \subset e$, $\theta \in [0, 1]$, *boréliens et tels que*

— $\mu_i(e_\theta) = \theta\, \mu_i(e)$, $\forall \theta \in [0, 1[$, $i=1, \ldots, N$,

— $e_0 = \emptyset$, $e_1 = e$ μ_i-pp *pour* $i=1, \ldots, N$,

— *si* $\theta \leqq \theta'$, $e_\theta \subset e_{\theta'}$,

— *si* $\theta_m \to \theta$, $e_{\theta_m} \to e_\theta$ μ_i-pp *pour* $i=1, \ldots, N$.

Notons d'abord qu'on peut supposer les mesures μ_i positives, quitte à les remplacer par $(\mathscr{R}\mu_i)_\pm$ et $(\mathscr{I}\mu_i)_\pm$, et qu'on peut en outre les supposer décroissantes, quitte à leur substituer $\mu_i' = \sum_{j=i}^{N} \mu_j$.

Traitons le cas d'une seule mesure positive μ.

Supposons e borélien. S'il ne l'est pas, on lui substitue $e' \subset e$ borélien, tel que $e \setminus e'$ soit μ-négligeable. Les e_θ cherchés seront alors les e_θ'.

Soit ε_m une suite de nombres positifs tendant vers 0.

Partitionnons e en un nombre fini d'ensembles e_{n_1} boréliens tels que $\mu(e_{n_1}) \leqq \varepsilon_1 \mu(e)$, puis chaque e_{n_1} en un nombre fini d'ensembles e_{n_1, n_2} boréliens et tels que $\mu(e_{n_1, n_2}) \leqq \varepsilon_2 \mu(e)$, et ainsi de suite. On peut, sans restriction, supposer les $e_{n_1, \ldots, n_k}$ ainsi déterminés non μ-négligeables.

Pour $\theta \in [0, 1]$, déterminons alors successivement les $p_1, p_2, \ldots$ maximaux tels que

$$\sum_{n_1 < p_1} \mu(e_{n_1}) \leqq \theta \mu(e),$$

$$\sum_{n_1 < p_1} \mu(e_{n_1}) + \sum_{n_2 < p_2} \mu(e_{p_1, n_2}) \leqq \theta \mu(e),$$

$$\ldots \qquad \ldots \qquad \ldots.$$

Remarquons que les expressions du premier membre approchent $\theta\, \mu(e)$ à moins de $\varepsilon_1 \mu(e), \varepsilon_2 \mu(e), \ldots$, puisqu'en leur ajoutant $\mu(e_{p_1}), \mu(e_{p_1, p_2}), \ldots$, on dépasse $\theta\, \mu(e)$.

Les ensembles

$$e_\theta = \Big(\bigcup_{n_1 < p_1} e_{n_1}\Big) \cup \Big(\bigcup_{n_2 < p_2} e_{p_1, n_2}\Big) \cup \ldots$$

répondent à la question.

Calculons leur μ-mesure: on a

$$(\theta - \varepsilon_n)\mu(e) \leqq \mu(e_\theta) = \sum_{n_1 < p_1} \mu(e_{n_1}) + \sum_{n_2 < p_2} \mu(e_{p_1, n_2}) + \cdots \leqq \theta \mu(e),$$

pour tout n, d'où $\mu(e_\theta) = \theta\, \mu(e)$.

Par construction, on a $e_\theta \subset e_{\theta'}$ si $\theta < \theta'$ et $e_0 = \emptyset$.

Enfin, montrons que $e_{\theta_m} \to e_\theta$ μ-pp si $\theta_m \to \theta$ et si $e_1 = e$.

Considérons la suite $\theta - \frac{1}{m}$ $\left(\text{resp. } \theta + \frac{1}{m}\right)$ où on prend m assez grand pour que $\theta - \frac{1}{m}$ $\left(\text{resp. } \theta + \frac{1}{m}\right)$ appartienne à $[0, 1]$. Si $\theta = 0$ ou 1, on ne considère qu'une des deux suites. On a

$$\mu(e_\theta \setminus e_{\theta-1/m}) = \mu(e_\theta) - \mu(e_{\theta-1/m}) = \frac{1}{m}\mu(e) \to 0$$

et

$$\mu(e_{\theta+1/m} \setminus e_\theta) = \mu(e_{\theta+1/m}) - \mu(e_\theta) = \frac{1}{m}\mu(e) \to 0$$

si $m \to \infty$. Donc $\delta_{e_{\theta \pm 1/m}} \to \delta_{e_\theta}$, hors d'un ensemble μ-négligeable, soit $\mathscr{E}_\theta$.

Passons au cas où $\theta_m \to \theta$. Pour tout m, il existe M tel que

$$\delta_{e_{\theta-1/m}} \leqq \delta_{e_{\theta_{m'}}} \leqq \delta_e \text{ ou } \delta_e \leqq \delta_{e_{\theta_{m'}}} \leqq \delta_{e_{\theta+1/m}}, \quad \forall m' \geqq M,$$

d'où $\delta_{e_{\theta_m}} \to \delta_e$ hors de $\mathscr{E}_\theta$.

Passons au cas général.

La propriété est vraie pour une mesure. Il suffit de voir que, si elle est vraie pour $\mu_1, \dots, \mu_N$, elle est vraie pour $\mu_1, \dots, \mu_{N+1}$.

On procède en deux étapes.

On établit d'abord que, pour tout e μ_i-intégrable, $(i = 1, \dots, N+1)$, il existe $e' \subset e$ borélien et tel que $\mu_i(e') = \frac{1}{2}\mu_i(e)$, $(i = 1, \dots, N+1)$.

Pour cela, considérons les e_θ relatifs à $\mu_1, \dots, \mu_N$. Ils sont boréliens, donc μ_{N+1}-intégrables. Supposons que

$$\mu_{N+1}(e_{\frac{1}{2}}) < \frac{1}{2}\mu_{N+1}(e) < \mu_{N+1}(e \setminus e_{\frac{1}{2}}).$$

Considérons les ensembles $e'_\theta = e_\theta \cup (e \setminus e_{\frac{1}{2}+\theta})$, $\theta \in [0, \frac{1}{2}]$. On a

$$\mu_i(e'_\theta) = \frac{1}{2}\mu_i(e), \qquad (i = 1, \dots, N).$$

En outre, $\mu_{N+1}(e'_\theta)$ est une fonction continue de θ puisque $\delta_{e'_{\theta_m}} \to \delta_{e'_\theta}$ μ_1-pp donc μ_{N+1}-pp quand $\theta_m \to \theta$. Comme elle prend les valeurs $\mu_{N+1}(e_{\frac{1}{2}})$ et $\mu_{N+1}(e \setminus e_{\frac{1}{2}})$ pour $\theta = \frac{1}{2}$ et 0, elle prend la valeur $\frac{1}{2}\mu_{N+1}(e)$ pour un choix convenable de θ.

Cela étant, on partitionne e en e_{n_1}, $(n_1=1, 2)$, tels que

$$\mu_i(e_1) = \mu_i(e_2) = \frac{1}{2}\mu_i(e), \qquad (i = 1, \dots, N+1),$$

puis e_{n_1} en e_{n_1,n_2}, $(n_2=1, 2)$, tels que

$$\mu_i(e_{n_1,n_2}) = \frac{1}{2}\mu_i(e_{n_1}) = \frac{1}{4}\mu_i(e), \qquad (i = 1, \dots, N+1;\ n_1, n_2 = 1, 2),$$

et ainsi de suite.

Pour $\theta \in [0, 1[$, on fixe alors $p_1, p_2, \dots$ maximaux tels que

$$\sum_{n_1<p_1} \mu_i(e_{n_1}) \leqq \theta\mu_i(e), \qquad (i = 1, \dots, N+1),$$

$$\sum_{n_1<p_1} \mu_i(e_{n_1}) + \sum_{n_2<p_2} \mu_i(e_{p_1,n_2}) \leqq \theta\mu_i(e), \qquad (i = 1, \dots, N+1),$$

$$\dots \qquad \dots \qquad \dots,$$

et on pose

$$e_\theta = \Big(\bigcup_{n_1<p_1} e_{n_1}\Big) \cup \Big(\bigcup_{n_2<p_2} e_{p_1,n_2}\Big) \cup \dots.$$

On vérifie, comme dans la première partie de la démonstration, que les e_θ répondent à la question.

Principe du bang-bang et théorème de Lyapounov

Les paragraphes 36 à 41 peuvent être laissés de côté par un lecteur qui ne s'intéresse pas particulièrement à la théorie du contrôle.

36. — Désignons par $\vec{f}(x)$ des points de $\mathbf{C}_N$ dont les composantes $f_i(x)$ sont des fonctions scalaires définies dans $e \subset \Omega$.

De même, désignons par $M(x)$ des tableaux rectangulaires à M lignes et N colonnes et dont les composantes $M_{ij}(x)$ sont des fonctions scalaires réelles définies dans e.

Soit μ une mesure réelle.

Pour $\vec{f}(x)$ et $M(x)$, on étend les notions de μ-mesurabilité, μ-intégrabilité, ..., de la manière suivante: $\vec{f}(x)$ et $M(x)$ sont μ-mesurables, μ-intégrables, ... dans e si leurs composantes le sont.

Si $\vec{f}(x)$ ou $M(x)$ est μ-intégrable dans e, on pose

$$\int_e \vec{f}(x)\,d\mu = \Big(\int_e f_1(x)\,d\mu, \dots, \int_e f_N(x)\,d\mu\Big)$$

et

$$\int_e M(x)\,d\mu = \Big(\int_e M_{ij}(x)\,d\mu\Big), \qquad (i = 1, \dots, M;\ j = 1, \dots, N).$$

37. — Soit K un compact de E_n.

Un point $x \in K$ est *extrémal* dans K si

$$\left.\begin{array}{l} x = \theta y + (1-\theta) z \\ y, z \in K, \ \theta \in]0, 1[\end{array}\right\} \Rightarrow x = y = z.$$

On note $\ddot{K}$ l'ensemble des points extrémaux dans K.

Voici quelques rappels relatifs à la théorie des convexes dans E_n.

Dans ce qui suit, si $x, y \in E_n$, on utilise la notation

$$(x, y) = \sum_{i=1}^{n} x_i y_i.$$

Notons que *si K est compact et convexe dans E_n et si $x_0 \in \dot{K}$, il existe $y_0 \in E_n$ tel que $y_0 \neq 0$ et*

$$(x_0, y_0) = \sup_{x \in K} (x, y_0).$$

Soit $x_0 \notin K$ et soit $x_1 \in K$ tel que $d(x_0, K) = |x_0 - x_1|$. Posons $y_0 = x_0 - x_1$. Pour tout $x \in K$ et tout $\theta \in [0, 1]$, il vient

$$|\theta x + (1-\theta) x_1 - x_0| \geqq |y_0|,$$

soit

$$\theta^2 |x - x_1|^2 - 2\theta (x - x_1, y_0) \geqq 0.$$

De là, $(x - x_1, y_0) \leqq 0$ pour tout $x \in K$ et

$$\sup_{x \in K} (x, y_0) \leqq (x_1, y_0) < (x_0, y_0).$$

Soit à présent $x_0 \in \dot{K}$ et soient $x_m \in K$ tels que $x_m \to x_0$. Pour chaque x_m, vu la première partie de la démonstration, il existe y_m tel que

$$\sup_{x \in K} (x, y_m) < (x_m, y_m).$$

Quitte à considérer $y_m / |y_m|$, on peut supposer que $|y_m| = 1$ pour tout m. On peut alors extraire des y_m une sous-suite convergente. Soit y_0 sa limite; il vient

$$\sup_{x \in K} (x, y_0) \leqq (x_0, y_0),$$

d'où la conclusion.

a) *Un point $x \in K$ est extrémal dans K si et seulement si il existe une base ordonnée et orthonormée $\Xi = \{\xi_1, \ldots, \xi_n\}$ de E_n telle que*

$$(x, \xi_i) = \sup_{y \in K_i} (y, \xi_i), \quad (i = 1, \ldots, n),$$

où $K_1 = K$ et, pour $i = 2, \ldots, n$,

$$K_i = \{y \in K \colon (y, \xi_j) = (x, \xi_j), \ \ (j < i)\}.$$

Ce point x est appelé *point extrémal de K relatif à la base Ξ* et est noté $\sup_\Xi K$.

La condition est suffisante. Soit Ξ une base ordonnée et orthonormée de E_n. On sait que $\sup_\Xi K$ existe; soit x_0 ce point. Etablissons que x_0 est extrémal dans K.

En effet, supposons qu'il ne le soit pas. Il existe alors $\theta \in]0, 1[$ et $y, z \in K$ tels que $y, z \neq x_0$ et $x_0 = \theta y + (1-\theta)z$. Il existe donc i tel que

$$(x_0, \xi_j) = (y, \xi_j) = (z, \xi_j), \ \forall j < i,$$

et

$$(x_0, \xi_i) \neq (y, \xi_i) \quad \text{ou} \quad (z, \xi_i).$$

C'est absurde vu que

$$(x_0, \xi_i) \geqq (y, \xi_i) \quad \text{et} \quad (z, \xi_i)$$

et

$$(x_0, \xi_i) = \theta(y, \xi_i) + (1-\theta)(z, \xi_i).$$

Inversement, soit x_0 extrémal dans K. On a $x_0 \in \dot{K}$, donc il existe ξ_1 tel que

$$(x_0, \xi_1) = \sup_{x \in K} (x, \xi_1).$$

Appelons E_{n-1} le sous-espace linéaire de E_n des x tels que $(x, \xi_1) = 0$. On a $K_2 - x_0 \subset E_{n-1}$. De plus, $K_2 - x_0$ est un compact convexe de E_{n-1} et $0 \in (K_2 - x_0)^{\bullet}$ sinon x_0 ne serait pas extrémal dans K. Il existe donc $\xi_2 \in E_{n-1}$ tel que

$$\sup_{x \in K_2 - x_0} (x, \xi_2) \leqq 0,$$

soit

$$\sup_{\substack{x \in K \\ (x, \xi_1) = (x_0, \xi_1)}} (x, \xi_2) = (x_0, \xi_2).$$

Comme $\xi_2 \in E_{n-1}$, on a $(\xi_1, \xi_2) = 0$.

En poursuivant cette construction de proche en proche et en normant les ξ_i choisis, on obtient la base $\xi_1, \ldots, \xi_n$ demandée.

b) *Si K est compact et convexe dans E_n, il est l'enveloppe convexe de ses points extrémaux.*

Notons d'abord que K est l'enveloppe convexe de sa frontière.

En effet, soit $x_0 \in \overset{\circ}{K}$ et soit $e \in E_n$ tel que $|e| = 1$. L'ensemble $\{x_0 + \lambda e \colon \lambda \geqq 0$ (resp. $\lambda \leqq 0)\}$ est connexe et contient des points de K et de $\complement K$, donc il contient au moins un point de $\dot{K}$. Si $x_0 + \lambda e$ et $x_0 - \lambda' e \in \dot{K}$, avec $\lambda, \lambda' > 0$, on a

$$x_0 = \frac{\lambda'}{\lambda + \lambda'}(x_0 + \lambda e) + \frac{\lambda}{\lambda + \lambda'}(x_0 - \lambda' e),$$

d'où la thèse.

Cela étant, on démontre b) par récurrence par rapport à la dimension de l'espace.

C'est trivial dans E_1.

Vu la première partie de la démonstration, il suffit d'établir que $\dot{K}$ est contenu dans l'enveloppe convexe des éléments extrémaux de K.

Or, si $x_0 \in \dot{K}$, il existe y_0 non nul tel que

$$(x_0, y_0) = \sup_{x \in K} (x, y_0).$$

Posons

$$K_0 = \{x \in K : (x, y_0) = (x_0, y_0)\}.$$

Si le théorème est vrai dans E_{n-1}, K_0 est l'enveloppe convexe de ses points extrémaux. Or tout point extrémal de K_0 est visiblement extrémal dans K, d'où la conclusion.

38. — La notion de point extrémal relatif à Ξ donne lieu au critère de μ-mesurabilité suivant.

a) *Soient e un ensemble μ-mesurable et K_x une loi qui, à tout $x \in e$, associe un compact $K_x \subset E_N$ et telle que, si $x_m \to x_0$ dans e, de toute suite $y_m \in K_{x_m}$, on puisse extraire une sous-suite qui tende vers $y \in K_{x_0}$.*

Pour toute base ordonnée et orthonormée Ξ de E_N fixée, la fonction

$$\vec{f}(x) = \sup_{\Xi} K_x$$

est μ-mesurable dans e.

Notons que la condition imposée aux K_x est équivalente à la suivante: *pour tout x_0 et tout $\varepsilon > 0$, il existe $\eta > 0$ tel que $K_x \subset \{x : d(x, K_{x_0}) \leq \varepsilon\}$ si $|x - x_0| \leq \eta$.*

En effet, supposons la condition en ε, η vérifiée. Si $x_m \to x_0$, on peut en extraire une sous-suite x_{m_k} telle que

$$K_{x_{m_k}} \subset \{x : d(x, K_{x_0}) \leq 1/k\}$$

pour tout k. Alors, si $y_m \in K_{x_m}$, aux y_{m_k}, on peut associer des $y'_{m_k} \in K_{x_0}$ tels que $|y_{m_k} - y'_{m_k}| \leq 1/k$. Des y'_{m_k}, on peut extraire une sous-suite qui converge vers $y \in K_{x_0}$. La sous-suite correspondante de y_{m_k} converge aussi vers y.

Inversement, supposons la condition en ε, η non vérifiée.

Il existe alors x_0, $\varepsilon > 0$ et x_m tels que $|x_m - x_0| \leq 1/m$ et $K_{x_m} \not\subset \{x : d(x, K_{x_0}) \leq \varepsilon\}$. Soient $y_m \in K_{x_m}$ tels que $d(y_m, K_{x_0}) > \varepsilon$. Il est impossible d'en extraire une sous-suite qui converge vers un point de K_{x_0}.

Rapportons E_N à la base Ξ. Il suffit évidemment d'établir que les différentes composantes de $\vec{f}(x)$ sont μ-mesurables. Ces composantes sont données par

$$f_1(x) = \sup \{y_1 : y \in K_x\},$$

$$f_i(x) = \sup \{y_i : y \in K_x;\ y_j = f_j(x),\ (j = 1, \ldots, i-1)\}, \quad (i > 1).$$

On établit la μ-mesurabilité des $f_i\delta_e$ par récurrence.

Supposons $f_1\delta_e, \ldots, f_{i-1}\delta_e$ μ-mesurables et prouvons que $f_i\delta_e$ est μ-mesurable.

Pour établir la μ-mesurabilité de $f_1\delta_e$, on procède de la même manière en supprimant ce qui concerne les f_j, $(j<i)$.

Fixons $\varepsilon>0$. Vu c), p. 84 il existe F_0 fermé et tel que $F_0\subset e$ et $V\mu(e\setminus F_0)\leqq\varepsilon/i$. Vu c), p. 81, il existe en outre $F_1, \ldots, F_{i-1}$ fermés et tels que $V\mu(\Omega\setminus F_j)\leqq\varepsilon/i$ et que $f_j\delta_e$ soit continu dans F_j, $(j=1, \ldots, i-1)$. Posons $F_\varepsilon=\bigcap_{j=0}^{i-1} F_j$. On a $V\mu(\Omega\setminus F_\varepsilon)\leqq\varepsilon$ et $f_1\delta_e, \ldots, f_{i-1}\delta_e$ sont continus dans F_ε.

Comme ε est arbitraire, pour que $f_i\delta_e$ soit μ-mesurable, il suffit que $f_i\delta_{F_\varepsilon}$ soit μ-mesurable et, pour cela, il suffit que

$$\mathscr{E}_\varepsilon = \{x\in F_\varepsilon : f_i(x) \geqq a\}$$

soit μ-mesurable pour tout a réel (cf. e), p. 74).

Nous allons prouver que $\mathscr{E}_\varepsilon$ est même fermé.

De fait, supposons que $x_m\in\mathscr{E}_\varepsilon$ converge vers x_0. Vu les hypothèses sur les ensembles K_x, on peut extraire des x_m une sous-suite x_{m_k} telle que $\vec{f}(x_{m_k})\to y\in K_{x_0}$. Or, comme les f_j, $j<i$, sont continus dans F_ε,

$$y_j = \lim_k f_j(x_{m_k}) = f_j(x_0), \qquad (j = 1, \ldots, i-1).$$

En outre,

$$y_i = \lim_k f_i(x_{m_k}) \geqq a.$$

Donc

$$f_i(x_0) = \sup\{y_i : y\in K_{x_0};\quad y_j = f_j(x_0),\quad (j<i)\} \geqq a.$$

Voici deux corollaires utiles de a).

b) *Si $M(x)$ est un tableau réel et μ-mesurable de dimensions M, N et si K est compact dans E_N, pour toute base ordonnée et orthonormée Ξ de E_N, la fonction*

$$\vec{f}(x) = \sup_\Xi M(x)K$$

est μ-mesurable.

Il existe un fermé $F_1\subset\Omega$ tel que $V\mu(\Omega\setminus F_1)\leqq 1$ et que $M(x)$ soit continu dans F_1.

Pour $e=F_1$, les compacts $K_x=M(x)K$ vérifient les conditions de a). De fait, soient $x_m\to x_0$ et $y_m=M(x_m)u_m\in M(x_m)K$ pour tout m. De la suite u_m, on peut extraire une sous-suite u_{m_k} qui converge vers $u\in K$. Il vient alors

$$y = \lim_k y_{m_k} = \lim_k M(x_{m_k})u_{m_k} = M(x_0)u\in M(x_0)K.$$

Donc $\vec{f}(x)$ est μ-mesurable dans F_1.

On détermine alors successivement une suite de fermés F_k tels que $F_k\subset\Omega\setminus(F_1\cup\ldots\cup F_{k-1})$, que $V\mu[\Omega\setminus(F_1\cup\ldots\cup F_k)]\leqq 2^{-k}$ et que $\vec{f}(x)$ soit

μ-mesurable dans chaque F_k. Il est alors μ-mesurable dans leur union, égale μ-pp à Ω, d'où la conclusion.

c) *Si $M(x)$ est un tableau réel et μ-mesurable de dimensions M, N et K un compact de E_N, toute fonction $g(x)$ réelle, μ-mesurable et telle que*

$$\vec{g}(x) \in M(x) K \quad \mu\text{-pp},$$

s'écrit

$$\vec{g}(x) = M(x)\vec{f}(x)$$

où $\vec{f}(x)$ est réel, μ-mesurable dans e et tel que

$$f(x) \in K \quad \mu\text{-pp}.$$

De plus, si $\vec{g}(x) \in [M(x)K]^{\cdot\cdot}$ μ-pp, on peut supposer que $\vec{f}(x) \in \ddot{K}$ μ-pp.

Posons

$$K_x = \{y \in K : M(x)y = \vec{g}(x)\}.$$

Il est immédiat que K_x est compact pour tout x pour lequel il est défini.

Comme $M(x)$ et $\vec{g}(x)$ sont μ-mesurables, il existe F_1 fermé tel que $V\mu(\Omega \setminus F_1) \leqq 1$ et que $M(x)$ et $\vec{g}(x)$ soient continus dans F_1. Alors K_x satisfait aux conditions de a) dans F_1. De fait, soit $x_m \to x$ et soit $y_m \in K_{x_m}$. Des y_m, on peut extraire une sous-suite y_{m_k} qui converge vers $y \in K$. On a alors

$$M(x)y = \lim_k M(x_{m_k})y_{m_k} = \lim_k \vec{g}(x_{m_k}) = \vec{g}(x),$$

donc $y \in K_x$.

De là, pour toute base Ξ fixée dans E_N, $\vec{f}(x) = \sup_\Xi K_x$ est μ-mesurable dans F_1.

On détermine alors $F_2 \subset \Omega \setminus F_1$, tel que $V\mu[\Omega \setminus (F_1 \cup F_2)] \leqq 1/2$ et que $M(x)$ et $\vec{g}(x)$ soient continus dans F_2 et on recommence la même opération.

De proche en proche, on définit ainsi une fonction μ-mesurable $\vec{f}(x)$ telle que $M(x)\vec{f}(x) = \vec{g}(x)$ dans $\bigcup_{m=1}^{\infty} F_m = \Omega$ μ-pp.

Si, en outre, $\vec{g}(x) \in [M(x)K]^{\cdot\cdot}$, établissons que $\vec{f}(x) \in \ddot{K}$. Le dernier point de l'énoncé en découle aussitôt.

Procédons par l'absurde: si $\vec{f}(x) \notin \ddot{K}$, on a

$$\vec{f}(x) = \theta y_1 + (1-\theta) y_2,$$

avec

$$\theta \in]0, 1[; \; y_1, y_2 \neq \vec{f}(x) \quad \text{et} \quad y_1, y_2 \in K.$$

Vu la définition de $\vec{f}(x)$, on a donc $y_1, y_2 \notin K_x$, d'où

$$M(x)y_i \neq \vec{g}(x), \qquad (i = 1, 2).$$

Or on a

$$\vec{g}(x) = M(x)\vec{f}(x) = \theta M(x)y_1 + (1-\theta) M(x) y_2,$$

d'où une contradiction.

39. — Principe du bang-bang de la théorie du contrôle

Soient e un ensemble μ-mesurable, $M(x)$ un tableau de dimensions M, N μ-intégrable dans e et B un borné de $\mathbf{C}_N$.

L'ensemble

$$\mathscr{A}(B) = \left\{\int_e M(x)\vec{f}(x)\, d\mu : \vec{f} \ \mu\text{-mes}, \ \vec{f}(x) \in B \ \mu\text{-pp}\right\},$$

possède les propriétés suivantes.

a) *$\mathscr{A}(B)$ est borné.*

b) *Si μ est diffus ou si B est convexe, $\mathscr{A}(B)$ est convexe.*

c) *Si μ est diffus ou B convexe et si B est compact, $\mathscr{A}(B)$ est compact.*

d) *Si μ est diffus et B compact, on a $\mathscr{A}(B) = \mathscr{A}(\ddot{B})$.*

Notons d'abord qu'on peut sans restriction supposer M et $\vec{f}$ réels, $B \subset E_N$ et $\mu \geqq 0$.

En effet, si $\mu = J \cdot V\mu$, on a, en assimilant $\mathbf{C}_M$ à E_{2M},

$$\int_e M\vec{f}\, d\mu = \left(\int_e (\mathscr{R}(JM), -\mathscr{I}(JM)) \begin{pmatrix} \mathscr{R}\vec{f} \\ \mathscr{I}\vec{f} \end{pmatrix} dV\mu, \ \int_e (\mathscr{I}(JM), \mathscr{R}(JM)) \begin{pmatrix} \mathscr{R}\vec{f} \\ \mathscr{I}\vec{f} \end{pmatrix} dV\mu\right).$$

Dès lors, si on pose

$$B' = \{(\mathscr{R}z, \mathscr{I}z) : z \in B\} \subset E_{2N}$$

et

$$M' = \begin{pmatrix} \mathscr{R}(JM) & -\mathscr{I}(JM) \\ \mathscr{I}(JM) & \mathscr{R}(JM) \end{pmatrix},$$

on a

$$\mathscr{A}(B) = \left\{\int_e M'(x)\vec{f}(x) d\mu : \vec{f} \ \mu\text{-mes}, \ \vec{f}(x) \in B \ \mu\text{-pp}\right\}.$$

a) $\mathscr{A}(B)$ est borné.

De fait, pour tout $i \leqq n$, si B est contenu dans la boule de centre 0 et de rayon C, pour tout $\vec{f}$ μ-mesurable tel que $\vec{f}(x) \in B$ μ-pp,

$$\left|\left[\int_e M(x)\vec{f}(x) d\mu\right]_i\right| \leqq C \sum_{j=1}^{N} \int_e |M_{i,j}(x)|\, dV\mu.$$

b) Si μ est diffus, $\mathscr{A}(B)$ est convexe.

En effet, soient $\vec{f}_1$ et $\vec{f}_2$ μ-mesurables et tels que $\vec{f}_1(x), \vec{f}_2(x) \in B$ μ-pp et soit $\theta \in [0, 1]$.

Par le théorème de Halmos (cf. p. 209), il existe $e_\theta \subset e$ tel que

$$\int_{e_\theta} M(x)\vec{f}_i(x)\, d\mu = \theta \int_e M(x)\vec{f}_i(x)\, d\mu, \qquad (i = 1, 2).$$

Posons alors

$$\vec{f} = \vec{f}_1 \delta_{e_\theta} + \vec{f}_2 \delta_{e \setminus e_\theta}.$$

Visiblement, $\vec{f}$ est μ-mesurable, $\vec{f}(x) \in B$ μ-pp et on a

$$\theta \int_e M(x)\vec{f}_1(x)\,d\mu + (1-\theta)\int_e M(x)\vec{f}_2(x)\,d\mu = \int_e M(x)\vec{f}(x)\,d\mu,$$

d'où la conclusion.

Si B est convexe, il est trivial que $\mathscr{A}(B)$ est convexe.

c) Si $\mathscr{A}(B)$ est convexe et B compact, $\mathscr{A}(B)$ est compact.

Vu a), il suffit de prouver que $\overline{\mathscr{A}(B)} = \mathscr{A}(B)$. Comme $\overline{\mathscr{A}(B)}$ est compact et $\mathscr{A}(B)$ convexe, vu a) et b), il suffit même que tout point extrémal de $\overline{\mathscr{A}(B)}$ appartienne à $\mathscr{A}(B)$.

Soit $y = \sup_{\Xi} \overline{\mathscr{A}(B)}$ un tel point.

Il existe une suite $\vec{g}_m(x) = M(x)\vec{f}_m(x)$ telle que

$$\int_e \vec{g}_m(x)\,d\mu \to y.$$

Si $\Xi = (\xi_1, \ldots, \xi_N)$ est pris pour base de E_N, démontrons que chaque suite $g_{m,i}$, $(i = 1, \ldots, N)$, est de Cauchy pour μ.

On procède par récurrence par rapport à i. Supposons que ce soit vrai pour $1, \ldots, i-1$. Si la suite $g_{m,i}$ n'est pas de Cauchy pour μ, il existe $\varepsilon > 0$ et $r_m, s_m \to \infty$ tels que

$$\int_e |g_{r_m,i} - g_{s_m,i}|\,d\mu \geqq \varepsilon, \quad \forall m.$$

On a alors, en posant

$$e_m = \{x : g_{r_m,i}(x) - g_{s_m,i}(x) \geqq 0\},$$

$$\int_{e_m} (g_{r_m,i} - g_{s_m,i})\,d\mu \quad \text{ou} \quad \int_{e \setminus e_m} (g_{s_m,i} - g_{r_m,i})\,d\mu \geqq \varepsilon/2.$$

On peut supposer que l'une des deux inégalités, par exemple la première, soit satisfaite pour tout m. Il suffit pour cela de substituer aux (r_m, s_m), une de leurs sous-suites.

Posons

$$\vec{g}'_m = \vec{g}_{r_m}\delta_{e_m} + \vec{g}_{s_m}\delta_{e \setminus e_m};$$

$\vec{g}'_m(x)$ appartient donc à $M(x)\,B$ pour μ-presque tout $x \in e$. De plus,

$$\int_e g'_{m,j}\,d\mu \to y_j, \quad \forall j < i,$$

car

$$\left|\int_e g'_{m,j}\,d\mu - y_j\right| \leqq \left|\int_e g_{r_m,j}\,d\mu - y_j\right| + \int_{e \setminus e_m} |g_{s_m,j} - g_{r_m,j}|\,d\mu,$$

où le second membre tend vers 0 si $m \to \infty$. Enfin,

$$\int_e g'_{m,i}\, d\mu = \int_e g_{s_m,i}\, d\mu + \int_{e_m} (g_{r_m,i} - g_{s_m,i})\, d\mu$$

$$\geqq \int_e g_{s_m,i}\, d\mu + \varepsilon/2, \ \forall m.$$

De la suite $\int_e \vec{g}'_m\, d\mu$, on peut extraire une sous-suite qui converge vers un point $y' \in \overline{\mathscr{A}(B)}$. Pour cet y', on a alors

$$y'_j = y_j, \quad (j = 1, \ldots, i-1), \quad \text{et} \quad y'_i \geqq y_i + \varepsilon/2,$$

ce qui contredit la définition de y.

Puisque chaque suite $g_{m,i}$ est de Cauchy pour μ, on peut extraire de $\vec{g}_m$ une sous-suite, que nous continuerons à désigner par $\vec{g}_m$, qui converge μ-pp.

Si $\vec{g}_m(x) \to \vec{g}(x)$ μ-pp, $\vec{g}$ est alors μ-mesurable et tel que $\vec{g}(x) \in M(x)B$ μ-pp et que

$$\int_e \vec{g}(x)\, d\mu = y.$$

Pour cette dernière assertion, on note que

$$|g_{m,i}(x)| \leqq C \sum_{j=1}^{N} |M_{ij}(x)|$$

et on applique le théorème de Lebesgue.

En vertu de c), p. 216, $\vec{g}$ s'écrit sous la forme $M(x)\vec{f}(x)$ où $\vec{f}(x)$ est μ-mesurable et appartient à B μ-pp. Donc $y \in \mathscr{A}(B)$, ce qu'il fallait démontrer.

d) Si μ est diffus et B compact, on a $\mathscr{A}(B) = \mathscr{A}(\ddot{B})$.

On a évidemment $\mathscr{A}(\ddot{B}) \subset \mathscr{A}(B)$ et on sait que $\mathscr{A}(B)$ est compact et convexe et $\mathscr{A}(\ddot{B})$ convexe. Il suffit donc d'établir que tout point extrémal de $\mathscr{A}(B)$ appartient à $\mathscr{A}(\ddot{B})$.

Soit $y = \sup_{\Xi} \mathscr{A}(B)$ un tel point.

Posons

$$\vec{g}(x) = \sup_{\Xi} M(x) B.$$

Vu b), p. 215, $\vec{g}(x)$ est μ-mesurable. Vu c), p. 216, il existe alors $\vec{f}(x)$ μ-mesurable tel que $\vec{f}(x) \in \ddot{B}$ μ-pp et $\vec{g}(x) = M(x)\vec{f}(x)$.

Pour conclure, il reste à établir que

$$y = \int \vec{g}\, d\mu.$$

On procède par récurrence par rapport à i. Supposons que

$$y_j = \int_e g_j\, d\mu, \ \forall j < i,$$

et que

$$y_i \neq \int_e g_i \, d\mu.$$

Comme y s'écrit sous la forme $\int_e M\vec{f} \, d\mu$, on a

$$y_i < \int_e g_i d\mu,$$

ce qui contredit le fait que $y = \sup_{\Xi} \mathscr{A}(B)$.

40. — a) Un cas particulier important du principe du bang-bang est le théorème suivant, dû à A. Lyapounov.

Si $\mu_1, \ldots, \mu_N$ sont des mesures diffuses et si e est μ_i-intégrable pour $i = 1, \ldots, N$, l'ensemble

$$\{(\mu_1(e'), \ldots, \mu_N(e')) : e' \mu_i\text{-mes } (i = 1, \ldots, N), \; e' \subset e\}$$

est convexe et compact dans $\mathbf{C}_N$.

En effet, posons $\mu = V\mu_1 + \cdots + V\mu_N$. Il existe J_i tels que $\mu_i = J_i \cdot \mu$, $(i = 1, \ldots, N)$. Posons

$$M(x) = \begin{pmatrix} J_1(x) \\ \vdots \\ J_N(x) \end{pmatrix}$$

et $B = [0, 1]$. En vertu du principe du bang-bang, $\mathscr{A}(B)$ est compact et convexe et $\mathscr{A}(B) = \mathscr{A}(\ddot{B})$. Or $\ddot{B}$ est formé des seuls points 0 et 1 et $\mathscr{A}(\ddot{B})$ est l'ensemble qui figure dans l'énoncé du théorème de Lyapounov, d'où la conclusion.

b) Le théorème de Lyapounov s'étend partiellement à des mesures quelconques.

Quels que soient $\mu_1, \ldots, \mu_N$, si e est μ_i-intégrable pour $i = 1, \ldots, N$, l'ensemble

$$\mathscr{A}(e) = \{(\mu_1(e'), \ldots, \mu_N(e')) : e' \; \mu_i\text{-mes} \quad (i = 1, \ldots, N), \; e' \subset e\}$$

est compact dans $\mathbf{C}_N$.

Appelons e_0 l'ensemble des points qui ne sont pas négligeables pour au moins un μ_i.

La partie atomique de μ_i est alors sa restriction à e_0 et sa partie diffuse est sa restriction à $\Omega \setminus e_0$, quel que soit i.

En outre,

$$\mathscr{A}(e) = \mathscr{A}(e \setminus e_0) + \mathscr{A}(e \cap e_0),$$

donc il suffit d'établir que $\mathscr{A}(e \setminus e_0)$ et $\mathscr{A}(e \cap e_0)$ sont compacts.

Pour le premier, cela résulte de a), puisque $\mu_i = (\mu_i)_d$ dans $e \setminus e_0$.

Traiter le second cas revient à considérer des mesures $\mu_1, \ldots, \mu_N$ atomiques. Soient

$$\mu_i = \sum_{j=1}^{\infty} c_{j,i}\delta_{x_j}, \qquad (i = 1, \ldots, N).$$

Posons $\vec{c}_j = (c_{j,1}, \ldots, c_{j,N})$. On doit démontrer que

$$\mathscr{A} = \{\sum_{j\in\nu} \vec{c}_j : \nu \subset \{1, 2, \ldots\}\}$$

est compact dans $\mathbf{C}_N$, sachant qu'il est borné car

$$\sum_{j=1}^{\infty} |\vec{c}_j| \leqq \sum_{j=1}^{\infty}\sum_{i=1}^{N} |c_{j,i}| = \sum_{i=1}^{N} V\mu_i(e) < \infty.$$

Soit

$$y_{\nu_m} = \sum_{j\in\nu_m} \vec{c}_j,$$

une suite convergente de points de $\mathscr{A}$.

Si 1 appartient à une infinité de ν_m, fixons une sous-suite $\nu_m^{(1)}$ de ν_m telle que $\nu_m^{(1)} \ni 1$ pour tout m. Sinon, fixons une sous-suite $\nu_m^{(1)}$ telle que $1 \notin \nu_m^{(1)}$ quel que soit m.

De $\nu_m^{(1)}$, extrayons alors une sous-suite $\nu_m^{(2)}$ telle que 2 appartienne à tous les $\nu_m^{(2)}$ ou n'appartienne à aucun. Et ainsi de suite.

Considérons alors la sous-suite $\nu_m^{(m)}$. Appelons ν l'ensemble des indices k qui appartiennent à la sous-suite $\nu_m^{(k)}$ correspondante.

Alors $y_{\nu_m} \to y_\nu$. En effet, les indices $k \leqq m$ contenus dans $\nu_m^{(m)}$ sont les mêmes que ceux contenus dans ν, donc

$$|y_{\nu_m^{(m)}} - y_\nu| \leqq 2\sum_{j>m} |\vec{c}_j| \to 0,$$

si $m \to \infty$. Donc $\mathscr{A}$ est fermé.

41. — *Soit μ une mesure diffuse et positive dans Ω.*

Il existe une fonction $x(x')$ de Ω dans $]0, \mu(\Omega)[$, $(]0, +\infty[$ *si μ n'est pas borné), définie μ*-pp, *μ-propre, telle que*

$$x(x') = x(y') \Rightarrow x' = y'$$

et que, dans $]0, \mu(\Omega)[$, $l = x(\mu)$. *La fonction $x'(x)$ est alors l-propre et $\mu = x'(l)$.*

Soit $\{I'_{m_1} : m_1 = 1, 2, \ldots\}$ une partition de Ω en semi-intervalles de diamètre et de μ-mesure inférieurs ou égaux à 1.

Soit $\{I'_{m_1,m_2} : m_2 = 1, 2, \ldots\}$ une partition finie de I'_{m_1} en semi-intervalles de diamètre et de μ-mesure inférieurs ou égaux à 1/2 et ainsi de suite.

Négligeons ceux des $I'_{m_1,\ldots,m_k}$ ainsi construits dont la μ-mesure est nulle. Leur union $\mathscr{E}$ est μ-négligeable.

Posons

$$I_{m_1} = \left]\sum_{i=1}^{m_1-1} \mu(I_i'),\ \sum_{i=1}^{m_1} \mu(I_i')\right],$$

$$I_{m_1,m_2} = \left]\sum_{i=1}^{m_1-1} \mu(I_i') + \sum_{j=1}^{m_2-1} \mu(I'_{m_1,j}),\ \sum_{i=1}^{m_1-1} \mu(I_i') + \sum_{j=1}^{m_2} \mu(I'_{m_1,j})\right],$$

$$\cdots \qquad \cdots \qquad \cdots$$

où on convient que les sommes considérées sont nulles quand l'indice supérieur est nul.

Soit x' un point de Ω. Il existe une suite m_k telle que

$$x' \in \bigcap_{k=1}^{\infty} I'_{m_1,\ldots,m_k}.$$

Considérons alors

$$\bigcap_{k=1}^{\infty} I_{m_1,\ldots,m_k}.$$

Cette intersection se réduit à un point $x(x')$ de $]0, \mu(\Omega)[$ si les m_k ne sont pas tous égaux à 1 à partir d'un certain rang.

En effet, si $m_k > 1$, $\overline{I_{m_1,\ldots,m_k}} \subset I_{m_1,\ldots,m_{k-1}}$. Soient alors $k_i \uparrow \infty$ tels que $m_{k_i} > 1$. Il vient

$$\bigcap_{k=1}^{\infty} I_{m_1,\ldots,m_k} = \bigcap_{i=1}^{\infty} I_{m_1,\ldots,m_{k_i}} = \bigcap_{i=1}^{\infty} \overline{I_{m_1,\ldots,m_{k_i}}},$$

où le second membre se réduit à un point.

Les x' correspondant à des suites m_k qui se terminent par une suite illimitée de 1 sont dénombrables donc, comme μ est diffus, ils forment un ensemble μ-négligeable.

Donc la fonction $x(x')$ est définie μ-pp.

Elle est μ-mesurable. De fait, comme diam $I_{m_1,\ldots,m_k} \leq 2^{-k}$, quel que soit α, l'ensemble des $x < \alpha$ est union dénombrable de $I_{m_1,\ldots,m_k}$ et son image inverse par x' est égale μ-pp à l'union des $I'_{m_1,\ldots,m_k}$ correspondants, donc elle est μ-mesurable.

Elle est μ-propre. En effet, si $[\alpha, \beta] \subset]0, \mu(\Omega)[$, il est trivial que $[\alpha, \beta]$ appartient à une union finie de $I_{m_1,\ldots,m_k}$ et $x_{-1}(]\alpha, \beta])$ est contenu dans un ensemble étagé de Ω.

Enfin, si $x' \neq y'$, on a $x(x') \neq x(y')$ pour μ-presque tous x', y'. En effet, il existe $I'_{m_1,\ldots,m_k}$ tels que $x' \in I'_{m_1,\ldots,m_k}$ et $y' \notin I'_{m_1,\ldots,m_k}$. Alors $x(x') \in I_{m_1,\ldots,m_k}$ et $x(y') \notin I_{m_1,\ldots,m_k}$ donc $x(x') \neq x(y')$, pour autant que $I_{m_1,\ldots,m_k}$, $x(x')$ et $x(y')$ soient définis, donc pour μ-presque tous x', y'.

Vérifions que $x(\mu)=l$ dans $]0, \mu(\Omega)[$.

Pour tout ouvert $]\alpha, \beta[$ tel que $[\alpha, \beta]\subset]0, \mu(\Omega)[$, $]\alpha, \beta[$ est union dénombrable de $I_{m_1,\ldots,m_k}$ et $x_{-1}(]\alpha, \beta[)$ est égal μ-pp à l'union des $I'_{m_1,\ldots,m_k}$ correspondants. Donc, comme

$$l(I_{m_1,\ldots,m_k}) = \mu(I'_{m_1,\ldots,m_k}),$$

on a

$$l(]\alpha, \beta[) = \mu\big(x_{-1}(]\alpha, \beta[)\big) = x(\mu)(]\alpha, \beta[).$$

Vu les propriétés des mesures images, la fonction $x(x')$ est alors définie l-pp dans $]0, \mu(\Omega)[$ et l-propre et on a

$$x'(l)=\mu.$$

Ensembles de mesures absolument continus par rapport à une mesure fixe

42. — Soient M et N des ensembles de mesures dans Ω.

On dit que M est *absolument continu par rapport à* N et on note $M\ll N$ si tout ensemble ν-négligeable pour tout $\nu\in N$ est μ-négligeable pour tout $\mu\in M$.

Les ensembles M et N sont *équivalents,* ce qu'on note $M\simeq N$, si $M\ll N$ et $N\ll M$.

On a trivialement

— $M\ll N,\ N\ll P\Rightarrow M\ll P$,

— $M\subset N\Rightarrow M\ll N$,

— $M\simeq N\Rightarrow N\simeq M$,

— $M\simeq N,\ N\simeq P\Rightarrow M\simeq P$.

Voici d'abord quelques exemples simples d'ensembles de mesures équivalents à une mesure.

a) *Toute mesure μ est équivalente à une mesure μ^* positive, bornée et telle que $\mu^*(\Omega)=C$, où $C>0$ est arbitraire.*

On sait que $\mu\simeq V\mu$, donc on peut supposer μ positif.

Soit F strictement positif et μ-intégrable. En le multipliant par une constante convenable, on peut le supposer tel que

$$\int F\,d\mu = C.$$

La mesure $\mu^*=F\cdot\mu$ satisfait alors aux conditions de l'énoncé, (cf. p. 143).

b) *Un ensemble fini de mesures $\mu_1, \ldots, \mu_N$ est équivalent à une mesure, par exemple à*

$$\sup(V\mu_1, \ldots, V\mu_N) \quad ou \quad V\mu_1+\cdots+V\mu_N.$$

En effet, vu le paragraphe 8, p. 150, tout ensemble $(V\mu_1+\cdots+V\mu_N)$-négligeable est $\mu_1, \ldots, \mu_N$-négligeable et réciproquement.

De plus,

$$\sup(V\mu_1, \ldots, V\mu_N) \leqq V\mu_1 + \cdots + V\mu_N \leqq N \sup(V\mu_1, \ldots, V\mu_N),$$

donc

$$V\mu_1 + \cdots + V\mu_N \simeq \sup(V\mu_1, \ldots, V\mu_N).$$

c) *Tout ensemble dénombrable de mesures est équivalent à une mesure.*

Soit $\{\mu_i: i=1, 2, \ldots\}$ un ensemble dénombrable de mesures.

A chaque μ_i, associons $\mu_i^* \geqq 0$, équivalent à μ_i et tel que $\mu_i^*(\Omega) \leqq 2^{-i}$. Alors

$$\{\mu_i: i = 1, 2, \ldots\} \simeq \mu = \sum_{i=1}^{\infty} \mu_i^*.$$

La série qui définit μ converge fortement, vu a), p. 163.

Comme $0 \leqq \mu_i^* \leqq \mu$, tout ensemble e μ-négligeable est μ_i^*-négligeable, donc μ_i-négligeable, quel que soit i.

Inversement, si e est μ_i-négligeable pour tout i, il est μ_i^*-négligeable pour tout i et

$$\sum_{i=1}^{N} \mu_i^*(e) = 0, \quad \forall N,$$

d'où e est μ-intégrable et $\mu(e)=0$, (cf. p. 166).

d) *Si* $\{\mu_m: m=1, 2, \ldots\} \ll \lambda$ *et si* μ *est tel que*

$$\mu_m(e) \to \mu(e)$$

pour tout e *borélien borné, tel que* $\bar{e} \subset \Omega$, *alors* $\mu \ll \lambda$.

Il suffit d'établir que tout e borélien borné tel que $\bar{e} \subset \Omega$ et λ-négligeable est μ-négligeable. Or, tout ensemble borélien e' contenu dans e est λ-négligeable, donc μ_m-négligeable pour tout m; on a donc

$$\mu(e') = \lim_m \mu_m(e') = 0.$$

D'où la conclusion car

$$V\mu(e) \leqq 4 \sup_{e' \subset e} |\mu(e')| = 0.$$

EXERCICE

Si $\mu \ll \nu$, on a $\inf(V\mu, V\nu) \simeq \mu$.

Suggestion. On a $\inf(V\mu, V\nu) \leqq V\mu$, d'où $\inf(V\mu, V\nu) \ll \mu$. Reste à prouver que $\mu \ll \inf(V\mu, V\nu)$.

Vu p. 158, il existe e_0 borélien tel que

$$\inf(V\mu, V\nu) = (V\mu)_{e_0} + (V\nu)_{\Omega \setminus e_0}. \qquad (*)$$

Si e est $\inf(V\mu, V\nu)$-négligeable, $e_0 \cap e$ est μ-négligeable et $e \setminus e_0$ est ν-négligeable, donc e est μ-négligeable puisque $\mu \ll \nu$.

43. — On peut caractériser de différentes manières les ensembles de mesures absolument continus par rapport à une mesure.

Pour cela, introduisons quelques définitions utiles.

Soient M et N deux ensembles de mesures, tels que $N \subset M$.

On dit que N est *fortement dense dans* M si, quels que soient $\mu \in M$, $\varepsilon > 0$ et Q étagé dans Ω, il existe $\nu \in N$ tel que

$$V(\mu - \nu)(Q) \leqq \varepsilon.$$

On dit que N est *faiblement dense dans* M si, quels que soient $\mu \in M, p = 1, 2, \ldots,$ $e_1, \ldots, e_p$ boréliens d'adhérence compacte dans Ω et $\varepsilon > 0$, il existe $\nu \in N$ tel que

$$\sup_{i \leqq p} |(\mu - \nu)(e_i)| \leqq \varepsilon.$$

L'ensemble M est *fortement* (resp. *faiblement*) *séparable* s'il existe un sous-ensemble dénombrable de M qui y soit fortement (resp. faiblement) dense.

Soit M un ensemble de mesures dans Ω. Les conditions suivantes sont équivalentes:

a) *il existe λ tel que $M \simeq \lambda$,*

b) *il existe ν tel que $M \ll \nu$,*

c) *M est fortement séparable,*

d) *M est faiblement séparable,*

e) *il existe une suite $\mu_i \in M$ telle que $M \simeq \{\mu_i : i = 1, 2, \ldots\}$.*

a $\Rightarrow$ b.

C'est trivial.

b $\Rightarrow$ c.

En vertu du théorème de Radon,

$$M = \{f \cdot \nu : f \in F\},$$

où F est un ensemble de fonctions localement ν-intégrables.

Il existe une suite α_i de fonctions étagées dans Ω telle que, pour tout Q étagé, tout $\varepsilon > 0$ et tout f localement ν-intégrable,

$$\int_Q |f - \alpha_i| \, dV\nu \leqq \varepsilon$$

pour au moins un i.

Ce sont, par exemple, les fonctions étagées sur les semi-intervalles d'extrémités rationnelles et à coefficients rationnels.

Désignons alors par Q_k une suite d'ensembles étagés tels que $Q_k \uparrow \Omega$. Pour tous i, j, k tels que

$$F_{i,j,k} = \left\{f \in F : \int_{Q_k} |f - \alpha_i| \, dV\nu \leqq 1/j\right\} \neq \emptyset,$$

fixons $f_{i,j,k} \in F_{i,j,k}$ et posons $\mu_{i,j,k} = f_{i,j,k} \cdot \nu$.

Ces mesures forment un ensemble fortement dense dans M. En effet, pour $\mu = f \cdot \nu$, Q et ε fixés, il existe $Q_k \supset Q$, $j > 2/\varepsilon$ et α_i tels que

$$\int_{Q_k} |f - \alpha_i| \, dV\nu \leqq 1/j \leqq \varepsilon/2.$$

Comme on a aussi

$$\int_{Q_k} |f_{i,j,k} - \alpha_i| \, dV\nu \leqq 1/j,$$

l vient

$$V(\mu - \mu_{i,j,k})(Q) \leqq \int_{Q_k} |f - f_{i,j,k}| \, dV\nu$$

$$\leqq \int_{Q_k} |f - \alpha_i| \, dV\nu + \int_{Q_k} |f_{i,j,k} - \alpha_i| \, dV\nu \leqq \varepsilon,$$

d'où la conclusion.

c $\Rightarrow$ d.

C'est immédiat.

d $\Rightarrow$ e.

Soit μ_i une suite de mesures faiblement dense dans M.

Montrons que, si e est borélien, borné et μ_i-négligeable pour tout i et si $\bar{e} \subset \Omega$, e est μ-négligeable quel que soit $\mu \in M$.

Pour cela, notons que

$$V\mu(e) \leqq 4 \sup_{e' \subset e} |\mu(e')|,$$

où e' désigne un sous-ensemble borélien arbitraire de e.

Or $\mu(e') = 0$ pour tout $e' \subset e$ car, pour tout $\varepsilon > 0$, il existe i tel que

$$|(\mu - \mu_i)(e')| \leqq \varepsilon,$$

soit

$$|\mu(e')| \leqq |\mu_i(e')| + \varepsilon = \varepsilon.$$

Donc $V\mu(e) = 0$.

e $\Rightarrow$ a.

En effet, vu c), p. 224, il existe λ tel que $\{\mu_i : i = 1, 2, \ldots\} \simeq \lambda$.

EXERCICES

1. — Etablir directement que, si $M \ll \nu$, il existe λ tel que $M \simeq \lambda$.

Suggestion. Vu a), p. 223, on peut supposer ν positif et tel que $V\nu(\Omega) = 1$.

En outre, on peut substituer aux $\mu \in M$, les $\mu^* = \inf(V\mu, \nu)$, (cf. ex. p. 224). Enfin, vu b), p. 223, on peut substituer à M l'ensemble

$$M^* = \{\sup(\mu_1^*, \ldots, \mu_N^*) : \mu_1, \ldots, \mu_N \in M; \quad N = 1, 2, \ldots\}.$$

Vu a), p. 167, l'ensemble M^* admet une borne supérieure λ qui est limite forte d'une suite $\mu_m^* \in M^*$.

On a alors $\lambda \simeq M^*$. D'une part, $0 \leqq \mu^* \leqq \lambda$ pour tout $\mu^* \in M^*$.
D'autre part, comme $\mu_m^*(e) \to \lambda(e)$ pour tout e borélien borné, on a $\lambda \ll \{\mu_i^*: i=1,2, \ldots\} \ll M^*$.

2. — Un ensemble M de mesures n'est fortement (ou faiblement) séparable que si les parties atomiques de ces mesures sont portées par un ensemble dénombrable fixe.
En particulier, un ensemble de mesures de Dirac est fortement (ou faiblement) séparable si et seulement si il est dénombrable.

Suggestion. Vu le théorème précédent, si M est fortement ou faiblement séparable, il existe $\lambda \simeq M$. L'ensemble des points qui ne sont pas λ-négligeables est dénombrable, vu d), p. 72. Or μ_a est porté par cet ensemble pour tout $\mu \in M$.

44. — *Sauf mention explicite, tous les ensembles considérés dans ce paragraphe sont supposés boréliens.*
a) *Chacune des conditions suivantes est nécessaire et suffisante pour que* $\mu \ll \nu$.
(α) *Quel que soit* e_0 *μ- et ν-intégrable,*

$$V\nu(e_m) \to 0,\ e_m \subset e_0 \Rightarrow V\mu(e_m) \text{ ou } \mu(e_m) \to 0.$$

(β) *Quel que soit* e_0 *μ- et ν-intégrable, pour tout* $\varepsilon > 0$, *il existe* $\eta > 0$ *tel que*

$$V\nu(e) \leqq \eta,\ e \subset e_0 \Rightarrow V\mu(e) \text{ ou } |\mu(e)| \leqq \varepsilon.$$

La condition (α) est nécessaire.
Procédons par l'absurde. Supposons qu'il existe e_0 μ- et ν-intégrable et une suite $e_m \subset e_0$ telle que $V\mu(e_m) \not\to 0$. Il existe alors $\varepsilon > 0$ et une sous-suite $e_{m'}$ de e_m telle que $V\mu(e_{m'}) \geqq \varepsilon$. Si $V\nu(e_m) \to 0$, des $e_{m'}$, on peut extraire une sous-suite $e_{m''}$ telle que $\delta_{e_{m''}} \to 0$ ν-pp, donc μ-pp. Alors, par le théorème de Lebesgue, $V\mu(e_{m''}) \to 0$, ce qui est absurde.
Elle est suffisante.
En effet, soit e_0 ν-négligeable tel que $\bar{e}_0 \subset \Omega$. S'il n'est pas μ-négligeable, il contient e tel que $\mu(e) \neq 0$. En posant $e_m = e$, on a $V\nu(e_m) \to 0$, $e_m \subset e_0$, donc $|\mu(e)| = |\mu(e_m)| \to 0$, ce qui est absurde.
Enfin, les conditions (α) et (β) sont trivialement équivalentes.
b) *Si* $M \ll \lambda$, *chacune des conditions suivantes est équivalente à* $\mu \ll M$.
(α) *Quel que soit* e_0 *μ-intégrable et ν-intégrable pour tout* $\nu \in M$,

$$V\nu(e_m) \to 0,\ \forall \nu \in M,\ e_m \subset e_0 \Rightarrow V\mu(e_m) \text{ ou } \mu(e_m) \to 0$$

(β) *Quel que soit* e_0 *μ-intégrable et ν-intégrable pour tout* $\nu \in M$, *pour tout* $\varepsilon > 0$, *il existe* $\eta > 0$ *et* $\nu_1, \ldots, \nu_N \in M$ *tels que*

$$\sup_{i=1,\ldots,N} V\nu_i(e) \leqq \eta,\ e \subset e_0 \Rightarrow V\mu(e) \text{ ou } |\mu(e)| \leqq \varepsilon.$$

Supposons que $\{\nu_i : i=1, 2, \ldots\}$ soit fortement dense dans M. Soient $\nu_i^* \simeq \nu_i$ des mesures positives et telles que $\nu_i^*(\Omega) \leqq 2^{-i}$. On sait que la mesure

$$\mu^* = \sum_{i=1}^{\infty} \nu_i^*$$

est équivalente à M.

On va démontrer que les conditions (α) et (β) sont nécessaires pour que $\mu \ll M$ dans le cas où $\mu = \mu^*$. Il suffira alors d'appliquer a) pour passer au cas général.

La condition (β) est nécessaire. Pour $\varepsilon > 0$ arbitraire, fixons N tel que

$$\sum_{i=N+1}^{\infty} \nu_i^*(\Omega) \leqq \varepsilon/2.$$

Vu a), pour tout $i \leqq N$, il existe η_i tel que

$$V\nu_i(e) \leqq \eta_i, \; e \subset e_0 \Rightarrow \nu_i^*(e) \leqq \varepsilon/(2N).$$

Alors, si $\eta = \inf(\eta_1, \ldots, \eta_N)$, il vient

$$\sup_{i \leqq N} V\nu_i(e) \leqq \eta, \; e \subset e_0 \Rightarrow \mu^*(e) \leqq \sum_{i=1}^{N} \nu_i^*(e) + \sum_{i=N+1}^{\infty} \nu_i^*(\Omega) \leqq \varepsilon.$$

Raisonnement analogue pour (α).

Prouvons à présent que (α) et (β) sont des conditions suffisantes. Il est trivial que (β) entraîne (α). Il reste à établir que (α) est suffisant.

Soit e_0 borné et tel que $\bar{e}_0 \subset \Omega$. Supposons e_0 ν-négligeable pour tout $\nu \in M$ et prouvons qu'il est μ-négligeable. On ne peut pas a priori supposer e_0 borélien. On va lui substituer un ensemble borélien qui le contient et qui est μ-négligeable.

Soit $\nu_i \in M$ une suite telle que $M \simeq \{\nu_i : i=1, 2, \ldots\}$. Pour tout i, il existe $e^{(i)}$ borélien ν_i-négligeable contenant e. Alors $e' = \bigcap_{i=1}^{\infty} e^{(i)}$ est borélien et ν_i-négligeable pour tout i, donc il est ν-négligeable pour tout $\nu \in M$. De plus, quitte à lui substituer $\bar{e}_0 \cap e$, on peut supposer que e est borné et que $\bar{e} \subset \Omega$, donc que e est μ-intégrable.

Si e n'est pas μ-négligeable, il contient e' tel que $\mu(e') \neq 0$. Or, si on pose $e_m = e'$ pour tout m,

$$V\nu(e_m) = 0, \; \forall \nu \in M, \; e_m \subset e,$$

d'où

$$\mu(e') = \mu(e_m) \to 0,$$

ce qui est absurde.

EXERCICE

Si $\mu \ll \nu$ et si les f_m sont ν-mesurables et tels que $|f_m| \leq F$, où F est μ- et ν-intégrable, alors

$$\int |f_m| \, dV\nu \to 0 \Rightarrow \int |f_m| \, dV\mu \to 0.$$

Suggestion. Procéder comme dans la démonstration de la nécessité de (α), dans a) ci-dessus.

45. — Voici encore quelques précisions utiles sur la mesurabilité par rapport à $\mu \in M$.

a) *Si $M \ll \lambda$, toute fonction μ-mesurable pour tout $\mu \in M$ est égale à une fonction borélienne sauf aux points d'un ensemble e μ-négligeable pour tout $\mu \in M$.*

Vu e), p. 225, il existe une suite $\mu_i \in M$ telle que $M \simeq \{\mu_i \colon i = 1, 2, \dots\}$.

Soit f μ-mesurable pour tout $\mu \in M$. Pour tout i, il existe e_i borélien tel que $\Omega \setminus e_i$ soit μ_i-négligeable et $f\delta_{e_i}$ soit borélien (cf. b), p. 122).

Posons alors

$$f' = f\delta_{e_1} + f\delta_{e_2 \setminus e_1} + f\delta_{e_3 \setminus (e_1 \cup e_2)} + \cdots.$$

Comme $f\delta_{e_i}$ et $\delta_{e_1 \cup \dots \cup e_{i-1}}$ sont boréliens, $f\delta_{e_i \setminus (e_1 \cup \dots \cup e_{i-1})}$ est borélien et f' est borélien. Or $f = f'$ sauf aux points de

$$\bigcap_{i=1}^{\infty} (\Omega \setminus e_i),$$

μ_i-négligeable pour tout i, donc μ-négligeable pour tout $\mu \in M$.

b) *Si $M \ll N \ll \lambda$, toute fonction ν-mesurable pour tout $\nu \in N$ est μ-mesurable pour tout $\mu \in M$.*

En particulier, si $M \simeq \lambda$, toute fonction λ-mesurable est μ-mesurable pour tout $\mu \in M$ et réciproquement.

De fait, si f est ν-mesurable pour tout $\nu \in N$, il existe f' borélien et e ν-négligeable pour tout $\nu \in N$ tel que $f = f'$ hors de e. Or e est aussi μ-négligeable pour tout $\mu \in M$, donc f est μ-mesurable pour tout $\mu \in M$.

46. — *Dans ce paragraphe, tous les ensembles considérés sont boréliens.*

Théorème d'absolue continuité uniforme

Soient μ_m une suite de mesures et e_0 un ensemble μ_m-intégrable pour tout m.

Si $\mu_m(e)$ converge pour tout $e \subset e_0$,

a) *pour toute suite $e_i \subset e_0$,*

$$V\mu_m(e_i) \to 0, \ \forall m \Rightarrow \sup_m V\mu_m(e_i) \to 0.$$

b) *pour tout* $\varepsilon > 0$, *il existe* $\eta > 0$ *et* N *entier tels que*

$$\sup_{m \leqq N} V\mu_m(e) \leqq \eta, \ e \subset e_0 \Rightarrow \sup_m V\mu_m(e) \leqq \varepsilon.$$

Voici une variante utile de a) et b).

Si ν *est tel que* $\{\mu_m : m = 1, 2, \ldots\} \simeq \nu$ *et que* e_0 *soit* ν*-intégrable, les conditions* a), b) *sont équivalentes aux suivantes:*

a′) *pour toute suite* $e_i \subset e_0$,

$$V\nu(e_i) \to 0 \Rightarrow \sup_m V\mu_m(e_i) \to 0.$$

b′) *pour tout* $\varepsilon > 0$, *il existe* $\eta > 0$ *tel que*

$$V\nu(e) \leqq \eta, \ e \subset e_0 \Rightarrow \sup_m V\mu_m(e) \leqq \varepsilon.$$

A. Réduisons d'abord l'énoncé.

Il est immédiat que b′) entraîne a′). De plus, vu b), p. 227, a′) entraîne a) et b′) entraîne b).

Il suffit donc d'établir b′). On peut même encore le simplifier en remplaçant $V\mu_m(e)$ par $|\mu_m(e)|$. En effet, on sait que

$$V\mu(e) \leqq 4 \sup_{e' \subset e} |\mu(e)|, \ \forall \mu.$$

Donc, si

$$V\nu(e) \leqq \eta, \ e \subset e_0 \Rightarrow \sup_m |\mu_m(e)| \leqq \varepsilon/4,$$

on a aussi

$$V\nu(e) \leqq \eta, \ e \subset e_0 \Rightarrow V\nu(e') \leqq \eta, \ \forall e' \subset e$$

$$\Rightarrow \sup_m \sup_{e' \subset e} |\mu_m(e')| \leqq \varepsilon/4$$

$$\Rightarrow \sup_m V\mu_m(e) \leqq \varepsilon.$$

B. On va établir que, pour tout $\varepsilon > 0$, il existe η et $k > 0$ tels que

$$V\nu(e) \leqq \eta, \ e \subset e_0 \Rightarrow \sup_{r, s \geqq k} |\mu_r(e) - \mu_s(e)| \leqq \varepsilon. \qquad (*)$$

On fixe alors η_0, k_0 tels que

$$V\nu(e) \leqq \eta_0, \ e \subset e_0 \Rightarrow \sup_{r, s \geqq k_0} |\mu_r(e) - \mu_s(e)| \leqq \varepsilon/2,$$

puis η_m, $m \leqq k_0$, tels que

$$V\nu(e) \leqq \eta_m, \ e \subset e_0 \Rightarrow |\mu_m(e)| \leqq \varepsilon/2,$$

ce qui est possible puisque $\mu_m \ll \nu$. On en tire, pour $\eta = \inf(\eta_0, \dots, \eta_{k_0})$,

$$V\nu(e) \leqq \eta,\ e \subset e_0 \Rightarrow \sup_m |\mu_m(e)| \leqq \varepsilon.$$

C. Pour établir la relation (*), raisonnons par l'absurde.

Si (*) n'a pas lieu, pour un certain $\varepsilon > 0$, quels que soient η et k, il existe $e \subset e_0$ et $r, s \geqq k$ tels que

$$V\nu(e) \leqq \eta$$

et que

$$|\mu_r(e) - \mu_s(e)| \geqq \varepsilon.$$

On détermine de proche en proche $e_k \subset e_0$, r_k, s_k entiers et $\eta_k > 0$ tels que

— $V\nu(e_k) \leqq \frac{1}{2}\eta_{k-1}$,

— $r_k > r_{k-1}$, $s_k > s_{k-1}$, $|(\mu_{r_k} - \mu_{s_k})(e_k)| \geqq \varepsilon$,

— $\eta_k \leqq \frac{1}{2}\eta_{k-1}$ et

$$V\nu(e) \leqq \eta_k,\ e \subset e_0 \Rightarrow V(\mu_{r_k} - \mu_{s_k})(e) \leqq \varepsilon/4.$$

Pour obtenir cette dernière relation, on utilise le fait que $\mu_{r_k} - \mu_{s_k} \ll \nu$. Pour $k = 1$, on omet les conditions qui font intervenir η_{k-1}, r_{k-1}, s_{k-1}. On a

$$\left|(\mu_{r_k} - \mu_{s_k})\left(\bigcup_{i=k+1}^{\infty} e_i\right)\right| \leqq V(\mu_{r_k} - \mu_{s_k})\left(\bigcup_{i=k+1}^{\infty} e_i\right) \leqq \varepsilon/4, \qquad (**)$$

car

$$V\nu\left(\bigcup_{i=k+1}^{\infty} e_i\right) \leqq \sum_{i=k+1}^{\infty} V\nu(e_i) \leqq \eta_k \sum_{i=1}^{\infty} \frac{1}{2^i} = \eta_k.$$

De là, si on pose $e_k' = e_k \setminus \left(\bigcup_{i=k+1}^{\infty} e_i\right)$, on a

$$|(\mu_{r_k} - \mu_{s_k})(e_k')| \geqq |(\mu_{r_k} - \mu_{s_k})(e_k)| - \left|(\mu_{r_k} - \mu_{s_k})\left(\bigcup_{i=k+1}^{\infty} e_i\right)\right| \geqq 3\varepsilon/4.$$

En outre, ces e_k' sont deux à deux disjoints.

On fixe alors de proche en proche une suite d'indices k_n tels que $k_1 = 1$ et

$$\left|(\mu_{r_{k_n}} - \mu_{s_{k_n}})\left(\bigcup_{i=1}^{n-1} e_{k_i}'\right)\right| \leqq \varepsilon/4.$$

C'est possible puisque, pour $k_1, \ldots, k_{n-1}$ fixés, la suite

$$\mu_m\left(\bigcup_{i=1}^{n-1} e'_{k_i}\right)$$

converge quand $m \to \infty$, par hypothèse.

Résumons les propriétés des e'_{k_n}: ils sont deux à deux disjoints et tels que

$$|(\mu_{r_{k_n}} - \mu_{s_{k_n}})(e'_{k_n})| \geqq 3\varepsilon/4,$$

$$\left|(\mu_{r_{k_n}} - \mu_{s_{k_n}})\left(\bigcup_{i=1}^{n-1} e'_{k_i}\right)\right| \leqq \varepsilon/4,$$

et

$$\left|(\mu_{r_{k_n}} - \mu_{s_{k_n}})\left(\bigcup_{i=n+1}^{\infty} e'_{k_i}\right)\right| \leqq V(\mu_{r_{k_n}} - \mu_{s_{k_n}})\left(\bigcup_{i=k_n+1}^{\infty} e_i\right) \leqq \varepsilon/4,$$

vu (**).

Si on pose $e = \bigcup_{n=1}^{\infty} e'_{k_n}$, il vient alors

$$|(\mu_{r_{k_n}} - \mu_{s_{k_n}})(e)|$$

$$\geqq |(\mu_{r_{k_n}} - \mu_{s_{k_n}})(e'_{k_n})| - \left|(\mu_{r_{k_n}} - \mu_{s_{k_n}})\left(\bigcup_{i=1}^{n-1} e'_{k_i}\right)\right| - \left|(\mu_{r_{k_n}} - \mu_{s_{k_n}})\left(\bigcup_{i=n+1}^{\infty} e'_{k_i}\right)\right| \geqq \varepsilon/4,$$

ce qui est absurde, puisque la suite $\mu_m(e)$ converge quand $m \to \infty$.

47. — Voici une conséquence remarquable du théorème d'absolue continuité uniforme.

Critère de bornation

Soient M un ensemble de mesures et e_0 un ensemble μ-intégrable pour tout $\mu \in M$.

Si

$$\sup_{\mu \in M} |\mu(e)| \leqq C(e), \quad \forall e \subset e_0,$$

alors

$$\sup_{\mu \in M} V\mu(e_0) < \infty.$$

Si $\{V\mu(e_0) : \mu \in M\}$ n'est pas borné, il existe une suite $\mu_m \in M$ telle que

$$V\mu_m(e_0) \geqq m^2, \ \forall m.$$

La suite $\mu'_m = (1/m)\mu_m$ est telle que $\mu'_m(e) \to 0$ pour tout $e \subset e_0$.

Dès lors, si ν est équivalent à $\{\mu'_m : m = 1, 2, \ldots\}$ et est borné, par le théorème d'absolue continuité uniforme, il existe $\eta > 0$ tel que

$$V\nu(e) \leqq \eta, e \subset e_0 \Rightarrow \sup_m V\mu'_m(e) \leqq 1.$$

Vu c), p. 208, e_0 se partitionne en un nombre fini de points x_i, $(i \leqq N)$, et un nombre fini d'ensembles e_j, $(j \leqq N')$, tels que $V\mu(e_j) \leqq \eta$. On a alors

$$V\mu'_m(e_0) = \sum_{i=1}^{N} |\mu'_m(\{x_i\})| + \sum_{j=1}^{N'} V\mu'_m(e_j)$$

$$\leqq \sum_{i=1}^{N} \sup_{\mu \in M} |\mu(\{x_i\})| + N',$$

ce qui est absurde, puisque $V\mu'_m(e_0) \to \infty$.

Mesures faiblement convergentes

48. — Soient μ et μ_m, $m = 1, 2, \ldots$, des mesures dans Ω.

La suite μ_m *converge faiblement vers* μ si

$$\mu_m(e) \to \mu(e)$$

pour tout e borélien, borné et tel que $\bar{e} \subset \Omega$.

Elle est *faiblement de Cauchy* si $\mu_m(e)$ converge pour tout e borélien, borné et tel que $\bar{e} \subset \Omega$.

a) Critère de Cauchy pour la convergence faible

Si la suite μ_m est faiblement de Cauchy, elle converge faiblement vers une mesure μ. De plus,

$$V\mu(e) \leqq \sup_m V\mu_m(e) < \infty$$

pour tout e borélien, borné et tel que $\bar{e} \subset \Omega$.

Vu d), p. 224, cette mesure μ est alors telle que $\mu \ll \{\mu_m : m = 1, 2, \ldots\}$.

Posons

$$\mu(e) = \lim_m \mu_m(e)$$

pour tout e borélien, borné et tel que $\bar{e} \subset \Omega$.

La loi $\mu(e)$ est dénombrablement additive. De fait, si $e = \bigcup_{i=1}^{\infty} e_i$, les e_i étant boréliens et deux à deux disjoints, on a

$$V\mu_m\left(\bigcup_{i=N+1}^{\infty} e_i\right) \to 0, \ \forall m,$$

quand $N \to \infty$, d'où, par le théorème d'absolue continuité uniforme

$$\sup_m V\mu_m\left(\bigcup_{i=N+1}^{\infty} e_i\right) \to 0,$$

quand $N \to \infty$. Cela étant,

$$\left|\mu(e) - \sum_{i=1}^{N} \mu(e_i)\right| = \lim_m \left|\mu_m\left(\bigcup_{i=N+1}^{\infty} e_i\right)\right|$$

$$\leqq \sup_m V\mu_m\left(\bigcup_{i=N+1}^{\infty} e_i\right) \to 0$$

quand $N \to \infty$.

On conclut par a), p. 126, que la loi qui à tout I associe $\mu(I)$ est une mesure μ', telle que $\mu'(e) = \mu(e)$ pour tout e borélien borné et tel que $\bar{e} \subset \Omega$, ce qui établit la première partie de l'énoncé.

De plus, par le critère de bornation du paragraphe précédent, pour tout e borélien borné tel que $\bar{e} \subset \Omega$, on a

$$\sup_m V\mu_m(e) < \infty$$

et

$$V\mu(e) = \sup_{\mathscr{P}(e)} \sum_{e' \in \mathscr{P}(e)} |\mu(e')| \leqq \sup_m \sup_{\mathscr{P}(e)} \sum_{e' \in \mathscr{P}(e)} |\mu_m(e')| = \sup_m V\mu_m(e).$$

b) Voici une application utile du critère de Cauchy pour la convergence faible.

Soit f_m une suite de fonctions μ-intégrables [resp. *localement μ-intégrables*] *telle que*

$$\int_e f_m \, d\mu$$

converge pour tout e borélien [resp. *borélien, borné et tel que $\bar{e} \subset \Omega$*]. *Il existe f μ-intégrable* [resp. *localement μ-intégrable*] *tel que*

$$\int_e f_m \, d\mu \to \int_e f \, d\mu, \quad \forall e.$$

Considérons la suite $\mu_m = f_m \cdot \mu$. Elle est faiblement de Cauchy donc elle converge faiblement. Soit ν sa limite. On a $\nu \ll \{\mu_m \colon m = 1, 2, \ldots\} \ll \mu$, donc $\nu = f \cdot \mu$, où f est localement μ-intégrable.

Il reste à établir que f est μ-intégrable si les f_m le sont.

Par le critère de bornation p. 232, comme

$$\sup_m \left|\int_e f_m \, d\mu\right| < \infty$$

pour tout e borélien, on a

$$\sup_m \int |f_m| \, dV\mu < \infty.$$

Soit alors $Q_N \uparrow \Omega$. On a

$$\int_{Q_N} |f| \, dV\mu \leqq \sup_m \int_{Q_N} |f_m| \, dV\mu \leqq C, \ \forall N,$$

d'où, par le théorème de Levi, f est μ-intégrable.

c) *Si* μ_m *converge faiblement vers* μ,

— *tout ensemble* μ_m*-négligeable pour tout* m *est* μ*-négligeable,*

— *toute fonction* μ_m*-mesurable pour tout* m *est* μ*-mesurable.*

Pour le premier point, on note que si e est borélien, borné et μ_m-négligeable pour tout m, on a

$$V\mu(e) \leqq \sup_m V\mu_m(e) = 0,$$

donc e est μ-négligeable.

Le second est alors immédiat.

VI. INTÉGRATION DE FONCTIONS A VALEURS DANS UN ESPACE LINÉAIRE A SEMI-NORMES

Fonctions étagées

1. — Dans ce chapitre, on désigne par μ une mesure définie dans un ouvert $\Omega \subset E_n$ et par E un espace linéaire muni d'un système de semi-normes $\{p\}$.

On appelle *fonction étagée à valeurs dans* E, ou, plus succinctement *fonction étagée dans* E, toute fonction de la forme

$$\alpha(x) = \sum_{i=1}^{N} f_i \delta_{I_i}(x),$$

où les f_i sont des éléments de E, les I_i des semi-intervalles dans Ω et N un entier arbitraire.

Remarquons immédiatement qu'*on peut supposer les* I_i *deux à deux disjoints.*

Voici quelques propriétés des fonctions étagées dans E.

a) *Toute combinaison linéaire de fonctions étagées dans* E *est étagée dans* E.

b) *Pour toute fonction* $\alpha(x)$ *étagée dans* E, *tout* $\mathscr{T} \in E^*$ *et tout* $p \in \{p\}$, $\mathscr{T}[\alpha(x)]$ *et* $p[\alpha(x)]$ *sont étagés.*

Plus précisément, si

$$\alpha(x) = \sum_{(i)} f_i \delta_{I_i}(x),$$

on a

$$\mathscr{C}[\alpha(x)] = \sum_{(i)} \mathscr{C}(f_i)\delta_{I_i}(x)$$

et, si les I_i sont deux à deux disjoints,

$$p[\alpha(x)] = \sum_{(i)} p(f_i)\delta_{I_i}(x).$$

c) *Pour toute fonction $\alpha(x)$ étagée dans E et tout $T \in \mathscr{L}(E, F)$, $T\alpha(x)$ est étagé dans F.*

d) *Si $\mathscr{B}$ désigne une fonctionnelle bilinéaire de E, F dans G, quels que soient $\alpha(x)$ étagé dans E et $\beta(x)$ étagé dans F,*

$$\mathscr{B}[\alpha(x), \beta(x)]$$

est étagé dans G.

C'est immédiat.

Ce dernier théorème possède un certain nombre de cas particuliers utiles.

— *Si $\alpha(x)$ est étagé dans E et $\mathscr{C}_x$ étagé dans E^*, $\mathscr{C}_x[\alpha(x)]$ est étagé.*

— *Si $\alpha(x)$ est étagé dans E et T_x étagé dans $\mathscr{L}(E, F)$, $T_x\alpha(x)$ est étagé dans F.*

— *Si A est une algèbre de Banach, tout produit fini de fonctions étagées dans A est étagé dans A.*

Mesurabilité par semi-norme

2. — Une fonction $f(x)$ définie μ-pp dans Ω et à valeurs dans E est *μ-mesurable pour la semi-norme $p \in \{p\}$* s'il existe une suite $\alpha_m(x)$ de fonctions étagées dans E telle que

$$p[f(x) - \alpha_m(x)] \to 0 \ \ \mu\text{-pp},$$

ce qu'on note encore

$$\alpha_m(x) \underset{p}{\to} f(x) \ \ \mu\text{-pp}.$$

Une fonction $f(x)$ définie μ-pp dans Ω et à valeurs dans E est *μ-mesurable par semi-norme dans E* si elle est μ-mesurable pour tout $p \in \{p\}$. S'il n'y a pas d'ambiguïté possible, on dit plus simplement que $f(x)$ est *μ-mesurable par semi-norme*.

Evidemment *toute fonction étagée dans E est μ-mesurable par semi-norme.*

Si $f(x)$ est μ-mesurable pour p et si $q \leqq p$, $f(x)$ est μ-mesurable pour q.

De là, si $\{q\} \leqq \{p\}$ et si $f(x)$ est μ-mesurable par semi-norme dans $E_{\{p\}}$, il est μ-mesurable par semi-norme dans $E_{\{q\}}$.

C'est trivial.

Passons aux propriétés des fonctions μ-mesurables par semi-norme.

a) *Toute combinaison linéaire de fonctions μ-mesurables par semi-norme est μ-mesurable par semi-norme.*

C'est immédiat.

b) *Si $f(x)$ est μ-mesurable par semi-norme, pour tout $\mathscr{C} \in E^*$ et tout $p \in \{p\}$,*

$$\mathscr{C}[f(x)] \quad et \quad p[f(x)]$$

sont des fonctions μ-mesurables.

De fait, par exemple, si les $\alpha_m(x)$ sont étagés dans E et tels que

$$p[f(x) - \alpha_m(x)] \to 0 \ \mu\text{-pp},$$

on a

$$|p[f(x)] - p[\alpha_m(x)]| \leqq p[f(x) - \alpha_m(x)] \to 0 \ \mu\text{-pp},$$

d'où la thèse, car les $p[\alpha_m(x)]$ sont étagés.

c) *Si $f(x)$ est μ-mesurable par semi-norme dans E, pour tout $T \in \mathscr{L}(E, F)$, $Tf(x)$ est μ-mesurable par semi-norme dans F.*

De fait, si $q(Tf) \leqq Cp(f)$ et si $p[f(x) - \alpha_m(x)] \to 0$ μ-pp, les $\alpha_m(x)$ étant des fonctions étagées dans E, on a

$$q[Tf(x) - T\alpha_m(x)] \leqq Cp[f(x) - \alpha_m(x)] \to 0 \ \mu\text{-pp},$$

alors que $T\alpha_m(x)$ est étagé dans F.

d) *Si $\mathscr{B}$ est une fonctionnelle bilinéaire bornée de E, F dans G et si $f(x)$ à valeurs dans E et $g(x)$ à valeurs dans F sont μ-mesurables par semi-norme, alors $\mathscr{B}[f(x), g(x)]$ est μ-mesurable par semi-norme.*

De fait, soit r une semi-norme de G. Il existe une semi-norme p de E, une semi-norme q de F et $C > 0$ tels que

$$r[\mathscr{B}(f, g)] \leqq Cp(f)q(g), \ \forall f \in E, \ \forall g \in F.$$

Si

$$\alpha_m(x) \underset{p}{\to} f(x) \ \mu\text{-pp}$$

et si

$$\beta_m(x) \underset{q}{\to} g(x) \ \mu\text{-pp},$$

les $a_m(x)$ et $\beta_m(x)$ étant des fonctions étagées dans E et F respectivement, il vient

$$\mathscr{B}[\alpha_m(x), \beta_m(x)] \underset{r}{\to} \mathscr{B}[f(x), g(x)] \ \mu\text{-pp},$$

où les $\mathscr{B}[\alpha_m(x), \beta_m(x)]$ sont des fonctions étagées dans G.

EXERCICE

La fonction $f(x)$ est μ-mesurable pour p dans E si et seulement si, pour tout I dans Ω et tout $\varepsilon > 0$, il existe $\alpha(x)$ étagé dans E et e μ-mesurable contenu dans I tels que $V\mu(e) \leqq \varepsilon$ et

$$p[f(x) - \alpha(x)] \leqq \varepsilon, \quad \forall x \in I \setminus e.$$

Suggestion. Si $f(x)$ est μ-mesurable pour p, il existe $\alpha_m(x)$ étagés dans E tels que $p[f(x)-\alpha_m(x)]\to 0$ μ-pp. Vu le paragraphe 47, p. 109, $p[f(x)-\alpha_m(x)]$ tend vers 0 en μ-mesure, d'où la condition nécessaire.

Passons à la condition suffisante. Soient Q_m étagés, croissants et tels que tout I dans Ω appartienne à un Q_m. Il existe $\alpha_m(x)$ étagé dans E et e_m μ-mesurable contenu dans Q_m tels que $p[f(x)-\alpha_m(x)]\leqq 1/m$ dans $Q_m\setminus e_m$ et $V\mu(e_m)\leqq 1/m$. Alors $p[f(x)-\alpha_m(x)]$ tend vers 0 en μ-mesure et on peut en extraire une sous-suite qui tend vers 0 μ-pp.

3. — *Si les $f_m(x)$ sont μ-mesurables pour $p\in\{p\}$ et si $f(x)$, défini* μ-pp *dans Ω et à valeurs dans E, est tel que*

$$f_m(x)\underset{p}{\to} f(x) \quad \mu\text{-pp},$$

alors $f(x)$ est μ-mesurable pour p.

Soit $F(x)$ une fonction strictement positive et μ-intégrable, (cf. c), p. 60). Pour tout s fixé,

$$p[f_r(x)-f_s(x)]\to p[f(x)-f_s(x)] \ \mu\text{-pp},$$

si $r\to\infty$, d'où $p[f(x)-f_s(x)]$ est μ-mesurable.

En vertu du théorème de Lebesgue,

$$\int\frac{p[f(x)-f_m(x)]}{1+p[f(x)-f_m(x)]}F(x)\,dV\mu=\varepsilon_m\to 0$$

si $m\to\infty$.

Chaque $f_m(x)$ étant μ-mesurable pour p, pour tout m, il existe une suite $\alpha_k^{(m)}(x)$ de fonctions étagées dans E telle que

$$\alpha_k^{(m)}(x)\underset{p}{\to} f_m(x) \quad \mu\text{-pp}$$

quand $k\to\infty$. En raisonnant comme ci-dessus, pour tout m, on peut déterminer une fonction α_m étagée dans E telle que

$$\int\frac{p[f_m(x)-\alpha_m(x)]}{1+p[f_m(x)-\alpha_m(x)]}F(x)\,dV\mu\leqq 1/m.$$

Dès lors, comme la fonction $x/(1+x)=1/(1+1/x)$ est croissante pour $x>0$, il vient

$$\int\frac{p[f(x)-\alpha_m(x)]}{1+p[f(x)-\alpha_m(x)]}F(x)\,dV\mu\leqq\varepsilon_m+1/m\to 0$$

si $m\to\infty$.

On peut alors extraire de la suite des intégrands, une sous-suite qui converge μ-pp vers 0. On obtient ainsi une sous-suite $\alpha_{m'}$ telle que

$$p[f(x)-\alpha_{m'}(x)]\to 0 \ \mu\text{-pp},$$

d'où la conclusion.

On a les corollaires suivants.

a) *Toute limite* μ-pp *de fonctions* μ*-mesurables par semi-norme est* μ*-mesurable par semi-norme.*

b) *Si* $\varphi(x)$ *est* μ*-mesurable* (dans **C**) *et si* $f(x)$ *est* μ*-mesurable par semi-norme, alors* $\varphi(x)f(x)$ *est* μ*-mesurable par semi-norme.*

Soit p une semi-norme de E.

Il existe une suite $\alpha_m(x)$ de fonctions étagées dans E telles que

$$\alpha_m(x) \underset{p}{\to} f(x) \quad \mu\text{-pp}.$$

De même, il existe une suite de fonctions étagées $\beta_m(x)$ qui converge μ-pp vers $\varphi(x)$.

Dès lors, comme

$$p[\varphi(x)f(x)-\beta_m(x)\alpha_m(x)] \leqq |\varphi(x)|\, p[f(x)-\alpha_m(x)]$$
$$+|\varphi(x)-\beta_m(x)|\, p[f(x)-\alpha_m(x)]+|\varphi(x)-\beta_m(x)|\, p[f(x)]$$

et que la majorante tend vers 0 μ-pp, $\varphi(x)f(x)$ est μ-mesurable pour p car, pour tout m, $\beta_m(x)\alpha_m(x)$ est étagé dans E.

c) *Soit* $f(x)$ *une fonction définie* μ-pp *dans* Ω *et à valeurs dans* E *et soit* e_i *une suite d'ensembles* μ*-mesurables, contenus dans* Ω *dont l'union est* Ω.

Si $f(x)\delta_{e_i}(x)$ *est* μ*-mesurable par semi-norme pour tout* i, *alors* $f(x)$ *est* μ*-mesurable par semi-norme.*

De fait,

$$f(x)\delta_{\bigcup_{i=1}^{N} e_i}(x)$$

est μ-mesurable par semi-norme quel que soit N, car il peut s'exprimer sous la forme

$$f(x)\delta_{e_1}(x)+f(x)\delta_{e_2\setminus e_1}(x)+\cdots+f(x)\delta_{e_N\setminus\bigcup_{i=1}^{N-1} e_i},$$

où les fonctions considérées sont μ-mesurables par semi-norme, vu b).

De plus,

$$f(x)=\lim_N f(x)\delta_{\bigcup_{i=1}^{N} e_i}(x) \quad \mu\text{-pp},$$

d'où la conclusion.

d) *Toute fonction à valeurs dans* E *et continue* μ-pp *dans un ensemble* μ*-mesurable* e *est* μ*-mesurable par semi-norme si on la prolonge par* 0 *dans* $\Omega\setminus e$.

Soit e' le sous-ensemble μ-négligeable de e où $f(x)$ n'est pas continu.

L'ensemble e étant μ-mesurable, il existe une suite d'ensembles Q_m étagés dans Ω tels que $\delta_{Q_m}\to\delta_e$ hors de e'' μ-négligeable. Soient

$$Q_m=\bigcup_{(k)} I_{m,k},$$

où on peut supposer les $I_{m,k}$ de diamètre inférieur à $1/m$, deux à deux disjoints et tels que $I_{m,k} \cap e \neq \emptyset$. Posons $\mathscr{E} = e' \cup e''$; $\mathscr{E}$ est un ensemble μ-négligeable.

Pour tous m, k, choisissons alors un point $x_{m,k} \in I_{m,k} \cap e$.

Les fonctions

$$\sum_{(k)} f(x_{m,k}) \delta_{I_{m,k}}(x)$$

sont étagées dans E et convergent μ-pp vers $f(x)\delta_e(x)$ car

— si $x \in e \setminus \mathscr{E}$, pour m assez grand, x appartient à un I_{m,k_x} et

$$\lim_m \sum_{(k)} f(x_{m,k}) \delta_{I_{m,k}}(x) = \lim_m f(x_{m,k_x}) = f(x),$$

— si $x \in \Omega \setminus (e \cup \mathscr{E})$, la limite est évidemment 0.

Dès lors, $f(x)\delta_e(x)$ est μ-mesurable par semi-norme.

4. — a) *Si $f(x)$ est μ-mesurable pour p, il existe un sous-espace linéaire L_p de E, séparable pour p, tel que $f(x) \in L_p$ μ-pp.*

Si E est à semi-normes dénombrables ou limite inductive stricte de tels espaces et si $f(x)$ est μ-mesurable par semi-norme, il existe même un sous-espace linéaire séparable $L \subset E$ tel que $f(x) \in L$ μ-pp.

Enfin, on peut supposer L et L_p fermés.

Si $f(x)$ est μ-mesurable pour p, il existe une suite de fonctions étagées dans E

$$\alpha_m(x) = \sum_{(i)} f_{i,m} \delta_{I_{i,m}}(x)$$

convergeant vers $f(x)$ pour p et pour μ-presque tout x.

Soient

$$L = \rangle f_{i,m} : i, m = 1, 2, \ldots \langle$$

et

$$L_p = \{f : \inf_{g \in L} p(f-g) = 0\}.$$

Visiblement, $f(x) \in L_p$ μ-pp. De plus, L_p est linéaire, séparable pour p et fermé.

Supposons à présent $f(x)$ μ-mesurable par semi-norme.

Si E est à semi-normes dénombrables, soit $\{p_m : m = 1, 2, \ldots\}$ son système de semi-normes; il suffit alors de prendre

$$L = \bigcap_{m=1}^{\infty} L_{p_m}.$$

Si E est limite inductive stricte d'espaces E_i à semi-normes dénombrables, soient $\{p_m^{(i)} : m = 1, 2, \ldots\}$ les systèmes de semi-normes des E_i, $(i = 1, 2, \ldots)$. La limite inductive étant stricte, pour tous i, m, il existe une semi-norme

$\pi_m^{(i)}$ de E telle que $\pi_m^{(i)} \geqq p_m^{(i)}$ dans E_i. Il existe alors un sous-espace linéaire L de E, séparable pour les semi-normes $\pi_m^{(i)}$ et tel que $f(x) \in L$ μ-pp.

Au total, pour tout i, $L \cap E_i$ est séparable dans E_i, donc L est séparable dans E.

b) *Si $f(x)$ est μ-mesurable pour p* (resp. *par semi-norme*) *dans E et si $f(x) \in A$ μ-pp, où A est un ensemble arbitraire de E, alors il existe une suite $\alpha_m(x)$ de fonctions étagées dans E telles que $\alpha_m(x) \in A$ pour tout x et tout m et que*

$$\alpha_m(x) \underset{p}{\rightarrow} f(x) \quad \mu\text{-pp}.$$

En particulier, si $f(x) \in L$ μ-pp où L est un sous-espace linéaire de E, $f(x)$ est μ-mesurable pour p [resp. *par semi-norme*] *dans L.*

Il suffit de traiter le cas où $f(x)$ est μ-mesurable pour p.

Il existe alors une suite de fonctions étagées telles que

$$p[f(x) - \sum_{(i)} f_{i,m} \delta_{I_{i,m}}(x)] \rightarrow 0 \quad \mu\text{-pp},$$

quand $m \rightarrow \infty$. Remarquons que, pour chaque m, on peut supposer les $I_{i,m}$ deux à deux disjoints et non μ-négligeables.

Pour tous i, m, il existe $g_{i,m} \in A$ tel que

$$p(f_{i,m} - g_{i,m}) \leqq \inf_{x \in I_{i,m}} p[f(x) - f_{i,m}] + 1/m.$$

De fait, comme $f(x) \in A$ μ-pp, on a

$$\{f(x) : x \in I_{i,m}\} \cap A \neq \emptyset.$$

Il vient alors

$$p[f(x) - \sum_{(i)} g_{i,m} \delta_{I_{i,m}}(x)] \leqq 2p[f(x) - \sum_{(i)} f_{i,m} \delta_{I_{i,m}}(x)] + 1/m \rightarrow 0$$

si $m \rightarrow \infty$, d'où la conclusion.

EXERCICE

Soit $f(x)$ μ-mesurable par semi-norme dans $E_{\{p\}}$ et tel que $f(x) \in A$ μ-pp. Si $\{q\} \leqq \{p\}$ uniformément dans A, alors $f(x)$ est μ-mesurable par semi-norme dans $E_{\{q\}}$.

Suggestion. Vu l'ex. p. 237, il suffit de prouver que, pour $q \in \{q\}$, I dans Ω et $\varepsilon > 0$ fixés, il existe $\alpha(x)$ étagé dans E et e μ-mesurable contenu dans I tels que $V\mu(e) \leqq \varepsilon$ et

$$q[f(x) - \alpha(x)] \leqq \varepsilon, \quad \forall x \in I \setminus e.$$

Soient p et $\eta > 0$ tels que

$$\left.\begin{array}{l} p(f-g) \leqq \eta \\ f, g \in A \end{array}\right\} \Rightarrow q(f-g) \leqq \varepsilon.$$

Vu l'ex. p. 237, il existe $\alpha(x)$ étagé dans E et e tels que $V\mu(e) \leqq \varepsilon$ et

$$p[f(x)-\alpha(x)] \leqq \eta/3, \quad \forall x \in I \setminus e.$$

En procédant comme dans b) ci-dessus, on prouve qu'il existe $\alpha'(x)$ étagé dans E tel que $\alpha'(x) \in A$ pour tout x et

$$p[f(x)-\alpha'(x)] \leqq \eta, \quad \forall x \in I \setminus e.$$

D'où la conclusion.

5. — Examinons les propriétés concernant la μ-mesurabilité des images inverses d'ensembles de E par une fonction μ-mesurable par semi-norme.

Soit $f(x)$ une fonction définie μ-pp dans Ω et à valeurs dans E. Pour tout ensemble $e \subset E$, on appelle *image inverse de e par f* et on note $f_{-1}(e)$ l'ensemble

$$\{x \in \Omega : f(x) \in e\}.$$

a) *Soit $\mathscr{E}$ un ensemble d'ensembles de E tels que $f_{-1}(e)$ soit μ-mesurable pour tout f μ-mesurable par semi-norme dans E et tout $e \in \mathscr{E}$ et soit $\mathscr{E}^*$ le plus petit ensemble d'ensembles de E qui contienne $\mathscr{E}$ ainsi que le complémentaire et les unions et intersections dénombrables de ses éléments.*

Si $f(x)$ est μ-mesurable par semi-norme dans E et si $e \in \mathscr{E}^*$, $f_{-1}(e)$ est μ-mesurable.

Soit $\mathscr{E}'$ l'ensemble des $e \subset E$ tels que $f_{-1}(e)$ soit μ-mesurable. Par hypothèse, $\mathscr{E}'$ contient $\mathscr{E}$. De plus, il contient le complémentaire et les unions et intersections dénombrables de ses éléments. Donc il contient $\mathscr{E}^*$.

b) *Soit $f(x)$ une fonction μ-mesurable par semi-norme.*

L'image inverse par $f(x)$ de toute semi-boule de E (ouverte ou fermée) est μ-mesurable.

En particulier, l'image inverse par $f(x)$ de tout ouvert absolument convexe ou de tout fermé absolument convexe et d'intérieur non vide est μ-mesurable.

De fait, comme $f_0\delta_\Omega$ est μ-mesurable par semi-norme pour tout $f_0 \in E$,

$$f_{-1}[b_p(f_0, r)] = \left\{x : p[f(x)-f_0] \left\{\begin{matrix} < \\ \leqq \end{matrix}\right\} r\right\}$$

est visiblement μ-mesurable.

Pour ω, ouvert absolument convexe (resp. pour F fermé absolument convexe d'intérieur non vide), on note qu'il existe une semi-norme π, plus faible que les semi-normes naturelles, telle que

$$\omega = \{f : \pi(f) < 1\} \quad (\text{resp. } F = \{f : \pi(f) \leqq 1\}).$$

c) *Si E est à semi-normes dénombrables ou limite inductive hyperstricte de tels espaces et si $f(x)$ est μ-mesurable par semi-norme, l'image inverse par $f(x)$ de tout ouvert ou de tout fermé de E est μ-mesurable.*

Il suffit d'établir le théorème dans le cas d'un ouvert, celui des fermés s'obtenant immédiatement par passage au complémentaire.

Supposons d'abord E à semi-normes dénombrables.

Quitte à lui substituer un sous-espace linéaire séparable contenant $f(x)$ μ-pp, on peut le supposer séparable.

Démontrons que tout ouvert de E est union dénombrable de semi-boules ouvertes de E. On conclut alors en appliquant a) et b).

Soient p_m, $(m=1, 2, \ldots)$, les semi-normes de E et soit $\{f_i: i=1, 2, \ldots\}$ un ensemble dénombrable dense dans E. Désignons par $b_{i,j,k}$ les semi-boules ouvertes $f_i + b_{p_j}(1/k)$. On voit sans peine que tout ouvert de E est l'union des $b_{i,j,k}$ qu'il contient, d'où la conclusion.

Supposons E limite inductive hyperstricte d'espaces E_i à semi-normes dénombrables.

Ici encore, il existe un sous-espace linéaire fermé et séparable L de E tel que $f(x) \in L$ μ-pp.

Il suffit d'établir que l'image inverse de chaque $L \cap E_i$ est μ-mesurable.

En effet, pour tout ouvert $\omega \subset E$, on a alors

$$f_{-1}(\omega) = \bigcup_{i=1}^{\infty} f_{-1}(\omega \cap L \cap E_i),$$

où les ensembles du second membre sont μ-mesurables en vertu de la première partie de l'énoncé.

Si on munit L des semi-normes de la limite inductive des $L \cap E_i$, vu I, a), p. 230, tout ensemble contenu dans son dual est s-séparable. C'est vrai a fortiori pour tout sous-ensemble du dual de L muni des semi-normes induites par E, puisque ce dual est un sous-espace du précédent. Or, chaque $L \cap E_i$ étant fermé dans ce dernier espace, on a

$$L \cap E_i = (L \cap E_i)^{\Delta\nabla} = \{f: \mathscr{C}_m(f) = 0, \quad m=1, 2, \ldots\},$$

où $\{\mathscr{C}_m: m=1, 2, \ldots\}$ est une suite s-dense dans $(L \cap E_i)^{\Delta}$. De là,

$$\{x: f(x) \in L \cap E_i\} = \bigcap_{m=1}^{\infty} \{x: \mathscr{C}_m[f(x)] = 0\},$$

où le second membre est μ-mesurable, puisque $f(x)$ est μ-mesurable par semi-norme dans L.

6. — a) Voici une importante propriété d'approximation des fonctions μ-mesurables par semi-norme.

Si $f(x)$ est μ-mesurable pour p et si $p[f(x)]$ est μ-intégrable, pour tout $\varepsilon > 0$, il existe $\alpha(x)$ étagé dans E tel que

$$\int p[f(x)-\alpha(x)]\,dV\mu \leqq \varepsilon.$$

Soit $F(x)$ une fonction μ-intégrable et strictement positive.

Comme $f(x)$ est μ-mesurable pour p, il existe une suite $\alpha_m(x)$ de fonctions étagées dans E telle que

$$p[f(x)-\alpha_m(x)] \to 0 \quad \mu\text{-pp},$$

quand $m \to \infty$.

Dès lors, la suite

$$g_m = \alpha_m \delta_{\{x:\, p[\alpha_m(x)] \leqq p[f(x)]+F(x)\}}$$

est telle que

$$p[f(x)-g_m(x)] \to 0 \quad \mu\text{-pp}$$

et

$$p[f(x)-g_m(x)] \leqq 2p[f(x)]+F(x), \ \forall m.$$

Par le théorème de Lebesgue, on obtient donc

$$\int p[f(x)-g_m(x)]\,dV\mu \leqq \varepsilon/2$$

pour m assez grand.

Alors, si

$$g_m(x) = \sum_{i=1}^{N} f_i \delta_{I_i \cap e}(x),$$

où e est un ensemble μ-mesurable et où les I_i sont deux à deux disjoints, on note qu'il existe des ensembles étagés dans Ω, $Q_i \subset I_i$, tels que

$$\int |\delta_{I_i \cap e} - \delta_{Q_i}|\,dV\mu \leqq \frac{\varepsilon}{2N[p(f_i)+1]}$$

(cf. p. 53) et qu'alors, la fonction étagée dans E

$$\alpha(x) = \sum_{i=1}^{N} f_i \delta_{Q_i}(x)$$

est telle que

$$\int p[f(x)-\alpha(x)]\,dV\mu \leqq \int p[f(x)-g_m(x)]\,dV\mu + \sum_{i=1}^{N} p(f_i) \int |\delta_{I_i \cap e} - \delta_{Q_i}|\,dV\mu \leqq \varepsilon.$$

b) Ce théorème admet un corollaire important.

Si E est à semi-normes dénombrables, si $f(x)$ est μ-mesurable par semi-norme et si $p_i[f(x)]$ est μ-intégrable pour toute semi-norme p_i de E, il existe une suite $\alpha_m(x)$ de fonctions étagées à valeurs dans E telle que

$$\int p_i[f(x)-\alpha_m(x)]\,dV\mu \to 0, \ \forall i,$$

quand $m \to \infty$.

Ce résultat est en fait un cas particulier du suivant.

Soient p_i une suite croissante de semi-normes de E et μ_i une suite de mesures telles que $V\mu_i \leqq V\mu_{i+1}$ pour tout i.

Si $f(x)$ est une fonction μ_i-mesurable pour p_i et si $p_i[f(x)]$ est μ_i-intégrable pour tout i, il existe une suite $\alpha_m(x)$ de fonctions étagées à valeurs dans E telle que

$$\int p_i[f(x)-\alpha_m(x)]\,dV\mu_i \to 0, \quad \forall i,$$

quand $m \to \infty$.

Il suffit de prendre pour $\alpha_m(x)$ une fonction étagée à valeurs dans E telle que

$$\int p_m[f(x)-\alpha_m(x)]\,dV\mu_m \leqq 1/m.$$

7. — Voici un théorème analogue à a), p. 243.

* *Si $f(x)$ est μ-mesurable pour p et si $p^2[f(x)]$ est μ-intégrable, pour tout $\varepsilon > 0$, il existe $\alpha(x)$ étagé dans E tel que*

$$\int p^2[f(x)-\alpha(x)]\,dV\mu \leqq \varepsilon.$$

Procédons comme dans la démonstration de a), p. 243, avec les fonctions

$$g_m = \alpha_m \delta_{\{x: p^2[\alpha_m(x)] \leqq p^2[f(x)]+F(x)\}},$$

telles que

$$p^2[f(x)-g_m(x)] \leqq 2p^2[f(x)]+2p^2[g_m(x)]$$
$$\leqq 4p^2[f(x)]+2F(x), \quad \forall m.$$

On obtient que, pour m assez grand,

$$\int p^2[f(x)-g_m(x)]\,dV\mu \leqq \varepsilon/4.$$

Adoptons pour g_m les notations de a), p. 243. Il existe des ensembles étagés dans Ω, $Q_i \subset I_i$ tels que

$$\left(\int |\delta_{I_i \cap e}-\delta_{Q_i}|\,dV\mu\right)^{1/2} \leqq \frac{\varepsilon^{1/2}}{2N[p(f_i)+1]}.$$

Au total, la fonction $\alpha(x) = \sum_{i=1}^{N} f_i \delta_{Q_i}(x)$ est étagée dans E et telle que

$$\left(\int p^2[f(x)-\alpha(x)]\,dV\mu\right)^{1/2}$$

$$\leqq \left(\int p^2[f(x)-g_m(x)]\,dV\mu\right)^{1/2} + \sum_{i=1}^{N} p(f_i)\left(\int |\delta_{I_i \cap e}-\delta_{Q_i}|\,dV\mu\right)^{1/2} \leqq \varepsilon^{1/2},$$

la première inégalité résultant de ce que

$$\left(\int p^2[\cdot]\, dV\mu\right)^{1/2}$$

est une semi-norme dans l'espace des fonctions f μ-mesurables pour p et telles que $p^2[f]$ soit μ-intégrable.

EXERCICES

Une fonction $f(x)$ définie μ-pp dans Ω et à valeurs dans E est *μ-mesurable dans E* s'il existe une suite de fonctions étagées $\alpha_m(x)$ telles que $\alpha_m(x) \to f(x)$ μ-pp.

1. — Toute fonction μ-mesurable dans E est μ-mesurable par semi-norme.

2. — a) Toute combinaison linéaire de fonctions μ-mesurables dans E est μ-mesurable dans E.

b) Si $f(x)$ est une fonction μ-mesurable dans E, pour tout $\mathscr{C} \in E^*$ et tout $p \in \{p\}$, $\mathscr{C}[f(x)]$ et $p[f(x)]$ sont μ-mesurables.

c) Si $f(x)$ est une fonction μ-mesurable dans E, pour tout $T \in \mathscr{L}(E, F)$, $Tf(x)$ est μ-mesurable dans F.

d) Si $\mathscr{B}$ est une fonctionnelle linéaire bornée de E, F dans G et si $f(x)$ et $g(x)$ sont des fonctions μ-mesurables dans E et F respectivement, $\mathscr{B}[f(x), g(x)]$ est μ-mesurable dans G.

3. — Si $\varphi(x)$ est μ-mesurable (dans **C**) et si $f(x)$ est μ-mesurable dans E, $\varphi(x)f(x)$ est μ-mesurable dans E.

4. — Soit $f(x)$ une fonction définie μ-pp et à valeurs dans E. Si les $e_i \subset \Omega$ sont des ensembles μ-mesurables dont l'union est Ω et si $f(x)\delta_{e_i}(x)$ est μ-mesurable dans E pour tout i, alors $f(x)$ est μ-mesurable dans E.

Suggestion. On peut supposer les e_i deux à deux disjoints: il suffit de leur substituer les ensembles

$$e_1, \quad e_2 \setminus e_1, \quad e_3 \setminus (e_1 \cup e_2), \ldots$$

et d'appliquer l'ex. 3.

Cela étant, pour tout i, soit $Q_{i,m}$ étagé tel que

$$\int |\delta_{Q_{i,m}} - \delta_{e_i}|\, dV\mu \leqq 2^{-i-m}.$$

Si on pose $\mathscr{E}_{i,m} = \{x : |\delta_{Q_{i,m}} - \delta_{e_i}| = 1\}$, on a $\delta_{Q_{i,m}} = \delta_{e_i}$ hors de $\mathscr{E}_{i,m}$ et $V\mu(\mathscr{E}_{i,m}) \leqq 2^{-i-m}$. Soit

$$\mathscr{E}_0 = \bigcap_{M=1}^{\infty} \left(\bigcup_{i=1}^{\infty} \bigcup_{m=M}^{\infty} \mathscr{E}_{i,m} \right).$$

Les ensembles entre parenthèses sont μ-intégrables et leur $V\mu$-mesure est inférieure à 2^{-M+1}, donc $\mathscr{E}_0$ est μ-négligeable.

Soient alors $\alpha_{i,m}(x)$ étagés dans E tels que

$$\alpha_{i,m}(x) \to f(x)\,\delta_{e_i}(x)$$

hors de $\mathscr{E}_i$ μ-négligeable. On a

$$\sum_{i=1}^{m} \alpha_{i,m}(x)\,\delta_{Q_{i,m}}(x) \to f(x) \quad \mu\text{-pp}.$$

En effet, si $x \notin \bigcup_{i=0}^{\infty} \mathscr{E}_i$, pour au moins un M,

$$x \notin \bigcup_{i=1}^{\infty} \bigcup_{m=M}^{\infty} \mathscr{E}_{i,m},$$

donc

$$\delta_{e_i}(x) = \delta_{Q_{i,m}}(x), \quad \forall m \geqq M, \quad \forall i.$$

Si $x \in e_{i_0}$, il vient alors, pour $m \geqq M$,

$$\sum_{i=1}^{m} \alpha_{i,m}(x) \delta_{Q_{i,m}}(x) = \sum_{i=1}^{m} \alpha_{i,m}(x) \delta_{e_i}(x) = \alpha_{i_0,m}(x) \to f(x),$$

puisque $x \notin \mathscr{E}_{i_0}$.

5. — Toute fonction à valeurs dans E et continue μ-pp dans un ensemble μ-mesurable e est μ-mesurable dans E si on la prolonge par 0 dans $\Omega \setminus e$.

6. — Si E est à semi-normes dénombrables ou limite inductive hyperstricte de tels espaces, toute fonction μ-mesurable par semi-norme dans E est μ-mesurable dans E.

Suggestion. Soit E à semi-normes dénombrables. Avec les notations de la p. 238. pour tout m, il existe une fonction α_m étagée dans E telle que

$$\int \frac{p_m[f(x)-\alpha_m(x)]}{1+p_m[f(x)-\alpha_m(x)]} F(x)\, dV\mu \leqq \frac{1}{m}.$$

On peut alors extraire de la suite α_m une sous-suite $\alpha_{m'}$ telle que

$$p_{m'}[f(x)-\alpha_{m'}(x)] \to 0 \quad \mu\text{-pp},$$

donc telle que $\alpha_{m'}(x) \to f(x)$ μ-pp.

Si E est limite inductive hyperstricte des E_i, $\{x\colon f(x) \in E_i\}$ est μ-mesurable quel que soit i, d'où, vu l'ex. 4, $f(x)$ est μ-mesurable dans E.

7. — Si E est à semi-normes dénombrables et séparable et si $f(x)$ est μ-mesurable dans E, pour tout $\varepsilon > 0$, il existe e μ-intégrable tel que $V\mu(e) \leqq \varepsilon$ et que f soit continu dans $\Omega \setminus e$. On peut même supposer e ouvert.

Suggestion. Soient p_m, $(m=1, 2, \ldots)$, les semi-normes de E et soit $\{f_i\colon i=1, 2, \ldots\}$ un ensemble dénombrable dense dans E. Pour tous i, m, il existe $e_{i,m}$ μ-intégrable tel que $V\mu(e_{i,m}) \leqq \varepsilon 2^{-i-m}$ et que $p_m[f(x)-f_i]$ soit continu dans $\Omega \setminus e_{i,m}$. Alors $e = \bigcup_{i,m=1}^{\infty} e_{i,m}$ est μ-intégrable et tel que $V\mu(e) \leqq \varepsilon$. De plus, f est continu dans $\Omega \setminus e$. En effet, soient $x_0 \in \Omega \setminus e$, p_{m_0} et $\varepsilon_0 > 0$ fixés. Il existe f_{i_0} tel que $p_{m_0}[f(x_0)-f_{i_0}] \leqq \varepsilon_0/3$. Il existe alors η tel que

$$|p_{m_0}[f(x)-f_{i_0}] - p_{m_0}[f(x_0)-f_{i_0}]| \leqq \varepsilon_0/3$$

si $x \in \Omega \setminus e$ et $|x-x_0| \leqq \eta$. On a alors

$$p_{m_0}[f(x)-f(x_0)] \leqq p_{m_0}[f(x)-f_{i_0}] + p_{m_0}[f(x_0)-f_{i_0}] \leqq \varepsilon_0$$

si $x \in \Omega \setminus e$ et $|x-x_0| \leqq \eta$, d'où la conclusion.

Fonctions scalairement μ-mesurables

8. — Une fonction $f(x)$ définie μ-pp dans Ω et à valeurs dans E est *scalairement μ-mesurable* si $\mathscr{C}[f(x)]$ est μ-mesurable pour tout $\mathscr{C}\in E^*$.

Théorème de B. J. Pettis

Soit $f(x)$ une fonction définie μ-pp et à valeurs dans E.

Si E est séparable par semi-norme et si $p[f(x)-g]$ est μ-mesurable pour tout $g\in E$ et tout $p\in\{p\}$, alors $f(x)$ est μ-mesurable par semi-norme.

Soient f_i les éléments d'un ensemble dénombrable dense pour p dans E. Les ensembles

$$e_{i,m} = \{x: f(x)\in f_i + b_p(1/m)\} = \{x: p[f(x)-f_i] \leqq 1/m\}$$

sont μ-mesurables. Si on pose

$$e'_{1,m} = e_{1,m}$$

et

$$e'_{i,m} = e_{i,m} \setminus \bigcup_{j=1}^{i-1} e'_{j,m}, \quad \forall i > 1,$$

les fonctions

$$f_m(x) = \sum_{i=1}^{\infty} f_i \delta_{e'_{i,m}}(x)$$

sont μ-mesurables par semi-norme. De plus, si $m\to\infty$, elles convergent vers $f(x)$ pour p μ-pp, d'où la thèse.

Signalons deux corollaires utiles du théorème de Pettis.

a) *Si E est séparable par semi-norme, toute fonction à valeurs dans E scalairement μ-mesurable est μ-mesurable par semi-norme.*

En particulier, *les notions de μ-mesurabilité scalaire et de μ-mesurabilité par semi-norme dans E_a coïncident* car E_a est toujours séparable par semi-norme et son dual coïncide avec celui de E.

Comme E est séparable par semi-norme, pour tout p, il existe une suite $\mathscr{C}_i \in b_p^{\triangle}$ telle que

$$p(f) = \sup_i |\mathscr{C}_i(f)|, \quad \forall f\in E.$$

De là, si $f(x)$ est scalairement μ-mesurable, quel que soit $g\in E$,

$$p[f(x)-g] = \sup_i |\mathscr{C}_i[f(x)] - \mathscr{C}_i(g)|$$

est μ-mesurable, d'où la conclusion.

b) *Si E est à semi-normes dénombrables et séparable ou limite inductive hyperstricte de tels espaces et si $\mathscr{C}_x(f)$ est μ-mesurable pour tout $f\in E$, alors $\mathscr{C}_x$ est μ-mesurable par semi-norme dans E^*_{pc}.*

De fait, pour tout précompact K, il existe un ensemble $\{f_i\}$ dénombrable et dense dans K. Il vient alors

$$\sup_{f \in K} |\mathscr{C}_x(f) - \mathscr{C}(f)| = \sup_i |\mathscr{C}_x(f_i) - \mathscr{C}(f_i)|, \quad \forall \mathscr{C} \in E^*,$$

où le second membre est μ-mesurable.

De plus, E^*_{pc} est séparable par semi-norme, vu I, c), p. 248.

EXERCICE

Si E est à semi-normes dénombrables et séparable et si $\mathscr{C}_x(f)$ est μ-mesurable quel que soit $f \in E$, $\mathscr{C}_x$ est μ-mesurable dans E^*_{pc}.

Suggestion. Vu b) ci-dessus, $\mathscr{C}_x$ est μ-mesurable par semi-norme dans E^*_{pc}.

Posons $b_m = b_{p_m}(1/m)$, où p_m sont les semi-normes dénombrables de E. L'ensemble

$$e_m = \{x : \mathscr{C}_x \in b_m^\triangle\}$$

est μ-mesurable. En effet, si $\{f_i\colon i = 1, 2, \ldots\}$ est dense dans b_m,

$$e_m = \bigcap_{i=1}^{\infty} \{x : |\mathscr{C}_x(f_i)| \leqq 1\}.$$

Prouvons que, pour tout $m, \mathscr{C}_x \delta_{e_m}$ est μ-mesurable dans E^*_{pc}. On applique l'ex. 4, p. 246 pour conclure.

On a $\mathscr{C}_x \delta_{e_m} \in b_m^\triangle$ et, dans $b_m^\triangle$, les semi-normes de E^*_{pc} sont uniformément équivalentes aux semi-normes $\sup_{(i)} |\mathscr{C}(g_i)|$, où $\{g_i\colon i = 1, 2, \ldots\}$ désigne un ensemble dense dans E. Notons $E^*_{s,\text{dén}}$ l'espace E^* muni de ce système de semi-normes.

Par l'ex. p. 241, $\mathscr{C}_x \delta_{e_m}$ est μ-mesurable par semi-norme dans $E^*_{s,\text{dén}}$.

Par l'ex. 6, p. 247, il y est alors μ-mesurable; il est donc limite μ-pp d'une suite α_i de fonctions étagées et on voit sans peine qu'on peut supposer que $\alpha_i(x) \in b_m^\triangle$ pour tous x, i. Cette suite converge alors vers $\mathscr{C}_x \delta_{e_m}$ μ-pp dans E^*_{pc}, d'où la conclusion.

Fonctions μ-intégrables

9. — Si $\alpha(x)$ est une fonction étagée dans E, on appelle *μ-intégrale* de $\alpha(x)$ et on note

$$\int \alpha(x)\, d\mu,$$

l'élément

$$\sum_{(i)} \mu(I_i) f_i \in E,$$

si $\alpha(x) = \sum_{(i)} f_i \delta_{I_i}(x)$.

a) *Pour tout $\alpha(x)$, étagé dans E, tout $\mathscr{C} \in E^*$ et tout $p \in \{p\}$, $\mathscr{C}[\alpha(x)]$ et $p[\alpha(x)]$ sont μ-intégrables et on a*

$$\mathscr{C}\left[\int \alpha(x)\, d\mu\right] = \int \mathscr{C}[\alpha(x)]\, d\mu$$

et

$$p\left[\int \alpha(x)\, d\mu\right] \leqq \int p[\alpha(x)]\, dV\mu.$$

C'est immédiat car, par exemple, $p[\alpha(x)]$ est étagé, donc μ-intégrable, et

$$p\left[\int \sum_{(i)} f_i \delta_{I_i}(x)\, d\mu\right] = p\left[\sum_{(i)} \mu(I_i) f_i\right]$$

$$\leqq \sum_{(i)} p(f_i) V\mu(I_i) = \int p[f(x)]\, dV\mu,$$

si les I_i sont deux à deux disjoints.

b) *La μ-intégrale d'une combinaison linéaire de fonctions $\alpha_i(x)$ étagées dans E est la combinaison linéaire correspondante des μ-intégrales des $\alpha_i(x)$.*

10. — Une fonction $f(x)$ μ-mesurable par semi-norme dans E est *μ-intégrable* dans E, de *μ-intégrale* $h \in E$, si, pour tout $p \in \{p\}$ et tout $\varepsilon > 0$, il existe $\alpha_{p,\varepsilon}(x)$ étagé dans E, tel que

$$\int p[f(x) - \alpha_{p,\varepsilon}(x)]\, dV\mu \leqq \varepsilon$$

et

$$p\left[h - \int \alpha_{p,\varepsilon}(x)\, d\mu\right] \leqq \varepsilon.$$

Il est immédiat que, *si $f(x)$ est μ-intégrable dans $E_{\{p\}}$ et si $\{q\} \leqq \{p\}$, $f(x)$ est μ-intégrable dans $E_{\{q\}}$.*

11. — De la définition de l'intégrale découlent immédiatement les propriétés suivantes.

a) *Si $f(x)$ est μ-intégrable dans E, pour tout $\mathscr{C} \in E^*$, $\mathscr{C}[f(x)]$ est μ-intégrable et*

$$\int \mathscr{C}[f(x)]\, d\mu = \mathscr{C}\left[\int f(x)\, d\mu\right].$$

De même, pour tout $p \in \{p\}$, $p[f(x)]$ est μ-intégrable et

$$p\left[\int f(x)\, d\mu\right] \leqq \int p[f(x)]\, dV\mu.$$

En particulier, la μ-intégrale de $f(x)$ est unique.

Il existe $\alpha(x)$ étagé dans E tel que $p[f(x) - \alpha(x)]$ soit μ-intégrable. Or $p[f(x)]$ est μ-mesurable et

$$p[f(x)] \leqq p[f(x) - \alpha(x)] + p[\alpha(x)],$$

donc $p[f(x)]$ est μ-intégrable.

Cela étant, si

$$|\mathscr{C}(f)| \leqq Cp(f), \quad \forall f \in E,$$

on a

$$|\mathscr{C}[f(x)]| \leqq Cp[f(x)] \quad \mu\text{-pp},$$

d'où $\mathscr{C}[f(x)]$ est μ-intégrable. De plus, si $\alpha(x)$ est une fonction étagée dans E telle que

$$\int p[f(x)-\alpha(x)]\, dV\mu \leqq \varepsilon/(2C),$$

il vient

$$\left|\mathscr{C}\left[\int f(x)\, d\mu\right] - \int \mathscr{C}[f(x)]\, d\mu\right|$$

$$\leqq \int p[f(x)-\alpha(x)]\, dV\mu + \left|\mathscr{C}\left[\int f(x)\, d\mu\right] - \int \mathscr{C}[\alpha(x)]\, d\mu\right| \leqq \varepsilon,$$

d'où la conclusion.

Passons au cas de $p[f(x)]$. On sait qu'il est μ-intégrable.

De plus, si $\alpha(x)$ est étagé dans E et tel que

$$\int p[f(x)-\alpha(x)]\, dV\mu \leqq \varepsilon/2,$$

il vient

$$\begin{aligned} p\left[\int f(x)\, d\mu\right] &\leqq p\left[\int \alpha(x)\, d\mu\right] + \varepsilon/2 \\ &\leqq \int p[\alpha(x)]\, dV\mu + \varepsilon/2 \\ &\leqq \int p[f(x)]\, dV\mu + \varepsilon, \end{aligned}$$

d'où la thèse.

Enfin, si h et h' sont deux μ-intégrales de $f(x)$, $h-h'$ est une μ-intégrale de $f(x)-f(x) = 0$ et

$$p(h-h') \leqq \int p[f(x)-f(x)]\, dV\mu = 0, \ \forall p.$$

b) *Si* $f_1(x), \ldots, f_p(x)$ *sont* μ*-intégrables dans* E, $\sum_{i=1}^{p} c_i f_i(x)$ *est* μ*-intégrable dans* E *et*

$$\int \left[\sum_{i=1}^{p} c_i f_i(x)\right] d\mu = \sum_{i=1}^{p} c_i \int f_i(x)\, d\mu.$$

c) *Si* $f(x)$ *est* μ*-intégrable dans* E, *pour tout* $T \in \mathscr{L}(E, F)$, $Tf(x)$ *est* μ*-intégrable dans* F *et*

$$\int Tf(x)\, d\mu = T\left[\int f(x)\, d\mu\right].$$

C'est immédiat.

12. — *Si* Ω *est* μ*-intégrable et si* $f(x)$ *est* μ*-intégrable dans* E, *alors*

$$\int f(x)\, d\mu \in V\mu(\Omega)\overline{\langle\{f(x): x \in \Omega\}\rangle}.$$

Procédons par l'absurde.

Désignons le second membre par F. Si $\int f(x)\,d\mu$ n'appartient pas à F, il existe $\varepsilon > 0$ tel que

$$\frac{1}{1+\varepsilon}\int f(x)\,d\mu \notin F.$$

Il existe alors une semi-boule ouverte b telle que

$$\int f(x)\,d\mu \notin (1+\varepsilon)F+(1+\varepsilon)b=(1+\varepsilon)(F+b).$$

Notons alors que $F+b$ est un ouvert absolument convexe de E; il existe donc une semi-norme π plus faible que les semi-normes naturelles de E telle que cet ensemble soit la boule ouverte de centre 0 et de rayon 1 correspondant à π. On a donc

$$\pi\Big[\int f(x)\,d\mu\Big] \geqq 1+\varepsilon$$

et

$$\sup_{f\in F}\pi(f) \leqq 1.$$

Or, la fonction $\pi[f(x)]$ est μ-intégrable, d'où la contradiction

$$\pi\Big[\int f(x)\,d\mu\Big] \leqq \int \pi[f(x)]\,dV\mu$$

$$\leqq V\mu(\Omega)\sup_{x\in\Omega}\pi[f(x)] \leqq 1.$$

13. — Voici un critère essentiel de μ-intégrabilité.

La fonction μ-mesurable par semi-norme $f(x)$ est μ-intégrable, de μ-intégrale h si et seulement si

— $p[f(x)]$ est μ-intégrable, quel que soit $p\in\{p\}$,

— pour tout α étagé dans E et tout $p\in\{p\}$,

$$p\Big[h-\int\alpha(x)\,d\mu\Big] \leqq \int p[f(x)-\alpha(x)]\,dV\mu.$$

Démontrons d'abord la condition nécessaire.

Soient $p\in\{p\}$ et $\alpha(x)$ étagé dans E.

Visiblement, $f(x)-\alpha(x)$ est μ-intégrable, de μ-intégrale $h-\int\alpha(x)\,d\mu$.

Il existe donc, pour tout $\varepsilon>0$, une fonction $\alpha'(x)$ étagée dans E telle que

$$\int p[f(x)-\alpha(x)-\alpha'(x)]\,dV\mu \leqq \varepsilon/2 \quad \text{et} \quad p\Big[h-\int\alpha(x)\,d\mu-\int\alpha'(x)\,d\mu\Big] \leqq \varepsilon/2.$$

Or

$$p\Big[\int\alpha'(x)\,d\mu\Big] \leqq \int p[\alpha'(x)]\,dV\mu,$$

d'où

$$p\Big[h-\int\alpha(x)\,d\mu\Big] \leqq \int p[f(x)-\alpha(x)]\,dV\mu+\varepsilon$$

et, comme $\varepsilon > 0$ est arbitraire,

$$p\left[h - \int \alpha(x)\, d\mu\right] \leqq \int p[f(x) - \alpha(x)]\, dV\mu.$$

La condition suffisante résulte immédiatement de a), p. 243.

14. — Voici encore quelques critères utiles de μ-intégrabilité.

a) *Soit E à semi-normes représentables.*

Si $f(x)$ est μ-mesurable par semi-norme, si $p[f(x)]$ est μ-intégrable pour tout $p \in \{p\}$ et s'il existe $h \in E$ tel que

$$\int \mathscr{C}[f(x)]\, d\mu = \mathscr{C}(h), \quad \forall \mathscr{C} \in E^*.$$

alors $f(x)$ est μ-intégrable, de μ-intégrale h.

De fait, pour tout $\alpha(x)$ étagé dans E, on a

$$\int \mathscr{C}[f(x) - \alpha(x)]\, d\mu = \mathscr{C}\left[h - \int \alpha(x)\, d\mu\right], \quad \forall \mathscr{C} \in E^*.$$

De là,

$$\begin{aligned} p\left[h - \int \alpha(x)\, d\mu\right] &= \sup_{\mathscr{C} \in b_p^{\triangle}} \left|\mathscr{C}\left[h - \int \alpha(x)\, d\mu\right]\right| \\ &\leqq \sup_{\mathscr{C} \in b_p^{\triangle}} \int |\mathscr{C}[f(x) - \alpha(x)]|\, dV\mu \\ &\leqq \int p[f(x) - \alpha(x)]\, dV\mu. \end{aligned}$$

D'où la conclusion, par le paragraphe précédent.

b) *Si $f(x)$ est μ-mesurable par semi-norme et s'il existe $h \in E$ tel que, pour tous $p \in \{p\}$ et $\varepsilon > 0$, il existe une fonction μ-intégrable $g(x)$ telle que*

$$p\left[h - \int g(x)\, d\mu\right] \leqq \varepsilon \quad \textit{et} \quad \int p[f(x) - g(x)]\, dV\mu \leqq \varepsilon,$$

alors $f(x)$ est μ-intégrable, de μ-intégrale h.

C'est immédiat: pour p et $\varepsilon > 0$ arbitraires, il existe successivement $g(x)$ μ-intégrable et $\alpha(x)$ étagé dans E tels que

$$p\left[h - \int g(x)\, d\mu\right] \leqq \varepsilon/2, \quad \int p[f(x) - g(x)]\, dV\mu \leqq \varepsilon/2$$

et

$$p\left[\int g(x)\, d\mu - \int \alpha(x)\, d\mu\right] \leqq \varepsilon/2, \quad \int p[g(x) - \alpha(x)]\, dV\mu \leqq \varepsilon/2,$$

d'où

$$p\left[h - \int \alpha(x)\, d\mu\right] \leqq \varepsilon \quad \text{et} \quad \int p[f(x) - \alpha(x)]\, dV\mu \leqq \varepsilon.$$

c) *Si E est de Fréchet, toute fonction $f(x)$, μ-mesurable par semi-norme et telle que $p[f(x)]$ soit μ-intégrable pour tout $p \in \{p\}$ est μ-intégrable.*

Soient p_m les semi-normes de E. Vu a), p. 243, pour tout m, il existe $\alpha_m(x)$ étagé dans E tel que

$$\int p_m[f(x)-\alpha_m(x)]\,dV\mu \leqq 1/m.$$

Il vient alors, pour $r, s \geqq k$,

$$p_k\Big[\int \alpha_r(x)\,d\mu - \int \alpha_s(x)\,d\mu\Big] \leqq \int p_k[\alpha_r(x)-\alpha_s(x)]\,dV\mu$$

$$\leqq \int p_r[f(x)-\alpha_r(x)]\,dV\mu + \int p_s[f(x)-\alpha_s(x)]\,dV\mu \to 0$$

si $\inf(r, s)\to\infty$. La suite $\int \alpha_m(x)\,d\mu$ est donc de Cauchy dans E. Soit h sa limite. Pour tout $\alpha(x)$ étagé dans E, on a

$$p\Big[\int \alpha_m(x)\,d\mu - \int \alpha(x)\,d\mu\Big] \leqq \int p[\alpha_m(x)-\alpha(x)]\,dV\mu, \quad \forall p,$$

d'où, en passant à la limite,

$$p\Big[h-\int \alpha(x)\,d\mu\Big] \leqq \int p[f(x)-\alpha(x)]\,dV\mu, \quad \forall p.$$

Dès lors, vu p. 252, $f(x)$ est μ-intégrable, de μ-intégrale h.

Voici une autre démonstration.

Vu a), p. 240, on peut supposer E séparable.

Considérons l'expression

$$\mathbf{T}(\mathscr{C}) = \int \mathscr{C}[f(x)]\,d\mu, \quad \forall \mathscr{C}\in E^*.$$

Pour toute suite $\mathscr{C}_m\to 0$ dans E_s^*, la suite $\mathscr{C}_m$ est équibornée et

$$|\mathscr{C}_m[f(x)]| \leqq Cp[f(x)].$$

Comme

$$\mathscr{C}_m[f(x)]\to 0 \ \mu\text{-pp},$$

par le théorème de Lebesgue

$$\int \mathscr{C}_m[f(x)]\,d\mu\to 0.$$

De là, vu I, p. 236, il existe $h\in E$ tel que

$$\mathbf{T}(\mathscr{C}) = \mathscr{C}(h), \quad \forall \mathscr{C}\in E^*,$$

et on conclut par le critère a).

d) *Soit E limite inductive stricte d'espaces de Fréchet E_i. Toute fonction $f(x)$ μ-mesurable par semi-norme et telle que $p[f(x)]$ soit μ-intégrable pour tout $p\in\{p\}$ est telle que*

$$f(x)\in E_i \ \mu\text{-pp},$$

pour au moins un i. Elle est donc μ-intégrable.

La première conclusion est encore vraie si on suppose $p^2[f(x)]$ μ-intégrable pour tout $p\in\{p\}$, au lieu de $p[f(x)]$.

On peut préciser davantage cet énoncé.

Soit E limite inductive stricte d'espaces de Fréchet E_i et soit f_m une suite de fonctions μ-mesurables par semi-norme telles que $p[f_m(x)]$ (resp. $p^2[f_m(x)]$) soit μ-intégrable pour tout m et tout $p \in \{p\}$ et que

$$\int p[f_r(x)-f_s(x)]\,dV\mu \quad \left[\text{resp.} \int p^2[f_r(x)-f_s(x)]\,dV\mu\right] \to 0, \quad \forall p \in \{p\},$$

si $\inf(r, s) \to \infty$.

Alors, il existe i tel que

$$f_m(x) \in E_i \quad \mu\text{-pp}, \quad \forall m.$$

On peut, sans restriction, supposer $\mu \geqq 0$.

On sait (cf. a), p. 240) que les $f_m(x)$ sont à valeurs μ-pp dans un sous-espace linéaire séparable L de E.

Prouvons par l'absurde qu'il existe i tel que $f_m(x)$ soit à valeurs μ-pp dans $L \cap E_i$.

Si ce n'est pas le cas, il existe des suites $i_m, j_m \uparrow \infty$ telles que les ensembles

$$\{x : f_{j_m}(x) \in L \cap (E_{i_m} \setminus E_{i_m-1})\}$$

ne soient pas μ-négligeables. Chaque $L \cap (E_{i_m} \setminus E_{i_m-1})$ est un ouvert de $E_{i_m} \cap L$ muni des semi-normes induites par E_{i_m}, donc est union dénombrable de semi-boules de $E_{i_m} \cap L$. De là, pour tout m, il existe une semi-boule $b_m = b_{p_m}(f_m, r_m)$ de E_{i_m} contenue dans $E_{i_m} \setminus E_{i_m-1}$ et telle que

$$e_m = \{x : f_{j_m}(x) \in b_{i_m} \cap L\}$$

ne soit pas μ-négligeable. Quitte à les restreindre, on peut supposer les e_m μ-intégrables et même tels que $\mu(e_m) \leqq 2^{-m}$ pour tout m.

Supposons les f_m tels que

$$\int p[f_r(x)-f_s(x)]\,d\mu \to 0$$

pour tout p si $\inf(r, s) \to \infty$.

Les fonctions $f_{j_m}(x)\delta_{e_m}$ sont μ-intégrables quel que soit m, vu le théorème précédent.

Pour toute semi-norme p de E, en vertu du théorème c), p. 92 on a alors

$$\int_{e_m} p[f_{j_m}(x)]\,d\mu \to 0$$

si $m \to \infty$, puisque $\delta_{e_m} \to 0$ μ-pp.

Dès lors, la suite $\int_{e_m} f_{j_m}(x)\,d\mu \in E$ converge vers 0 dans E. et, vu I, b), p. 128, elle appartient à un E_k. C'est absurde car on a

$$p_m\left[\frac{1}{\mu(e_m)} \int_{e_m} f_{j_m}(x)\,d\mu - f_m\right] \leqq \frac{1}{\mu(e_m)} \int_{e_m} p[f_{j_m}(x) - f_m]\,d\mu \leqq r_m,$$

d'où

$$\int_{e_m} f_{j_m}(x)\, d\mu \in E \setminus E_{i_m-1}$$

quel que soit m.

Supposons à présent que

$$\int p^2[f_r - f_s]\, dV\mu \to 0, \quad \forall p,$$

si $\inf(r, s) \to \infty$.

On a cette fois

$$\int_{e_m} p^2[f_{j_m}(x)]\, d\mu \to 0$$

si $m \to \infty$ pour tout p.

Les fonctions $f_{j_m}(x)\delta_{e_m}$ sont μ-intégrables dans E. De fait, pour tout p,

$$p[f_{j_m}(x)\delta_{e_m}] \leqq \frac{\delta_{e_m} + p^2[f_{j_m}(x)]}{2},$$

où le second membre est μ-intégrable. De plus,

$$p^2\Big[\int_{e_m} f_{j_m}(x)\, d\mu\Big] \leqq \Big[\int_{e_m} p[f_{j_m}(x)]\, d\mu\Big]^2$$

$$\leqq \mu(e_m) \int_{e_m} p^2[f_{j_m}(x)]\, d\mu \to 0$$

si $m \to \infty$. Donc la suite $\int_{e_m} f_{j_m}(x)\, d\mu$ appartient encore à un E_k, ce qui est absurde, pour la même raison que ci-dessus.

On a le cas particulier suivant: *si E est limite inductive stricte d'espaces de Fréchet séparables, toute fonction $f(x)$ faiblement continue dans un compact $K \subset E_n$ y est μ-intégrable.*

La fonction $f(x)\delta_K(x)$ est visiblement scalairement μ-mesurable, donc μ-mesurable par semi-norme vu a), p. 248. De plus, l'ensemble

$$\{f(x) \colon x \in K\}$$

est faiblement borné, donc borné, d'où la thèse car, pour tout p,

$$p[f(x)]\delta_K(x) \leqq \sup_{x \in K} p[f(x)]\delta_K(x).$$

e) *Soit E à semi-normes représentables. Si $f(x)$ est μ-mesurable par semi-norme, si K est un a-compact absolument convexe de E et si e est un ensemble μ-intégrable tel que $f(x) \in K$ pour μ-presque tout $x \in e$, alors $f(x)\delta_e(x)$ est μ-intégrable et sa μ-intégrale appartient à $V\mu(e)K$.*

La fonction $f(x)\delta_e(x)$ est μ-mesurable par semi-norme vu b), p. 239.

De plus, $p[f(x)\delta_e(x)]$ est μ-intégrable pour tout $p \in \{p\}$, car il est majoré μ-pp par

$$\sup_{f \in K} p(f)\,\delta_e(x).$$

De même, pour tout $\mathscr{C} \in E^*$, $\mathscr{C}[f(x)]\,\delta_e(x)$ est μ-intégrable car μ-mesurable et de module majoré par

$$\sup_{f \in K} |\mathscr{C}(f)|\,\delta_e(x).$$

Enfin, la loi $\mathbf{T}$ définie dans E^* par

$$\mathbf{T}(\mathscr{C}) = \int_e \mathscr{C}[f(x)]\,d\mu, \quad \forall \mathscr{C} \in E^*.$$

est telle que

$$|\mathbf{T}(\mathscr{C})| \leqq V\mu(e) \sup_{f \in K} |\mathscr{C}(f)|.$$

Vu I, c), p. 219, il existe donc $h \in V\mu(e)K$ tel que

$$\int_e \mathscr{C}[f(x)]\,d\mu = \mathbf{T}(\mathscr{C}) = \mathscr{C}(h), \quad \forall \mathscr{C} \in E^*.$$

On conclut par le critère a), p. 253.

EXERCICE

* Soit E un espace nucléaire.

Si $f(x)$ est une fonction scalairement μ-mesurable telle que $\mathscr{C}[f(x)]$ soit μ-intégrable pour tout $\mathscr{C} \in E^*$, établir que $p[f(x)]$ est μ-intégrable pour tout $p \in \{p\}$.

En déduire que si E est de Fréchet ou limite inductive stricte de tels espaces, $f(x)$ est μ-intégrable.

Suggestion. Comme E est nucléaire, il est séparable par semi-norme, d'où, par le théorème de Pettis, $f(x)$ est μ-mesurable par semi-norme.

De plus, pour tout $p \in \{p\}$, il existe

$$c_m \geqq 0, \quad \mathscr{C}_m \in b_{p'}^{\triangle} \quad \text{et} \quad f_m \in b_p$$

tels que $\sum_{m=1}^{\infty} c_m < \infty$ et

$$f \underset{p}{=} \sum_{m=1}^{\infty} c_m \mathscr{C}_m(f) f_m, \quad \forall f \in E.$$

De là,

$$p[f(x)] \leqq \sum_{m=1}^{\infty} c_m |\mathscr{C}_m[f(x)]| \quad \mu\text{-pp}.$$

Etablissons que le second membre est μ-intégrable. Considérons l'opérateur T de $E_{p'}^*$ dans μ-L_1 défini par $T\mathscr{C} = \mathscr{C}[f(x)]$. C'est visiblement un opérateur fermé, donc borné. De là, il existe C tel que

$$\int |\mathscr{C}[f(x)]|\,dV\mu \leqq C \|\mathscr{C}\|_{p'}, \quad \forall \mathscr{C} \in E_{p'}^*,$$

et

$$\sum_{m=1}^{\infty} c_m |\mathscr{C}_m[f(x)]|$$

est μ-intégrable en vertu du théorème de Levi.

Le cas particulier se déduit de c) ou d).

15. — a) *Si $f(x)$ est μ-mesurable par semi-norme et s'il existe une suite $f_m(x)$ de fonctions μ-intégrables telles que*

$$\int p[f_m(x)-f(x)]\, dV\mu \to 0, \quad \forall p \in \{p\},$$

et que l'ensemble des $\int f_m(x)\, d\mu$ soit contenu dans un ensemble complet de E, (ce qui est toujours le cas si E est complet), alors $f(x)$ est μ-intégrable et

$$\int f_m(x)\, d\mu \to \int f(x)\, d\mu$$

quand $m \to \infty$.

D'une part, la suite $\int f_m(x)\, d\mu$ converge car elle est de Cauchy:

$$\begin{aligned} p\left[\int f_r(x)\, d\mu - \int f_s(x)\, d\mu\right] &\leqq \int p[f_r(x)-f_s(x)]\, dV\mu \\ &\leqq \int p[f_r(x)-f(x)]\, dV\mu + \int p[f_s(x)-f(x)]\, dV\mu. \end{aligned}$$

Soit h sa limite. Pour tout $\alpha(x)$ étagé dans E,

$$\begin{aligned} p\left[h - \int \alpha(x)\, d\mu\right] &= \lim_m p\left[\int f_m(x)\, d\mu - \int \alpha(x)\, d\mu\right] \\ &\leqq \lim_m \int p[f_m(x)-\alpha(x)]\, dV\mu = \int p[f(x)-\alpha(x)]\, dV\mu, \end{aligned}$$

en utilisant la majoration

$$\left|\int p[f_m(x)-\alpha(x)]\, dV\mu - \int p[f(x)-\alpha(x)]\, dV\mu\right| \leqq \int p[f(x)-f_m(x)]\, dV\mu.$$

Donc $f(x)$ est μ-intégrable, de μ-intégrale h.

b) *Si E est un espace de Fréchet ou une limite inductive stricte de tels espaces et si la suite de fonctions μ-intégrables $f_m(x)$ est telle que*

$$\int p[f_r(x)-f_s(x)]\, dV\mu \to 0, \quad \forall p \in \{p\},$$

si $\inf(r, s) \to \infty$, *alors il existe une fonction $f(x)$ μ-intégrable, limite μ*-pp *d'une sous-suite de $f_m(x)$ et telle que*

$$\int p[f(x)-f_m(x)]\, dV\mu \to 0$$

quand $m \to \infty$.

On a donc, en particulier,

$$\int f_m(x)\,d\mu \to \int f(x)\,d\mu,$$

quand $m \to \infty$.

Vu d), p. 254, on peut supposer que E est un espace de Fréchet.

Il existe une sous-suite $f_m^{(1)}(x)$ de $f_m(x)$ telle que

$$p_1[f_r^{(1)}(x) - f_s^{(1)}(x)] \to 0 \quad \mu\text{-pp},$$

si $\inf(r, s) \to \infty$. De même, il existe une sous-suite $f_m^{(2)}(x)$ de $f_m^{(1)}(x)$ telle que

$$p_2[f_r^{(2)}(x) - f_s^{(2)}(x)] \to 0 \quad \mu\text{-pp},$$

si $\inf(r, s) \to \infty$ et ainsi de suite.

La sous-suite diagonale $g_m(x) = f_m^{(m)}(x)$ est donc de Cauchy dans E en dehors de l'union des ensembles exceptionnels μ-négligeables correspondant aux différents p_i, soit μ-pp.

Appelons $f(x)$ sa limite. C'est visiblement une fonction μ-mesurable par semi-norme et telle que $p[f(x) - g_m(x)]$ soit μ-intégrable pour tout p.

On conclut en appliquant le théorème précédent.

c) Théorème de H. Lebesgue

Si la suite de fonctions μ-intégrables $f_m(x)$ converge μ-pp vers $f(x)$, si l'ensemble des $\int f_m(x)\,d\mu$ est contenu dans un ensemble complet de E, (ce qui est toujours le cas si E est complet) et si, pour tout $p \in \{p\}$, il existe $F_p(x)$ μ-intégrable tel que $p[f_m(x)] \leqq F_p(x)$ μ-pp, alors $f(x)$ est μ-intégrable et

$$\int p[f(x) - f_m(x)]\,dV\mu \to 0, \quad \forall p \in \{p\},$$

quand $m \to \infty$, ce qui entraîne, en particulier, que

$$\int f_m(x)\,d\mu \to \int f(x)\,d\mu,$$

quand $m \to \infty$.

Pour tout $p \in \{p\}$, on a

$$p[f(x) - f_m(x)] \to 0 \quad \mu\text{-pp},$$

d'où

$$p[f(x) - f_m(x)] = \lim_n p[f_n(x) - f_m(x)] \quad \mu\text{-pp}$$

est μ-intégrable car μ-mesurable et majoré μ-pp par $2F_p(x)$ μ-intégrable. Par le théorème de Lebesgue classique, on en déduit que

$$\int p[f(x) - f_m(x)]\,dV\mu \to 0, \quad \forall p \in \{p\},$$

quand $m \to \infty$.

D'où la thèse, par le théorème a) précédent, car $f(x)$ est évidemment μ-mesurable par semi-norme.

* d) *Si E est bornologique et complet et si $\mathscr{C}_x$ est une fonction à valeurs dans E^* telle que $\mathscr{C}_x(f)$ soit μ-intégrable pour tout $f \in E$, alors $\mathscr{C}_x$ est μ-intégrable dans E_s^*.*

Vu a), p. 248, $\mathscr{C}_x$ est μ-mesurable par semi-norme dans E_s^*.

De plus, $|\mathscr{C}_x(f)|$ est μ-intégrable pour tout $f \in E$.

Enfin, il existe $\mathscr{C} \in E^*$ tel que

$$\int \mathscr{C}_x(f)\, d\mu = \mathscr{C}(f), \quad \forall f \in E.$$

De fait, l'opérateur défini de E dans μ-L_1 par

$$Tf = \mathscr{C}_x(f), \quad \forall f \in E,$$

est linéaire et fermé car

$$\left.\begin{array}{l} f_m \underset{E}{\rightarrow} f \\ \mathscr{C}_x(f_m) \xrightarrow[\mu\text{-}L_1]{} g \end{array}\right\} \Rightarrow \mathscr{C}_x(f) = g.$$

Comme μ-L_1 est un espace de Banach, vu I, p. 409, T est borné et il vient

$$\left|\int \mathscr{C}_x(f)\, d\mu\right| \leqq \int |\mathscr{C}_x(f)|\, dV\mu \leqq Cp(f).$$

On conclut par a), p. 253, en notant que E_s^* est à semi-normes représentables.

16. — Une fonction $f(x)$ à valeurs dans E est *strictement μ-intégrable* s'il existe une suite de fonctions $\alpha_m(x)$ étagées dans E telles que

— $\alpha_m(x) \rightarrow f(x)$ μ-pp, si $m \rightarrow \infty$,

— $\int p[\alpha_r(x) - \alpha_s(x)]\, dV\mu \rightarrow 0$ si $\inf(r, s) \rightarrow \infty$, pour tout $p \in \{p\}$,

— $\int \alpha_m(x)\, d\mu$ converge dans E.

La dernière condition découle de la seconde si E est complet.

a) Visiblement, *toute fonction strictement μ-intégrable est μ-intégrable.*

b) Réciproquement, *si E est de Fréchet ou limite inductive stricte d'espaces de Fréchet, toute fonction μ-intégrable à valeurs dans E est strictement μ-intégrable.*

Soit E de Fréchet.

Vu le théorème a), p. 243, il existe une suite de fonctions $\alpha_m(x)$ étagées dans E, telles que

$$\int p[f(x) - \alpha_m(x)]\, dV\mu \rightarrow 0, \quad \forall p \in \{p\},$$

donc telles que

$$\int p[\alpha_r(x) - \alpha_s(x)]\, dV\mu \rightarrow 0, \quad \forall p \in \{p\},$$

si $\inf(r, s) \to \infty$. Par b), p. 258, on peut en extraire une sous-suite, que nous continuons à noter $\alpha_m(x)$, telle que

$$\alpha_m(x) \to f(x) \ \mu\text{-pp}.$$

Le cas des limites inductives strictes d'espaces de Fréchet se ramène au précédent par d), p. 254.

c) *Si $f(x)$ est strictement μ-intégrable et E complet, quel que soit $\varphi(x)$ μ-mesurable et borné μ-pp, $\varphi(x) f(x)$ est strictement μ-intégrable.*

C'est immédiat.

d) *Si $f(x)$ est continu de e dans E, si e est μ-intégrable et si*

$$\langle\{f(x) : x \in e\}\rangle \subset A,$$

où A est un ensemble borné et complet de E, alors $f(x)\delta_e(x)$ est strictement μ-intégrable et

$$\int f(x)\delta_e(x)\, d\mu \in V\mu(e) A.$$

Posons

$$e_m = \{x \in e : |x| \leqq m\}$$

et partitionnons-le en un nombre fini d'ensembles $e_{i,m}$ μ-mesurables et de diamètre inférieur à $1/m$. Soit $\varepsilon > 0$ donné. Pour tous i, m, fixons alors $x_{i,m} \in e_{i,m}$ et déterminons $Q_{i,m}$ étagé tel que

$$\int |\delta_{e_{i,m}} - \delta_{Q_{i,m}}|\, dV\mu \leqq \varepsilon 2^{-i-m}.$$

Les fonctions étagées

$$\alpha_m(x) = \sum_{(i)} f(x_{i,m})\delta_{Q_{i,m}}(x)$$

convergent μ-pp vers $f(x)\delta_e(x)$.

En effet, soit

$$\mathscr{E}_{i,m} = \{x : |\delta_{e_{i,m}} - \delta_{Q_{i,m}}| = 1\}.$$

On a $V\mu(\mathscr{E}_{i,m}) \leqq \varepsilon 2^{-i-m}$. Posons

$$\mathscr{E} = \bigcap_{M=1}^{\infty} \left(\bigcup_{m=M}^{\infty} \bigcup_{(i)} \mathscr{E}_{i,m} \right).$$

C'est un ensemble μ-négligeable, puisque

$$V\mu \left(\bigcup_{m=M}^{\infty} \bigcup_{(i)} \mathscr{E}_{i,m} \right) \leqq \sum_{m=M}^{\infty} \sum_{(i)} V\mu(\mathscr{E}_{i,m}) \leqq \varepsilon 2^{-M+1}, \ \forall M.$$

Si $x \notin \mathscr{E}$, pour M assez grand, $x \notin \mathscr{E}_{i,m}$ pour tout i et tout $m \geqq M$. Pour un tel m,

$$\alpha_m(x) = \sum_{(i)} f(x_{i,m})\delta_{e_{i,m}}(x)$$

et cette expression tend visiblement vers $f(x)\delta_e(x)$.

De plus, on a

$$p[\alpha_m(x)] \leqq p[\sum_{(i)} f(x_{i,m})\delta_{e_{i,m}}(x)] + \sum_{(i)} p[f(x_{i,m})]\,|\delta_{e_{i,m}}(x) - \delta_{Q_{i,m}}(x)|$$

$$\leqq \sup_{f\in A} p(f)\left[\delta_e(x) + \sum_{m=1}^{\infty}\sum_{(i)} |\delta_{e_{i,m}}(x) - \delta_{Q_{i,m}}(x)|\right]$$

où le dernier membre est une fonction μ-intégrable. De là,

$$\int p[f(x)\delta_e(x) - \alpha_m(x)]\, dV\mu \to 0$$

si $m\to\infty$, quel que soit p.

Enfin, pour tout m,

$$\sum_{(i)} \delta_{Q_{i,m}}(x) \leqq \sum_{(i)} \delta_{e_{i,m}}(x) + \sum_{m=1}^{\infty}\sum_{(i)} |\delta_{Q_{i,m}}(x) - \delta_{e_{i,m}}(x)|,$$

d'où

$$\sum_{(i)} V\mu(Q_{i,m}) \leqq V\mu(e) + \varepsilon.$$

De là,

$$\int \alpha_m(x)\, d\mu \in [V\mu(e)+\varepsilon]\langle\{f(x): x\in e\}\rangle \subset [V\mu(e)+\varepsilon]A,$$

où A est complet, donc la suite

$$\int \alpha_m(x)\, d\mu$$

converge dans E.

Prouvons que sa limite $\int_e f(x)\, d\mu$ appartient à $V\mu(e)A$. On a

$$\int_e f(x)\, d\mu \in [V\mu(e)+\varepsilon]A$$

pour tout $\varepsilon>0$. De là, si $\theta_m \uparrow 1$,

$$\theta_m \int_e f(x)\, d\mu \in V\mu(e)A, \quad \forall m,$$

et, comme cette suite converge vers $\int_e f(x)\, d\mu$, sa limite est aussi dans $V\mu(e)A$.

On notera que, si e est compact et f continu de e dans E, sa μ-intégrale coïncide avec celle qu'on a introduite en I, p. 486-493.

17. — Soit $\Omega = \Omega' \times \Omega''$ et soient μ' et μ'' des mesures dans Ω' et Ω'' respectivement.

Si $x\in\Omega$, notons-le $x=(x', x'')$, $x'\in\Omega'$, $x''\in\Omega''$.

a) *Si* $f(x', x'')$ *est strictement* $\mu' \otimes \mu''$*-intégrable et s'il est* μ'*-intégrable par rapport à* x' *pour* μ''*-presque tout* x''*, alors*

$$\int f(x', x'')\, d\mu'$$

est μ''*-intégrable et on a*

$$\int \left[\int f(x', x'')\, d\mu'\right] d\mu'' = \int f(x', x'')\, d\mu' \otimes \mu'',$$

Soit α_m une suite de fonctions étagées dans Ω telle que $\alpha_m \to f$ $\mu' \otimes \mu''$-pp et que

$$\int p[f(x', x'') - \alpha_m(x', x'')]\, dV(\mu' \otimes \mu'') \to 0$$

quand $m \to \infty$.

Par le théorème de Fubini, on a donc

$$\int \left(\int p[f(x', x'') - \alpha_m(x', x'')]\, dV\mu'\right) dV\mu'' \to 0$$

quand $m \to \infty$.

Fixons p. Par b), p. 60, il existe une sous-suite $\alpha_m^{(p)}$ de α_m telle que

$$\int p[f(x', x'') - \alpha_m^{(p)}(x', x'')]\, dV\mu' \to 0$$

pour μ''-presque tout x'', soit pour tout $x'' \notin e''_p$, μ''-négligeable.

Désignons par e'' l'ensemble μ''-négligeable des x'' tels que $f(x', x'')$ ne soit pas μ'-intégrable. Pour tout $x'' \notin e'' \cup e''_p$, on a

$$p\left[\int f(x', x'')\, d\mu' - \int \alpha_m^{(p)}(x', x'')\, d\mu'\right] \leqq \int p[f(x', x'') - \alpha_m^{(p)}(x', x'')]\, dV\mu' \to 0,$$

quand $m \to \infty$, d'où $\int f(x', x'')\, d\mu'$ est μ''-mesurable par semi-norme, puisque les $\int \alpha_m^{(p)}(x', x'')\, d\mu'$ sont étagés par rapport à x''. En outre, quand $m \to \infty$, on a

$$\int p\left[\int f(x', x'')\, d\mu' - \int \alpha_m^{(p)}(x', x'')\, d\mu'\right] dV\mu''$$

$$\leqq \int p[f(x', x'') - \alpha_m^{(p)}(x', x'')]\, dV(\mu' \otimes \mu'') \to 0$$

et

$$p\left[\int f(x', x'')\, d\mu' \otimes \mu'' - \int \left[\int \alpha_m^{(p)}(x', x'')\, d\mu'\right] d\mu''\right] \to 0$$

car

$$\int \left[\int \alpha_m^{(p)}(x', x'')\, d\mu'\right] d\mu'' = \int \alpha_m^{(p)}(x', x'')\, d\mu' \otimes \mu''.$$

Donc $\int f(x', x'')\, d\mu'$ est μ''-intégrable et sa μ''-intégrale est

$$\int f(x', x'')\, d\mu' \otimes \mu''.$$

b) *Si E est un espace de Fréchet ou la limite inductive stricte d'une suite d'espaces de Fréchet et si* $f(x', x'')$ *est* $\mu' \otimes \mu''$*-intégrable, alors*

— $f(x', x'')$ *est strictement* $\begin{Bmatrix} \mu' \\ \mu'' \end{Bmatrix}$*-intégrable pour* $\begin{Bmatrix} \mu'' \\ \mu' \end{Bmatrix}$*-presque tout* $\begin{Bmatrix} x'' \in \Omega'' \\ x' \in \Omega' \end{Bmatrix}$,

— $\int f(x', x'')\, d\begin{Bmatrix} \mu' \\ \mu'' \end{Bmatrix}$ *est strictement* $\begin{Bmatrix} \mu'' \\ \mu' \end{Bmatrix}$*-intégrable,*

— *on a*

$$\int f(x', x'')\, d(\mu' \otimes \mu'') = \int \left[\int f(x', x'')\, d\mu'\right] d\mu'' = \int \left[\int f(x', x'')\, d\mu''\right] d\mu'.$$

On se ramène immédiatement au cas où E est de Fréchet, par le théorème d), p. 254. Vu b), p. 260, $f(x', x'')$ est strictement $\mu' \otimes \mu''$-intégrable.

Pour tout m, il existe $\alpha_m(x', x'')$ étagé tel que

$$\int p_m[f(x', x'') - \alpha_m(x', x'')]\, dV(\mu' \otimes \mu'') \leqq 2^{-m}.$$

On a alors

$$\sum_{m=1}^{\infty} \int p_m[f(x', x'') - \alpha_m(x', x'')]\, dV(\mu' \otimes \mu'') < \infty.$$

De là, par le théorème de Levi, on a

$$p_m[f(x', x'') - \alpha_m(x', x'')] \to 0$$

$\mu' \otimes \mu''$-pp donc μ'-pp pour μ''-presque tout x'' et, de même,

$$\int p_m[f(x', x'') - \alpha_m(x', x'')]\, dV\mu' \to 0 \quad \mu''\text{-pp}.$$

Au total, pour μ''-presque tout x'',

$$\alpha_m(x', x'') \to f(x', x'') \quad \mu'\text{-pp}$$

et

$$\int p[f(x', x'') - \alpha_m(x', x'')]\, dV\mu' \to 0, \quad \forall p,$$

d'où $f(x', x'')$ est μ'-intégrable et même strictement μ'-intégrable.

On conclut alors par a).

c) *Soient* K', K'' *compacts dans* Ω' *et* Ω'' *respectivement. Si* $f(x', x'')$ *est continu dans* $K' \times K''$ *et nul hors de* $K' \times K''$ *et si*

$$\langle\{f(x', x''): x' \in K', x'' \in K''\}\rangle \subset A,$$

où A est un ensemble complet de E,

— $f(x', x'')$ *est strictement* $\begin{Bmatrix} \mu' \\ \mu'' \end{Bmatrix}$*-intégrable pour tout* $\begin{Bmatrix} x'' \in \Omega'' \\ x' \in \Omega' \end{Bmatrix}$,

— $\int f(x', x'')\, d\begin{Bmatrix} \mu' \\ \mu'' \end{Bmatrix}$ *est continu dans* $\begin{Bmatrix} K'' \\ K' \end{Bmatrix}$ *et strictement* $\begin{Bmatrix} \mu'' \\ \mu' \end{Bmatrix}$*-intégrable,*
— *on a*

$$\int f(x', x'')\, d\mu' \otimes \mu'' = \int \left[\int f(x', x'')\, d\mu' \right] d\mu'' = \int \left[\int f(x', x'')\, d\mu'' \right] d\mu'.$$

La première assertion découle de d), p. 261.
Démontrons que

$$\int f(x', x'')\, d\mu'$$

est continu dans K''. Soit $x''_m \to x''$ dans K''. On a

$$p\left[\int f(x', x''_m)\, d\mu' - \int f(x', x'')\, d\mu' \right] \leqq \int p[f(x', x''_m) - f(x', x'')]\, dV\mu'$$

$$\leqq \sup_{x' \in K'} p[f(x', x''_m) - f(x', x'')]\, V\mu'(K') \to 0$$

si $m \to \infty$.
Prouvons ensuite que

$$\left\langle \left\{ \int f(x', x'')\, d\mu' : x'' \in K'' \right\} \right\rangle \subset CA$$

pour $C > 0$ assez grand. On en déduira que $\int f(x', x'')\, d\mu'$ est strictement μ''-intégrable.

On a vu en d), p. 261, que, pour tout $x'' \in K''$, il existe une suite de fonctions étagées $\alpha_m^{(x'')}(x')$ telles que

$$\int \alpha_m^{(x'')}(x')\, d\mu' \in [V\mu'(K') + \varepsilon] \langle \{ f(x', x'') : x' \in K', x'' \in K'' \} \rangle$$

et que

$$\int \alpha_m^{(x'')}(x')\, d\mu' \to \int f(x', x'')\, d\mu'.$$

Quels que soient $c_i \in \mathbf{C}$ tels que $\sum_{(i)} |c_i| \leqq 1$ et $x''_i \in K''$, on a alors

$$\sum_{(i)} c_i \int \alpha_m^{(x''_i)}(x')\, d\mu' \in [V\mu'(K') + \varepsilon] A,$$

d'où, comme A est complet,

$$\sum_{(i)} c_i \int f(x', x''_i)\, d\mu' \in [V\mu'(K') + \varepsilon] A$$

et

$$\left\langle \left\{ \int f(x', x'')\, d\mu' : x'' \in K'' \right\} \right\rangle \subset [V\mu'(K') + \varepsilon] A,$$

d'où la deuxième assertion de l'énoncé.
La troisième découle alors de a), p. 263.

VII. MESURES A VALEURS DANS UN ESPACE LINÉAIRE A SEMI-NORMES

Mesures

1. — Désignons par E_n l'espace euclidien de dimension n, par Ω un ouvert de E_n et par E un espace linéaire à semi-normes.

Une *mesure définie dans Ω et à valeurs dans E* est une loi qui, à tout I dans Ω, associe un élément $\mu(I) \in E$, tel que

$$\mu_{\mathscr{C}}(I) = \mathscr{C}[\mu(I)]$$

soit une mesure dans Ω pour tout $\mathscr{C} \in E^*$.

Un ensemble $e \subset \Omega$ est *μ-négligeable* s'il est $\mu_{\mathscr{C}}$-négligeable pour tout $\mathscr{C} \in E^*$.

Une fonction $f(x)$ est *μ-mesurable* si elle est $\mu_{\mathscr{C}}$-mesurable pour tout $\mathscr{C} \in E^*$.

Elle est *scalairement μ-intégrable* si elle est $\mu_{\mathscr{C}}$-intégrable pour tout $\mathscr{C} \in E^*$.

Elle est *μ-intégrable* si elle est scalairement μ-intégrable et s'il existe un élément de E, qu'on appelle *μ-intégrale* de $f(x)$ et qu'on note $\int f\, d\mu$, tel que

$$\mathscr{C}\left(\int f\, d\mu\right) = \int f(x)\, d\mu_{\mathscr{C}}, \quad \forall \mathscr{C} \in E^*.$$

Si f est la fonction caractéristique d'un ensemble e, on emploie aussi la notation $\mu(e)$ pour $\int \delta_e\, d\mu$.

Une mesure μ telle que toute fonction scalairement μ-intégrable soit μ-intégrable est dite *réalisée*.

2. — Examinons les conditions pour qu'une fonction scalairement μ-intégrable soit μ-intégrable.

Voici d'abord une remarque utile.

Si E est a-complet et si les f_m sont μ-intégrables et tels que

$$\int |f - f_m|\, dV\mu_{\mathscr{C}} \to 0, \quad \forall \mathscr{C} \in E^*,$$

alors f est μ-intégrable.

Il est immédiat que f est scalairement μ-intégrable.

De plus, la suite $\int f_m\, d\mu$ est faiblement de Cauchy:

$$\left|\mathscr{C}\left(\int f_r\, d\mu - \int f_s\, d\mu\right)\right| = \left|\int (f_r - f_s)\, d\mu_{\mathscr{C}}\right| \leqq \int |f_r - f_s|\, dV\mu_{\mathscr{C}} \to 0$$

si $\inf(r, s) \to \infty$. Elle converge donc faiblement. Si g est sa limite, on a

$$\left|\mathscr{C}(g) - \int f\, d\mu_{\mathscr{C}}\right| = \lim_m \left|\int f_m\, d\mu_{\mathscr{C}} - \int f\, d\mu_{\mathscr{C}}\right|$$

$$\leqq \lim_m \int |f_m - f|\, dV\mu_{\mathscr{C}} = 0, \quad \forall \mathscr{C} \in E^*,$$

donc f est μ-intégrable et sa μ-intégrale est égale à g.

En particulier, si E est a-complet et si toute fonction μ-mesurable (resp. *borélienne*) *bornée et à support compact dans Ω est μ-intégrable, toute fonction scalairement μ-intégrable* (resp. *borélienne et scalairement μ-intégrable*) *est μ-intégrable.*

De fait, si on pose

$$f_m(x) = f(x)\delta_{\{x \in Q_m : |f(x)| \leq m\}},$$

où les Q_m sont des ensembles étagés croissant vers Ω, les f_m sont μ-mesurables (resp. boréliens) bornés et à support compact dans Ω et on a

$$\int |f - f_m| \, dV\mu_{\mathscr{C}} \to 0, \quad \forall \mathscr{C} \in E^*.$$

a) *Si E est semi-réflexif* (c'est-à-dire si tout a-borné a-fermé de E est a-compact, cf. I, p. 216), *toute mesure μ à valeurs dans E est réalisée.*

On sait que E est a-complet. On peut donc, vu la remarque précédente, se limiter à établir que les fonctions $f(x)$ μ-mesurables, bornées et à support compact dans Ω sont μ-intégrables.

Pour un tel f, posons

$$\mathbf{T}(\mathscr{C}) = \int f(x) \, d\mu_{\mathscr{C}}, \quad \forall \mathscr{C} \in E^*.$$

La loi $\mathbf{T}$ est une fonctionnelle linéaire dans E^*. En outre, si $|f(x)| \leq C\delta_Q(x)$, on a

$$|\mathbf{T}(\mathscr{C})| \leq CV\mu_{\mathscr{C}}(Q) \leq 4C \sup_{Q' \subset Q} |\mu_{\mathscr{C}}(Q')| = 4C \sup_{Q' \subset Q} |\mathscr{C}[\mu(Q')]|.$$

Or $\mu(Q')$ est un élément de E pour tout Q' et l'ensemble $\{\mu(Q') : Q' \subset Q\}$ est a-borné dans E, puisque

$$\sup_{Q' \subset Q} |\mathscr{C}[\mu(Q')]| \leq V\mu_{\mathscr{C}}(Q).$$

Son enveloppe absolument convexe a-fermée est a-compacte, donc, vu I, c), p. 219, il existe $g \in E$ tel que

$$\mathbf{T}(\mathscr{C}) = \mathscr{C}(g), \quad \forall \mathscr{C} \in E^*,$$

d'où la conclusion.

b) *Si E est a-complet, tout f borélien et scalairement μ-intégrable est μ-intégrable.*

Vu la remarque, on peut supposer f borélien, borné et à support compact.

Soit $\mathscr{E}$ l'ensemble des φ boréliens et μ-intégrables.

Il contient les fonctions étagées.

Il contient les limites des suites convergentes de ses éléments bornés par une même constante et nuls hors d'un même ensemble étagé.

En effet, si $|\varphi_m| \leqq C\,\delta_Q$ pour tout m et si $\varphi_m \to \varphi$, par le théorème de Lebesgue, on a

$$\int |\varphi - \varphi_m|\, dV\mu_{\mathscr{C}} \to 0, \quad \forall \mathscr{C} \in E^*,$$

d'où, par la remarque préliminaire, φ est μ-intégrable.

Dès lors, par le paragraphe 3, p. 114, $\mathscr{E}$ contient les fonctions boréliennes, bornées et à support compact dans Ω, d'où la conclusion.

c) On dit que μ admet une *mesure scalaire équivalente* λ si $\{\mu_{\mathscr{C}} : \mathscr{C} \in E^*\}$ est équivalent à λ.

Vu un théorème précédent (cf. p. 225), pour que μ admette une mesure scalaire équivalente, il faut et il suffit que $\{\mu_{\mathscr{C}} : \mathscr{C} \in E^*\}$ soit faiblement séparable.

Notons que *s'il existe une suite $\mathscr{C}_i \in E^*$ qui sépare E et si tout borélien d'adhérence compacte dans Ω est μ-intégrable, μ admet une mesure scalaire équivalente.*

Il suffit de prouver que

$$\{\mu_{\mathscr{C}} : \mathscr{C} \in E^*\} \ll \{\mu_{\mathscr{C}_i} : i = 1, 2, \ldots\}.$$

Soit e un ensemble borélien $\mu_{\mathscr{C}_i}$-négligeable pour tout i. Quel que soit $e' \subset e$ borélien et d'adhérence compacte dans Ω, on a

$$\mu_{\mathscr{C}_i}(e') = \mathscr{C}_i[\mu(e')] = 0, \quad \forall i,$$

d'où $\mu(e') = 0$ et

$$\mu_{\mathscr{C}}(e') = \mathscr{C}[\mu(e')] = 0, \quad \forall \mathscr{C} \in E^*.$$

De là,

$$V\mu_{\mathscr{C}}(e) = 0, \quad \forall \mathscr{C} \in E^*,$$

d'où la conclusion.

Supposons E a-complet. Si μ admet une mesure scalaire équivalente ou si E_s^* est séparable, alors μ est réalisé.

Si μ admet une mesure scalaire équivalente λ, vu b), p. 122, pour tout f μ-mesurable, il existe f_0 borélien égal à f λ-pp. Si f est scalairement μ-intégrable, cet f_0 l'est aussi, donc il est μ-intégrable et on a

$$\int f\, d\mu_{\mathscr{C}} = \int f_0\, d\mu_{\mathscr{C}} = \mathscr{C}\Big(\int f_0\, d\mu\Big), \quad \forall \mathscr{C} \in E^*,$$

ce qui prouve que f est μ-intégrable.

Supposons à présent E_s^* séparable. Comme, par b), tout borélien d'adhérence compacte dans Ω est μ-intégrable, μ admet une mesure scalaire équivalente et on est ramené au cas précédent.

d) Soient E et F deux espaces linéaires à semi-normes et $\mathscr{L}(E, F)$ l'espace des opérateurs linéaires bornés de E dans F.

Si E est tonnelé et F à semi-normes représentables et si toute mesure à valeurs dans F est réalisée, alors toute mesure à valeurs dans $\mathscr{L}_s(E, F)$ est réalisée.

Rappelons (cf. I, p. 460) que le dual de $\mathscr{L}_s(E, F)$ est l'ensemble des fonctionnelles

$$\sum_{(i)} \mathscr{Q}_i(\cdot f_i), \; f_i \in E, \; \mathscr{Q}_i \in F^*.$$

Soit μ une mesure à valeurs dans $\mathscr{L}_s(E, F)$. Pour tout $f \in E$, la loi μ_f qui, à tout I dans Ω, associe $\mu(I)f$ est une mesure à valeurs dans F et cette mesure est réalisée, vu l'hypothèse sur F.

Soit $\varphi(x)$ scalairement μ-intégrable. Il est évidemment scalairement intégrable par rapport à la mesure $\mu_f(I) = \mu(I)f$, pour tout $f \in E$. Posons

$$Tf = \int \varphi \, d\mu_f, \quad \forall f \in E.$$

On définit ainsi un opérateur linéaire de E dans F. Prouvons que cet opérateur est borné.

Supposons d'abord φ borné et à support compact dans Ω: si $|\varphi| \leqq C\,\delta_Q$, pour tout $\mathscr{Q} \in F^*$ et tout $f \in E$,

$$\begin{aligned} |\mathscr{Q}(Tf)| &\leqq C V(\mu_f)_{\mathscr{Q}}(Q) \\ &\leqq 4C \sup_{Q' \subset Q} |\mathscr{Q}[\mu(Q')f]|. \end{aligned}$$

L'ensemble

$$\mathscr{B} = \{\mu(Q') \in \mathscr{L}(E, F) : Q' \subset Q\}$$

est s-borné dans $\mathscr{L}(E, F)$, donc il est équiborné.

Soit alors q une semi-norme de F. Il existe p et C' tels que

$$q(Tf) = \sup_{\mathscr{Q} \in b_q^{\triangle}} |\mathscr{Q}(Tf)| \leqq 4C \sup_{Q' \subset Q} q[\mu(Q')f] \leqq C' p(f),$$

d'où T est borné.

Soit à présent φ scalairement μ-intégrable. Posons

$$\varphi_m = \varphi \delta_{\{x \in Q_m : |\varphi(x)| \leqq m\}},$$

où $Q_m \uparrow \Omega$. On a, si $T_m = \int \varphi_m \, d\mu$,

$$\mathscr{Q}(Tf) = \int \varphi(x) d(\mu_f)_{\mathscr{Q}} = \lim_m \int \varphi_m(x) d(\mu_f)_{\mathscr{Q}} = \lim_m \mathscr{Q}(T_m f), \quad \forall \mathscr{Q} \in F^*.$$

La suite T_m converge donc vers T dans $\mathscr{L}_s(E, F)$ et, par conséquent, T est borné.

3. — Voici un exemple de mesure à valeurs dans E.

Soit μ une mesure (scalaire) dans Ω. Une fonction $f(x)$ à valeurs dans E est *localement μ-intégrable* si $f(x)\delta_I(x)$ est μ-intégrable pour tout I dans Ω.

Si $f(x)$ est localement μ-intégrable, la loi

$$(f\cdot\mu)(I) = \int_I f(x)\,d\mu$$

est une mesure à valeurs dans E, telle que

$$(f\cdot\mu)_{\mathscr{C}} = [\mathscr{C}(f)]\cdot\mu, \quad \forall\mathscr{C}\in E^*.$$

En outre, $g(x)$ est $(f\cdot\mu)$-intégrable si et seulement si $f(x)g(x)$ est μ-intégrable dans E et on a

$$\int g(x)f(x)\,dx = \int g(x)\,d(f\cdot\mu).$$

Seul le dernier point n'est pas immédiat.

La fonction $g(x)$ est scalairement $(f\cdot\mu)$-intégrable si et seulement si elle est $[\mathscr{C}(f)]\cdot\mu$-intégrable pour tout $\mathscr{C}\in E^*$, donc si et seulement si $g(x)\,\mathscr{C}[f(x)] = \mathscr{C}[f(x)g(x)]$ est μ-intégrable pour tout $\mathscr{C}\in E^*$, ce qui revient à dire que $f(x)g(x)$ est scalairement μ-intégrable.

En outre, on a

$$\int \mathscr{C}[g(x)f(x)]\,d\mu = \int g(x)\,d(f\cdot\mu)_{\mathscr{C}},$$

donc, si $g(x)f(x)$ est μ-intégrable, $g(x)$ est $(f\cdot\mu)$-intégrable et on a

$$\int g(x)f(x)\,d\mu = \int g(x)\,d(f\cdot\mu)$$

et si $g(x)$ est $(f\cdot\mu)$-intégrable, $g(x)f(x)$ est μ-intégrable, son intégrale étant définie par la même égalité.

Intégration par rapport à une mesure réalisée

4. — L'intégration par rapport à une mesure à valeurs dans E ne conduit à des propriétés intéressantes que si cette mesure est réalisée.

Dans tout ce paragraphe, nous désignons par μ une mesure réalisée.

Voici d'abord quelques propriétés immédiates.

a) *Si E est à dual séparant, l'intégrale par rapport à μ d'une fonction μ-intégrable f est unique.*

De fait, de

$$\mathscr{C}(h) = \int \mathscr{C}[f(x)]\,d\mu = \mathscr{C}(h'), \quad \forall\mathscr{C}\in E^*,$$

on déduit que $h = h'$.

b) *Si E est à dual séparant et si $f_1, \ldots, f_p$ sont μ-intégrables, $\sum_{i=1}^{p} c_i f_i$ est μ-intégrable quels que soient $c_1, \ldots, c_p \in \mathbf{C}$ et on a*

$$\int \sum_{i=1}^{p} c_i f_i(x)\,d\mu = \sum_{i=1}^{p} c_i \int f_i(x)\,d\mu.$$

En particulier, si les e_i *sont* μ*-mesurables et disjoints deux à deux et* $f(x)$ μ*-intégrable,*

$$\int_{\bigcup_{i=1}^{p} e_i} f(x)\, d\mu = \sum_{i=1}^{p} \int_{e_i} f(x)\, d\mu.$$

c) *Si* f *est* μ*-intégrable,* $|f|$, $\bar{f}$, $\mathcal{R}f$ *et* $\mathcal{I}f$ *sont* μ*-intégrables.*

Si, en outre, f *est réel,* f_+ *et* f_- *sont* μ*-intégrables.*

Enfin, si $f_1, \ldots, f_p$ *sont* μ*-intégrables et réels,*

$$\begin{Bmatrix}\sup\\ \inf\end{Bmatrix}(f_1, \ldots, f_p)$$

est μ*-intégrable.*

d) *Si* E *est à semi-normes représentables, pour tout* f μ*-intégrable et toute semi-norme* p *de* E*, on a*

$$p\left(\int f d\mu\right) \leqq \sup_{\mathcal{C} \in b_p^{\triangle}} \int |f|\, dV\mu_{\mathcal{C}} < \infty.$$

Si on prouve que le second membre est défini, la majoration est immédiate, puisque

$$p\left(\int f d\mu\right) = \sup_{\mathcal{C} \in b_p^{\triangle}} \left|\mathcal{C}\left(\int f d\mu\right)\right| = \sup_{\mathcal{C} \in b_p^{\triangle}} \left|\int f d\mu_{\mathcal{C}}\right|.$$

Posons

$$B = \{\varphi : |\varphi| \leqq |f|,\ \varphi \text{ borélien}\}$$

et

$$B' = \left\{\int \varphi\, d\mu : \varphi \in B\right\}.$$

L'ensemble B' est faiblement borné dans E, puisque

$$\left|\mathcal{C}\left(\int \varphi\, d\mu\right)\right| \leqq \int |\varphi|\, dV\mu_{\mathcal{C}} \leqq \int |f|\, dV\mu_{\mathcal{C}}, \quad \forall \mathcal{C} \in E^*.$$

Il est donc borné. De là,

$$\int |f|\, dV\mu_{\mathcal{C}} = \sup_{\varphi \in B} \left|\int \varphi\, d\mu_{\mathcal{C}}\right| = \sup_{g \in B'} |\mathcal{C}(g)| \leqq C, \ \forall \mathcal{C} \in b_p^{\triangle},$$

d'où la conclusion.

e) *Soient* E *séparable pour* p *et* f μ*-intégrable.*

Si les e_m *sont* μ*-mesurables et si* $e_m \to \emptyset$ $\mu_{\mathcal{C}}$-pp *pour tout* $\mathcal{C} \in b_p^{\triangle}$*, alors*

$$\sup_{\mathcal{C} \in b_p^{\triangle}} \int_{e_m} |f|\, dV\mu_{\mathcal{C}} \to 0.$$

Supposons que ce ne soit pas vrai. Il existe alors, pour un $\varepsilon > 0$, une sous-suite e_{m_k} des e_m et $\mathcal{C}_k \in b_p^{\triangle}$ tels que

$$\int_{e_{m_k}} |f|\, dV\mu_{\mathcal{C}_k} \geqq \varepsilon.$$

Des $\mathscr{C}_k$, on peut extraire une sous-suite s-convergente, que nous continuons à appeler $\mathscr{C}_k$.

On a alors, pour tout e borélien et d'adhérence compacte dans Ω,

$$\int_e f\, d\mu_{\mathscr{C}_k} = \mathscr{C}_k\Big(\int_e f\, d\mu\Big) \to \mathscr{C}\Big(\int_e f\, d\mu\Big),$$

donc la suite de mesures $f\cdot\mu_{\mathscr{C}_k}$ converge faiblement.

Pour chaque k_0 fixé,

$$V(f\cdot\mu_{\mathscr{C}_{k_0}})(e_m) = \int_{e_m} |f|\, dV\mu_{\mathscr{C}_{k_0}} \to 0$$

quand $m\to\infty$, en vertu du théorème de Lebesgue.

De là, par le théorème d'absolue continuité uniforme (cf. p. 229), on a

$$\sup_k V(f\cdot\mu_{\mathscr{C}_k})(e_m) \to 0$$

si $m\to\infty$, ce qui est absurde, puisque

$$\varepsilon \leqq \int_{e_{m_k}} |f|\, dV\mu_{\mathscr{C}_k} \leqq \sup_i V(f\cdot\mu_{\mathscr{C}_i})(e_{m_k}), \quad \forall k.$$

f) Théorème de Lebesgue

Soit E séparable par semi-norme. Si les fonctions f_m sont μ-intégrables et telles que

— $f_m\to f$ μ-pp,

— $|f_m|\leqq F$, *pour tout m, où F est μ-intégrable,*

alors

— f *est μ-intégrable,*

— *on a*

$$\sup_{\mathscr{C}\in b_p^\triangle} \int |f-f_m|\, dV\mu_{\mathscr{C}} \to 0, \quad \forall p\in\{p\},$$

d'où

$$\int f_m\, d\mu \to \int f\, d\mu.$$

Il résulte du théorème de Lebesgue classique que f est scalairement μ-intégrable, donc μ-intégrable, et que

$$\int |f-f_m|\, dV\mu_{\mathscr{C}} \to 0, \quad \forall \mathscr{C}\in E^*.$$

Supposons qu'il existe p tel que

$$\sup_{\mathscr{C}\in b_p^\triangle} \int |f-f_m|\, dV\mu_{\mathscr{C}} \not\to 0.$$

Il existe alors $\varepsilon > 0$ et une sous-suite de f_m, que nous continuons à noter f_m, telle que

$$\sup_{\mathscr{C} \in b_p^\triangle} \int |f - f_m| \, dV\mu_{\mathscr{C}} \geqq \varepsilon, \quad \forall m.$$

Posons

$$e_m = \{x: \sup_{j \geqq m} |f(x) - f_j(x)| \geqq \eta\}.$$

Les e_m sont μ-mesurables et tels que $e_m \to \emptyset$ si $m \to \infty$. Soient d'autre part Q_m des ensembles étagés tels que $Q_m \uparrow \Omega$.

On a, pour tout $m \geqq j$,

$$\int |f - f_m| \, dV\mu_{\mathscr{C}} = \int_{\Omega \setminus Q_i} |f - f_m| \, dV\mu_{\mathscr{C}} + \int_{Q_i \cap e_j} |f - f_m| \, dV\mu_{\mathscr{C}} + \int_{Q_i \setminus e_j} |f - f_m| \, dV\mu_{\mathscr{C}}$$

$$\leqq 2 \int_{\Omega \setminus Q_i} F \, dV\mu_{\mathscr{C}} + 2 \int_{Q_i \cap e_j} F \, dV\mu_{\mathscr{C}} + \eta \, V\mu_{\mathscr{C}}(Q_i).$$

Fixons successivement i assez grand pour que

$$\sup_{\mathscr{C} \in b_p^\triangle} \int_{\Omega \setminus Q_i} F \, dV\mu_{\mathscr{C}} < \varepsilon/5,$$

η assez petit pour que

$$\eta \sup_{\mathscr{C} \in b_p^\triangle} V\mu_{\mathscr{C}}(Q_i) < \varepsilon/5$$

et j assez grand pour que

$$\sup_{\mathscr{C} \in b_p^\triangle} \int_{Q_i \cap e_j} F \, dV\mu_{\mathscr{C}} < \varepsilon/5.$$

Pour la première et la troisième condition, on utilise e). Pour la seconde, on note que

$$\sup_{\mathscr{C} \in b_p^\triangle} V\mu_{\mathscr{C}}(Q_i) < \infty,$$

vu d).

Il vient alors, pour tout $m \geqq j$

$$\sup_{\mathscr{C} \in b_p^\triangle} \int |f - f_m| \, dV\mu_{\mathscr{C}} < \varepsilon,$$

ce qui est absurde.

g) Théorème de Levi

Soit E séparable par semi-norme. Si les f_m *sont* μ*-intégrables, réels et croissants* (resp. *décroissants*) μ-pp *et si*

$$\int f_m \, dV\mu_{\mathscr{C}} \leqq C_{\mathscr{C}} \text{ [resp. } \geqq C_{\mathscr{C}}\text{]}, \quad \forall \mathscr{C} \in E^*,$$

alors

— f_m *converge* μ-pp *vers* f,

— f *est* μ-*intégrable*,

— *on a*

$$\sup_{\mathscr{C} \in b_p^{\triangle}} \int |f-f_m| \, dV\mu_{\mathscr{C}} \to 0, \quad \forall p,$$

d'où

$$\int f_m \, d\mu \to \int f \, d\mu.$$

Les deux premières conclusions résultent du théorème classique de Levi. Pour la troisième, on note que

$$f_0 \leqq f_m \leqq f \text{ [resp. } f_0 \geqq f_m \geqq f],$$

d'où

$$|f_m| \leqq \sup (|f_0|, |f|),$$

où le second membre est μ-intégrable, et on applique f).

h) Théorème d'approximation

Soit E séparable par semi-norme. Si f est μ-*intégrable, pour toute semi-norme p de E et tout* $\varepsilon > 0$, *il existe* α *étagé tel que*

$$\sup_{\mathscr{C} \in b_p^{\triangle}} \int |f-\alpha| \, dV\mu_{\mathscr{C}} \leqq \varepsilon.$$

Si

$$f_m = f\delta_{\{x \in Q_m : |f(x)| \leqq m\}},$$

avec $Q_m \uparrow \Omega$, en vertu du théorème de Lebesgue, on a

$$\sup_{\mathscr{C} \in b_p^{\triangle}} \int |f-f_m| \, dV\mu_{\mathscr{C}} \leqq \varepsilon$$

pour m assez grand. On est ainsi ramené au cas où f est borné et à support compact dans Ω.

Montrons que l'ensemble de mesures

$$\{\mu_{\mathscr{C}} : \mathscr{C} \in b_p^{\triangle}\}$$

est absolument continu par rapport à une mesure ν_p. Il suffit pour cela qu'il soit faiblement séparable. Or $b_p^{\triangle}$ est s-séparable. Supposons que $\{\mathscr{C}_m : m = 1, 2, \ldots\}$ soit s-dense dans $b_p^{\triangle}$. Quel que soit $\mathscr{C} \in b_p^{\triangle}$, il existe une sous-suite $\mathscr{C}_{m_k}$ des $\mathscr{C}_m$ qui tend vers $\mathscr{C}$ dans E_s^*. Alors, pour tout borélien e d'adhérence compacte dans Ω, il vient

$$\mu_{\mathscr{C}_{m_k}}(e) = \mathscr{C}_{m_k}[\mu(e)] \to \mathscr{C}[\mu(e)] = \mu_{\mathscr{C}}(e).$$

Cela étant, vu b), p. 229, si f est μ-mesurable, il est égal $\mu_{\mathscr{C}}$-pp pour tout $\mathscr{C} \in b_p^{\triangle}$ à f_0 borélien et il existe une suite de fonctions étagées α_m qui tendent vers f $\mu_{\mathscr{C}}$-pp pour tout $\mathscr{C}\in b_p^{\triangle}$. Si, en outre, $|f|\leqq C\,\delta_Q$, on peut supposer que $|\alpha_m|\leqq C\,\delta_Q$ pour tout m.

Par le théorème de Lebesgue, on peut alors trouver m tel que

$$\sup_{\mathscr{C}\in b_p^{\triangle}} \int |f-\alpha_m|\, dV\mu \leqq \varepsilon,$$

d'où la conclusion.

i) Critère de Cauchy

Si E est à semi-normes représentables et si la suite f_m de fonctions μ-intégrables est telle que

$$\sup_{\mathscr{C}\in b_p^{\triangle}} \int |f_r-f_s|\, dV\mu_{\mathscr{C}}\to 0, \quad \forall p\in\{p\},$$

si $\inf(r,s)\to\infty$, *il existe f μ-intégrable tel que*

$$\sup_{\mathscr{C}\in b_p^{\triangle}} \int |f_m-f|\, dV\mu_{\mathscr{C}}\to 0, \quad \forall p\in\{p\},$$

si $m\to\infty$ dans les cas suivants:

α) μ admet une mesure scalaire équivalente,

β) E est à semi-normes dénombrables,

γ) E est limite inductive stricte d'espaces à semi-normes dénombrables.

α) Si μ admet une mesure scalaire équivalente, on sait qu'il existe une suite $\mathscr{C}_i\in E^*$ telle que

$$\{\mu_{\mathscr{C}_i}: i=1,2,\ldots\}\simeq\{\mu_{\mathscr{C}}:\mathscr{C}\in E^*\}.$$

Pour chaque $\mathscr{C}\in E^*$, il existe une sous-suite de f_m qui converge $\mu_{\mathscr{C}}$-pp. Il existe donc une sous-suite f_{m_k} de f_m qui converge $\mu_{\mathscr{C}_i}$-pp pour tout i, donc $\mu_{\mathscr{C}}$-pp pour tout $\mathscr{C}\in E^*$. Soit f sa limite.

Par le critère de Cauchy relatif aux mesures scalaires, on en déduit que f est $\mu_{\mathscr{C}}$-intégrable pour tout $\mathscr{C}\in E^*$ et que

$$\int |f_m-f|\, dV\mu_{\mathscr{C}}\to 0, \quad \forall\mathscr{C}\in E^*,$$

si $m\to\infty$.

Cela étant, si

$$\int |f_r-f_s|\, dV\mu_{\mathscr{C}} \leqq \varepsilon$$

pour tous $r,s\geqq m(\varepsilon)$ et $\mathscr{C}\in b_p^{\triangle}$, en passant à la limite sur s, on obtient

$$\int |f_r-f|\, dV\mu_{\mathscr{C}} \leqq \varepsilon$$

pour tous $r\geqq m(\varepsilon)$ et $\mathscr{C}\in b_p^{\triangle}$, d'où la conclusion.

β) Soit E à semi-normes dénombrables et soient p_k, $(k=1,2,\ldots)$, ses semi-normes.

De f_m, on peut extraire une sous-suite telle que

$$\sup_{\mathscr{C} \in b_{p_k}^{\triangle}(1/k)} \int |f_{m_k} - f_{m_{k+1}}| \, dV\mu_{\mathscr{C}} \leqq \frac{1}{2^k}, \quad \forall k.$$

La série

$$\sum_{k=1}^{\infty} |f_{m_k} - f_{m_{k+1}}|$$

converge alors $\mu_{\mathscr{C}}$-pp pour tout $\mathscr{C} \in E^*$ car, pour un tel $\mathscr{C}$, il existe m tel que $\mathscr{C} \in b_{p_m}^{\triangle}(1/m)$. De là, la suite $f_{m_k}(x)$ converge pour tout $x \notin e$ où e est un ensemble $\mu_{\mathscr{C}}$-négligeable pour tout $\mathscr{C} \in E^*$; soit f sa limite. Elle est visiblement $\mu_{\mathscr{C}}$-intégrable pour tout $\mathscr{C} \in E^*$. On conclut comme en α).

γ) Si E est limite inductive stricte des E_i munis respectivement des semi-normes $\{p_j^{(i)}: j=1, 2, \ldots\}$, on sait qu'il existe des semi-normes $p_{i,j}$ de E telles que la restriction à E_i de $p_{i,j}$ majore $p_j^{(i)}$. Renumérotons les $p_{i,j}$ avec un seul indice, soient les p_i'.

Comme dans β), on peut alors extraire de f_m une sous-suite f_{m_k} telle que

$$\sup_{\mathscr{C} \in b_{p_k'}^{\triangle}} \int |f_{m_k} - f_{m_{k+1}}| \, dV\mu_{\mathscr{C}} \leqq 1/2^k, \quad \forall k.$$

Dès lors, la suite f_{m_k} converge pour tout $x \notin e$, où e est un ensemble $\mu_{\mathscr{C}}$-négligeable pour tout $\mathscr{C} \in E_{p_{i,j}}^*$, $(i, j=1, 2, \ldots)$, c'est-à-dire un ensemble $\mu_{\mathscr{C}}$-négligeable pour tout $\mathscr{C} \in E^*$ car tout sous-ensemble borélien $e' \subset e$ est tel que

$$\left.\begin{array}{l} \mu(e') \in E_i \\ \mu_{\mathscr{C}}(e') = 0, \ \forall \mathscr{C} \in \bigcup_{j=1}^{\infty} E_{p_{i,j}}^* \end{array}\right\} \Rightarrow \mu(e') = 0 \Rightarrow \mu_{\mathscr{C}}(e') = 0, \ \forall \mathscr{C} \in E^*.$$

On conclut alors comme en α).

Semi-variation et variation totale

5. — Soit μ une mesure à valeurs dans E.

Pour toute semi-norme p de E et tout I dans Ω, on appelle *semi-variation* de I relative à p et on note $v_p\mu(I)$ l'expression

$$\sup_{\mathscr{C} \in b_p^{\triangle}} V\mu_{\mathscr{C}}(I).$$

Si E est à semi-normes représentables, cette expression a un sens et on a

$$p[\mu(I)] \leqq v_p\mu(I) \leqq 4 \sup_{Q \subset I} p[\mu(Q)] < \infty,$$

où Q désigne un ensemble étagé arbitraire.

De fait, soit

$$B = \{\mu(Q) \colon Q \subset I,\ Q \text{ étagé}\}.$$

Cet ensemble est faiblement borné, car

$$|\mathscr{C}[\mu(Q)]| \leqq V\mu_{\mathscr{C}}(I), \quad \forall Q \subset I.$$

Il est donc borné.

Or,

$$|\mu_{\mathscr{C}}(I)| \leqq V\mu_{\mathscr{C}}(I) \leqq 4 \sup_{Q \subset I} |\mu_{\mathscr{C}}(Q)|,$$

donc

$$p[\mu(I)] \leqq v_p \mu(I)$$

et

$$v_p \mu(I) \leqq 4 \sup_{Q \subset I} \sup_{\mathscr{C} \in b_p^{\triangle}} |\mathscr{C}[\mu(Q)]| = 4 \sup_{Q \subset I} p[\mu(Q)] < \infty.$$

Si E est à semi-normes représentables, on a

$$v_p \mu(I) = \sup_{\mathscr{P}(I)} \sup_{|c_i| \leqq 1} p\Big[\sum_{I_i \in \mathscr{P}(I)} c_i \mu(I_i)\Big],$$

où $\mathscr{P}(I)$ désigne une partition finie arbitraire de I en semi-intervalles.

De fait,

$$\begin{aligned} v_p \mu(I) &= \sup_{\mathscr{C} \in b_p^{\triangle}} \sup_{\mathscr{P}(I)} \sum_{I_i \in \mathscr{P}(I)} |\mu_{\mathscr{C}}(I_i)| \\ &= \sup_{\mathscr{C} \in b_p^{\triangle}} \sup_{\mathscr{P}(I)} \sup_{|c_i| \leqq 1} \Big| \sum_{I_i \in \mathscr{P}(I)} c_i \mu_{\mathscr{C}}(I_i) \Big| \\ &= \sup_{\mathscr{P}(I)} \sup_{|c_i| \leqq 1} \sup_{\mathscr{C} \in b_p^{\triangle}} \Big| \mathscr{C}\Big[\sum_{I_i \in \mathscr{P}(I)} c_i \mu(I_i)\Big] \Big| \\ &= \sup_{\mathscr{P}(I)} \sup_{|c_i| \leqq 1} p\Big[\sum_{I_i \in \mathscr{P}(I)} c_i \mu(I_i)\Big]. \end{aligned}$$

6. — Pour toute semi-norme p de E et tout I dans Ω, on appelle *variation totale* de μ relative à p et on note $V_p \mu(I)$ l'expression

$$\sup_{\mathscr{P}(I)} \sum_{J \in \mathscr{P}(I)} p[\mu(J)],$$

où $\mathscr{P}(I)$ désigne une partition finie arbitraire de I en semi-intervalles.

Cette expression n'est pas nécessairement définie et, en fait, elle n'existe qu'exceptionnellement.

Voici un cas où elle existe.

Soient v une mesure (scalaire) dans Ω et $f(x)$ une fonction localement v-intégrable à valeurs dans E. Si la mesure $f \cdot v$ est réalisée, pour tout I dans Ω, $V_p(f \cdot v)(I)$ existe quel que soit p et on a

$$V_p(f \cdot v)(I) = \int_I p(f)\, dVv = [p(f) \cdot Vv](I).$$

Soit I un semi-intervalle dans Ω. Pour toute partition finie $\mathscr{P}(I)$, on a

$$\sum_{J\in\mathscr{P}(I)} p[(f\cdot v)(J)] \leqq \sum_{J\in\mathscr{P}(I)} \int_J p(f)\,dVv = \int_I p(f)\,dVv,$$

d'où $V_p(f\cdot v)(I)$ existe et est majoré par $\int_I p(f)\,dVv$.

Etablissons la majoration inverse.

Si $f(x)$ est étagé, elle est immédiate: si $f(x)=\sum_{(i)} f_i\delta_{I_i}$, les I_i étant deux à deux disjoints, on a

$$\begin{aligned}\int_I p(f)\,dVv &= \sum_{(i)} \int_{I\cap I_i} p(f_i)\,dVv\\ &= \sum_{(i)} p[(f\cdot v)(I\cap I_i)] \leqq V_p(f\cdot v)(I).\end{aligned}$$

On passe au cas général par densité: pour I, p et $\varepsilon>0$ donnés, il existe α étagé tel que

$$\int_I p(f-\alpha)\,dVv \leqq \varepsilon/2.$$

De là,

$$V_p[(f-\alpha)\cdot v](I) \leqq \varepsilon/2$$

et

$$\begin{aligned}\int_I p(f)\,dVv &\leqq \int_I p(\alpha)\,dVv+\varepsilon/2\\ &\leqq V_p(\alpha\cdot v)(I)+\varepsilon/2\\ &\leqq V_p(f\cdot v)(I)+\varepsilon,\end{aligned}$$

d'où la conclusion.

Si p est représentable et si, pour tout I dans Ω, $V_p\mu(I)$ existe, c'est une mesure dans Ω.

Il suffit d'établir que c'est une loi dénombrablement additive par rapport à I.

Soit $\mathscr{P}=\{I_i\colon i=1, 2, \ldots\}$ une partition dénombrable de I en semi-intervalles.

Quel que soit N, il existe $J_1, \ldots, J_M$ tels que $\{I_1, \ldots, I_N, J_1, \ldots, J_M\}$ déterminent une partition finie de I. Si $\mathscr{P}_1, \ldots, \mathscr{P}_N$ désignent des partitions finies arbitraires de $I_1, \ldots, I_N$ respectivement, on a alors

$$\sum_{J\in\mathscr{P}_1} p[\mu(J)]+\cdots+\sum_{J\in\mathscr{P}_N} p[\mu(J)]+p[\mu(J_1)]+\cdots+p[\mu(J_M)] \leqq V_p\mu(I),$$

d'où

$$\sum_{i=1}^{N} V_p\mu(I_i) \leqq V_p\mu(I),\quad \forall N,$$

et

$$\sum_{i=1}^{\infty} V_p\mu(I_i) \leqq V_p\mu(I).$$

Inversement, soit $\{J_1, \ldots, J_M\}$ une partition finie quelconque de I. On a

$$\mathscr{C}[\mu(J_j)] = \sum_{i=1}^{\infty} \mathscr{C}[\mu(I_i \cap J_j)], \quad \forall \mathscr{C} \in E^*.$$

De là, pour tout $\mathscr{C} \in b_p^{\triangle}$,

$$|\mathscr{C}[\mu(J_j)]| \leqq \sum_{i=1}^{\infty} p[\mu(I_i \cap J_j)].$$

On en déduit

$$\sum_{j=1}^{M} p[\mu(J_j)] \leqq \sum_{i=1}^{\infty} \sum_{j=1}^{M} p[\mu(I_i \cap J_j)] \leqq \sum_{i=1}^{\infty} V_p\mu(I_i),$$

ce qui entraîne

$$V_p\mu(I) \leqq \sum_{i=1}^{\infty} V_p\mu(I_i),$$

d'où la conclusion.

EXERCICES

1. — Si $V_p\mu(e)$ existe, on a

$$p[\mu(e)] \leqq V_p\mu(e)$$

et toute mesure positive ν telle que $p[\mu(I)] \leqq \nu(I)$ pour tout semi-intervalle I de Ω est telle que

$$\nu(e) \geqq V_p\mu(e).$$

2. — Si E est séparable pour p et si $v_p\mu$ est finiment additif sur les e μ-intégrables, $V_p\mu$ existe et est égal à $v_p\mu$, qui est donc dénombrablement additif.

Suggestion. On a

$$\sum_{e' \in \mathscr{P}(e)} p[\mu(e')] = \sum_{e' \in \mathscr{P}(e)} \sup_{\mathscr{C} \in b_p^{\triangle}} |\mu_{\mathscr{C}}(e')| \leqq \sum_{e' \in \mathscr{P}(e)} v_p[\mu(e')] = v_p\mu(e),$$

d'où la conclusion, l'inégalité inverse étant connue.

7. — *Soit μ une mesure dans E. Si $V_p\mu(I)$ est défini quels que soient p et I, il existe une mesure scalaire ν et une fonction $f(x)$ localement ν-intégrable et à valeurs dans E, telles que*

$$\mu = f \cdot \nu,$$

dans les trois cas suivants:

a) *E est un espace de Banach séparable et réflexif* (c'est-à-dire tel que tout borné appartienne à un compact faible).

b) *E est de Fréchet et de Schwartz,*

c) *E est limite inductive stricte d'une suite de tels espaces.*

Traitons d'abord le cas a). Pour tout $\mathscr{C} \in E^*$, si on pose $V\mu = V_{\|\cdot\|}\mu$, on a

$$V\mu_{\mathscr{C}}(I) = \sup_{\mathscr{P}(I)} \sum_{J \in \mathscr{P}(I)} |\mathscr{C}[\mu(J)]| \leqq \|\mathscr{C}\| V\mu(I).$$

De là, par le théorème de Radon,

$$\mu_{\mathscr{C}} = [\mathbf{T}_x(\mathscr{C})] \cdot V\mu,$$

où $\mathbf{T}_x(\mathscr{C})$ est $V\mu$-mesurable et borné $V\mu$-pp par $\|\mathscr{C}\|$.

En outre, si $\mathscr{C} = \sum_{(i)} c_i \mathscr{C}_i$, on a

$$\mathbf{T}_x(\mathscr{C}) = \sum_{(i)} c_i \mathbf{T}_x(\mathscr{C}_i) \quad V\mu\text{-pp}.$$

L'espace E_b^* est séparable. En effet, c'est aussi E_τ^*, lequel est séparable, vu I, ex. 2, p. 251.

De là, par le théorème de relèvement (cf. B, p. 44), on peut fixer les $\mathbf{T}_x(\mathscr{C})$ de manière telle que

$$|\mathbf{T}_x(\mathscr{C})| \leqq \|\mathscr{C}\|, \ \forall \mathscr{C} \in E^*, \ \forall x,$$

et que, si $\mathscr{C} = \sum_{(i)} c_i \mathscr{C}_i$,

$$\mathbf{T}_x(\mathscr{C}) = \sum_{(i)} c_i \mathbf{T}_x(\mathscr{C}_i), \ \forall \mathscr{C} \in E^*, \ \forall x.$$

Les $\mathbf{T}_x$ sont alors des fonctionnelles linéaires bornées dans $E_b^* = E_\tau^*$, donc elles s'écrivent

$$\mathbf{T}_x(\mathscr{C}) = \mathscr{C}[f(x)], \ f(x) \in E.$$

Comme $f(x)$ est scalairement $V\mu$-mesurable, vu a), p. 248, il est μ-mesurable. De plus,

$$\|f(x)\| = \sup_{\|\mathscr{C}\| \leqq 1} |\mathbf{T}_x(\mathscr{C})| \leqq 1, \ \forall x,$$

donc $f(x)$ est localement $V\mu$-intégrable. Enfin, pour tout I dans Ω,

$$\mathscr{C}[\mu(I)] = \int_I \mathbf{T}_x(\mathscr{C})\, dV\mu = \mathscr{C}\Big[\int_I f(x)\, dV\mu\Big], \ \forall \mathscr{C} \in E^*,$$

d'où la conclusion.

Passons à présent au cas b).

Désignons par p_m les semi-normes de E et supposons-les telles que b_{p_m} soit précompact pour p_{m-1} pour tout $m > 1$.

Chaque $b_{p_m}^{\triangle}$ est alors précompact pour $\|\mathscr{C}\|_{p_{m+1}}$ et $E_{p_m}^*$ est séparable pour $\|\mathscr{C}\|_{p_{m+1}}$.

Pour tout $\mathscr{C} \in E_{p_m}^*$ et tout I dans Ω, on a

$$V\mu_{\mathscr{C}}(I) \leqq \|\mathscr{C}\|_{p_i} V_{p_i}\mu(I),$$

quel que soit $i > m$, d'où

$$\mu_{\mathscr{C}} = [\mathbf{T}_x^{(i)}(\mathscr{C})] \cdot V_{p_i}\mu,$$

où $\mathbf{T}_x^{(i)}(\mathscr{C})$ est $V_{p_i}\mu$-mesurable et borné $V_{p_i}\mu$-pp par $\|\mathscr{C}\|_{p_i}$.

Si $\mathscr{C} = \sum_{(j)} c_j \mathscr{C}_j$, $\mathscr{C}_j \in E^*_{p_m}$, on a en outre

$$\mathbf{T}_x^{(i)}(\mathscr{C}) = \sum_{(j)} c_j \mathbf{T}_x^{(i)}(\mathscr{C}_j) \quad V_{p_i}\mu\text{-pp}.$$

Enfin, si ν est une mesure équivalente à $\{V_{p_i}\mu \colon i = 1, 2, \ldots\}$ et si $V_{p_i}\mu = J_i \cdot \nu$, on a

$$\mathbf{T}_x^{(i)}(\mathscr{C}) J_i(x) = \mathbf{T}_x^{(j)}(\mathscr{C}) J_j(x) \quad \nu\text{-pp},$$

pour tous $i, j > m$.

Soit $\{\mathscr{C}_i \colon i = 1, 2, \ldots\}$ un ensemble dénombrable de E^* dont la restriction à $E^*_{p_m}$ est dense dans $E^*_{p_m}$ pour la norme de $E^*_{p_{m+1}}$, (donc pour les normes de $E^*_{p_j}$, $j > m$).

Désignons par r un point rationnel arbitraire de $\mathbf{C}$.

Désignons par $\mathscr{E}$ l'ensemble des x tels que

— ou bien $\mathbf{T}_x^{(m)}\big(\sum_{(i)} r_i \mathscr{C}_i\big)$ n'est pas défini pour certains r_i, alors que $\sum_{(i)} r_i \mathscr{C}_i \in E^*_{p_{m-1}}$,

— ou bien

$$\mathbf{T}_x^{(m)}\Big(\sum_{(i)} r_i \mathscr{C}_i\Big) \neq \sum_{(i)} r_i \mathbf{T}_x^{(m)}(\mathscr{C}_i),$$

alors que les $\mathscr{C}_i$ appartiennent à $E^*_{p_{m-1}}$,

— ou bien

$$\Big|\mathbf{T}_x^{(m)}\Big(\sum_{(i)} r_i \mathscr{C}_i\Big)\Big| \not\leqq \Big\|\sum_{(i)} r_i \mathscr{C}_i\Big\|_{p_m},$$

alors que $\sum_{(i)} r_i \mathscr{C}_i \in E^*_{p_{m-1}}$,

— ou bien

$$J_r(x)\,\mathbf{T}_x^{(r)}\Big(\sum_{(i)} r_i \mathscr{C}_i\Big) \neq J_s(x)\,\mathbf{T}_x^{(s)}\Big(\sum_{(i)} r_i \mathscr{C}_i\Big),$$

alors que $\sum_{(i)} r_i \mathscr{C}_i \in E^*_{p_{m-1}}$ et $r, s \geqq m$.

On voit sans difficulté que l'ensemble $\mathscr{E}$ est ν-négligeable. On pose $\mathbf{T}_x^{(m)}(\mathscr{C}) = 0$ pour tous $x \in \mathscr{E}$, $\mathscr{C} \in E^*_{p_{m-1}}$.

Pour $x \notin \mathscr{E}$ et $\mathscr{C} \in E^*_{p_{m-1}}$, il existe une suite $\mathscr{C}_{i_k}$ qui tend vers $\mathscr{C}$ dans $E^*_{p_m}$. La suite $\mathbf{T}_x^{(m)}(\mathscr{C}_{i_k})$ converge alors ν-pp vers $\mathbf{T}_x^{(m)}(\mathscr{C})$ et elle est de Cauchy pour la convergence uniforme dans Ω. On substitue à $\mathbf{T}_x^{(m)}(\mathscr{C})$ la limite uniforme des $\mathbf{T}_x^{(m)}(\mathscr{C}_{i_k})$. Il est immédiat que la limite en question ne dépend que de $\mathscr{C}$ et pas du choix des $\mathscr{C}_{i_k}$.

Les $\mathbf{T}_x^{(m)}(\mathscr{C})$ ainsi corrigés sont partout définis, linéaires par rapport à $\mathscr{C}$, tels que

$$|\mathbf{T}_x^{(m)}(\mathscr{C})| \leqq \|\mathscr{C}\|_{p_m}, \quad \forall \mathscr{C} \in E^*_{p_{m-1}},$$

et que

$$J_r(x)\mathbf{T}_x^{(r)}(\mathscr{C}) = J_s(x)\mathbf{T}_x^{(s)}(\mathscr{C}), \quad \forall \mathscr{C} \in E^*_{p_{m-1}}, \quad \forall r, s \geqq m.$$

Appelons $\mathbf{T}_x(\mathscr{C})$ la valeur commune de ces $J_r(x)\mathbf{T}_m^{(r)}(\mathscr{C})$.

C'est une fonctionnelle linéaire par rapport à $\mathscr{C}$.

De plus, si $\mathscr{C}^{(m)} \to 0$ dans E_s^*, il existe k tel que la suite $\mathscr{C}^{(m)}$ soit contenue dans $E^*_{p_k}$ et tende vers 0 pour $\|\mathscr{C}\|_{p_{k+1}}$. Donc $\mathbf{T}_x^{(k)}(\mathscr{C}^{(m)})$ tend vers 0 et, de là, $\mathbf{T}_x(\mathscr{C}^{(m)})$ tend vers 0. Vu I, p. 236, il en résulte que

$$\mathbf{T}_x(\mathscr{C}) = \mathscr{C}[f(x)],$$

où $f(x) \in E$. Cet $f(x)$ est scalairement ν-mesurable donc ν-mesurable. De plus, pour tout p_k,

$$p_k[f(x)] = \sup_{\mathscr{C} \in b^\triangle_{p_k}} |\mathbf{T}_x(\mathscr{C})| = J_{k+1}(x) \sup_{\mathscr{C} \in b^\triangle_{p_k}} |\mathbf{T}_x^{(k+1)}(\mathscr{C})|$$

$$\leqq J_{k+1}(x) \sup_{\mathscr{C} \in b^\triangle_{p_k}} \|\mathscr{C}\|_{p_{k+1}} \leqq J_{k+1}(x),$$

donc $p_k[f(x)]$ est localement ν-intégrable et, de là, $f(x)$ est localement ν-intégrable.

Passons enfin à c).

Soit E limite inductive stricte des E_i et soient $Q_m \uparrow \Omega$. Pour tout m,

$$\{\mu(I) \colon I \subset Q_m\}$$

est faiblement borné dans E:

$$\sup_{I \subset Q_m} |\mathscr{C}[\mu(I)]| \leqq V\mu_{\mathscr{C}}(Q_m).$$

Il est donc borné dans E et, dès lors, appartient à un des E_i.

La restriction de μ à Q_m est donc une mesure à valeurs dans cet E_i et s'écrit

$$\mu_{Q_m} = \int f_{Q_m} \, d\nu_m,$$

conformément à a) ou b).

Soit $\nu \simeq \{\nu_m \colon m = 1, 2, \ldots\}$. Chaque ν_m s'écrit $\varphi_m \cdot \nu$, d'où

$$\mu_{Q_m} = \int \varphi_m f_{Q_m} \, d\nu.$$

On note alors que, dans $Q_r \cap Q_s$, $\varphi_r f_{Q_r}$ et $\varphi_s f_{Q_s}$ sont égaux ν-pp. En effet, il existe une suite $\mathscr{C}_i$ dense dans E_s^* et, pour ces $\mathscr{C}_i$, dans $Q_r \cap Q_s$,

$$\mathscr{C}_i(\varphi_r f_{Q_r}) = \mathscr{C}_i(\varphi_s f_{Q_s}) \quad \nu\text{-pp}, \ \forall i.$$

Cela étant, la fonction

$$f(x) = \varphi_1 f_{Q_1} \delta_{Q_1} + \varphi_2 f_{Q_2} \delta_{Q_2 \setminus Q_1} + \cdots$$

répond aux conditions de l'énoncé.

BIBLIOGRAPHIE

Les ouvrages sur la théorie de la mesure et de l'intégration sont très nombreux. Nous ne citons ici que quelques traités de base auxquels le lecteur pourra se référer utilement.

BERBERIAN, S. K.

1. *Measure and integration*, Macmillan, New-York, 1962.

BOURBAKI, N.

2. *Elément de Mathématiques, Livre VI, Intégration*, Hermann, Paris, 1959.

DINCULEANU, N.

3. *Vector measures*, Pergamon, London, 1967.

GARNIR, H. G.

4. *Fonctions de variables réelles*, II, Vander, Louvain, 1965.

HALMOS, P. R.

5. *Measure Theory*, Van Nostrand, New York, 1950.

MUNROE, M. E.

6. *Introduction to measure and integration*, Addison-Wesley, Cambridge USA, 1953.

ZAANEN, A. C.

7. *Integration*, North-Holland, Amsterdam, 1967.

INDEX